英汉航空科技翻译

许云峰 编著

航空工业出版社

北 京

内 容 提 要

本书提出了翻译过程中进行信息解构与信息重组的原则、方法与层次，以及解决翻译疑难问题的具体途径，总结了在科技翻译中实现美学诉求的具体方法，并对翻译中遇到的常见错误及原因进行了分析。

本书可供各行业从事科技翻译的人员和英语翻译专业的学生参考使用，也可供英语爱好者参考学习。

图书在版编目（CIP）数据

英汉航空科技翻译／许云峰编著.—北京：航空
工业出版社，2020.11
 ISBN 978-7-5165-1798-7

Ⅰ.①英… Ⅱ.①许… Ⅲ.①航空—英语—翻译
Ⅳ.①V2

中国版本图书馆 CIP 数据核字(2020)第 226568 号

英汉航空科技翻译
Yinghan Hangkong Keji Fanyi

航空工业出版社出版发行
（北京市朝阳区京顺路 5 号曙光大厦 C 座四层　100028）
发行部电话：010-85672663　010-85672683

北京富泰印刷有限责任公司印刷　　　全国各地新华书店经售
2020 年 11 月第 1 版　　　　　　　　2020 年 11 月第 1 次印刷
开本：787×1092　1/16　　　　　　　字数：428 千字
印张：15.75　　　　　　　　　　　　定价：80.00 元

前　言

翻译是人类社会中一种具有很强实践特征的跨语言交流活动，伴随着人类社会的发展走过了几千年的历史。科学技术是人类对自然界认识的知识积累，人类认识自然界的过程是一个不断更新、持续深入的过程。翻译与科学技术的结合使得翻译这门古老的艺术焕发出旺盛的生命力。

人类社会在交流与合作中取得发展，科学技术在交流与合作中获得进步。科学技术的交流与合作是当今人类科技活动的重要组成部分，是推动科技发展的主要动力。全球化的科技活动产生了巨大的科技翻译需求，形成了庞大的科技翻译市场。翻译从一门艺术逐渐发展为一种技术、一个行业。科技翻译是翻译与科技相结合的结果，是翻译服务于科技发展的过程，也使科技翻译的科学属性表现得尤为明显。一方面，科学技术的发展，特别是信息技术、人工智能的发展，为翻译插上了技术的翅膀，使翻译从艺术创作、手工劳动变成了一个技术过程，大大提高了翻译的工作效率；另一方面，针对科技翻译来讲，因为它所处理的都是具有科技内涵的语言、文字，科技翻译在一定程度上已经成为科技活动的重要环节或组成部分。

人类的任何实践活动都会产生与之对应的理论，翻译活动也不例外。人们通过对翻译活动的探究和对翻译经验的总结，逐步形成了一些规则。这些零散的规则积累起来，就形成系统的翻译理论。尽管从目前来看，不管是在中国还是在外国，翻译理论体系还不够完善，翻译学科的体系建设尚在进行之中，但是学者们在翻译研究理论方面已经取得了许多成果，这些翻译理论从不同的方面反映了翻译活动的本质和特征。

翻译工作者应该汲取各种翻译理论中有用的合理成分，只有如此，才能更好地规划自己的翻译活动，制定合适的翻译策略，实现预期的翻译目的。传统的观点认为：对于文学翻译来讲，要做好翻译工作，译者必须具有很高的文学修养，大凡有成就的翻译家，首先都是有素养的文学家；对于科技翻译，亦是如此，要做好科技翻译，译者必须具有深厚的科技知识底蕴。关于科技翻译工作者应该具有的知识结构，专家学者多有论述，也具有共同的认识：坚实的语言基础和丰富的专业知识。编者认为，对于科技翻译工作者来说，具有语言修养和专业知识是不够的，还需要掌握足够的翻译理论知识。据编者的调查和观察，从事科技翻译工作的人员主要有两个来源：一个是外语专业人员；另一个是技术专业人员。这两类人员从事科技翻译工作都具有其内在的优点和天然的缺陷。外语专业的毕业生缺乏科技知识；技术专业的毕业生缺少翻译理论。本书意在为科技翻译工作者介绍国内外翻译理论及其对科技翻译的指导作用。

本书对中国传统翻译理论和西方主要翻译理论流派的观点做了简要的概述，总结了各种翻译理论或者观点对于科技翻译实践的指导意义；根据各种学派对翻译本质的认识，构建了简化的翻译过程全息模型，可用于指导翻译过程；基于功能派的翻译理论，对科技文本的功能属性、语言特点和文本结构进行了分析；分析了翻译过程中新词汇的翻译方法，

1

提出了基于知识管理、项目管理和翻译实践进行术语管理的策略；基于对翻译过程中思维特点的分析，提出了进行信息解构与重组的层次与方法；从词汇、句法和语篇三个层面分析了英语和汉语的美学特点，提出了在词汇、句子和语篇层面完成科技翻译的美学实现的具体方法；提出了解决翻译疑难问题的具体途径；最后，对编者在翻译中遇到的常见翻译错误及其原因进行了分析。

本书的编写利用业余时间完成，前后历时八年多的时间。在本书的编写过程中，参阅了许多专家、学者的研究成果，尽管对参阅的著作、论文做了及时的记录，在书后列出了参考文献，但是，记录难免有所遗漏。在此，对所有对编者提供了参考、启发了思路的著作和论文的作者表示感谢。

编者编写本书的目的在于对翻译理论与翻译实践的结合做一些初步的探索，探寻能够应用于航空科技翻译的基本原则和具体方法。由于编者能力、精力有限，对翻译理论的领悟也不够透彻，所以这次探索难免肤浅、难免存在谬误，不当之处，还望各位专家、各位读者批评指正。

编　者

2020 年 5 月 18 日

作者简介：

许云峰，中国航空工业集团有限公司第一飞机设计研究院研究员，从事科技翻译与情报研究工作 30 余年。在科技翻译方面，发表翻译理论研究论文 4 篇，完成科普译作 1 部，参与 10 多部航空技术专著翻译出版工作，参与 2 个大型项目技术资料翻译工作，完成翻译量超过 1000 万字，具有丰富的科技翻译实践经验；在情报研究方面，参与专题情报研究 10 多项，参与 2 部技术专著编写工作，1 项研究成果获得中国航空工业集团有限公司科技成果三等奖。

目　　录

第1章 翻译理论的发展与应用

本章提要：本章首先回顾了中国传统翻译理论的发展过程，指出了中国传统翻译理论的民族特点；概述了西方主要流派的翻译理论，分析了各个流派的优势和局限性；然后讲述了国内学者在科技翻译学科建设方面的成就；最后分析了中外各种翻译理论对于科技翻译实践活动所具有的现实指导意义。

翻译是人类社会中一种具有很强实践特征的跨语言交流活动。人类的任何实践活动都会产生与之对应的理论，翻译活动也不例外。人们通过对翻译活动的探究和对翻译经验的总结，逐步形成了一些规则，虽然也许只是一套最基本的规则，但是却可以认为其中包含着一种萌芽状态的理论。这些零散的规则积累起来，就会形成系统的翻译方法。尽管从目前来看，不管是在中国还是在外国，翻译理论体系还不够完善，翻译学科的体系建设尚在进行之中。但是，学者们在翻译研究理论上都取得了巨大的成就，这些翻译理论从不同的方面反映了翻译的本质和特征，对翻译实践能够起到重要的指导作用。尽管有人认定自己只是"作翻译"，既没有翻译理论，也不需要翻译理论，然而他们从事翻译工作至少无形之中总是遵循着一定的原则。本章首先梳理中国和西方不同翻译理论的主要观点，然后分析这些观点对于科技翻译活动中确定翻译目标、选择翻译文本、制定翻译策略，以及进行翻译效果评估等方面所具有的指导意义。

1.1 中国翻译理论的发展

就中国翻译理论本身的发展来看，可以以 20 世纪 70 年代末的改革开放为标志，分为两个大的阶段。改革开放之前，中国的翻译理论是在中国文化的框架之内不断地进行完善发展，形成的翻译理论可以称为中国传统翻译理论；改革开放以后，中国翻译理论开始吸收借鉴西方翻译理论的研究成果，形成了与西方翻译理论相融合的中国现代翻译理论。

1.1.1 中国传统翻译理论的发展

中国有组织的翻译活动可以追溯到东汉时期。在一千多年的翻译实践活动中，中国的翻译家逐步形成了具有中国哲学特点的翻译理论体系。从东汉至唐宋时期的佛经翻译开始，到明末清初的科技翻译，直至"五四"运动到解放后的翻译大潮，无论是开创中国翻译先河的支谦、释道安和玄奘，还是科技翻译领先人物徐光启，无论是西学翻译代表人物严复、林纾，还是近代的傅雷、钱钟书等，通过对翻译实践的感悟，不断总结经验，上升到理论的高度，逐步形成具有中国传统文化特色的翻译理论体系。[1]

历史上，中国的翻译实践活动表现为明显的三个阶段：从东汉到唐宋的佛经翻译；从明末清初到清末洋务运动期间的科技翻译；从"五四"运动到改革开放前的更全面的西学

1

翻译。通过这三个阶段的翻译实践，中国传统翻译理论逐步完成了"案本—求信—神似—化境"的发展过程。

（1）佛经翻译理论的形成

从东汉到唐宋的佛经翻译活动是中国传统翻译理论的发生期，起始标志是公元 224 年支谦发表的《法句经序》，结束标志是公元 988 年问世的《宋高僧传·译经篇》。这一阶段的代表人物主要有支谦、释道安和玄奘等。

支谦是我国汉魏时期著名的翻译家和翻译思想家，他的翻译思想集中表现在其撰写的《法句经序》中。他认为翻译要准确传达原作的思想内容和语言风格并非易事，因为《法句经》的翻译存在诸多困难："辞朴而旨深，文约而义博""惟佛难值，其文难闻""物名不同，传实不易""偈者结语，犹诗颂也"，等等。尽管佛经翻译存在重重困难，但是，在翻译中要尽量做到"译胡为汉，审得其体"，即使做不到译笔生花，也应该"尚贵其实，粗得大趣"，如果实在不行，至少也应该做到"因循本旨，不加文饰"。支谦在《法句经序》中提到："依其义不用饰，取其法不以严。其传经者，令易晓，勿失厥义，是则为善。"支谦在翻译中要求紧扣原文的内容，反对脱离原文而片面追求译文字句的花哨。支谦的翻译思想可以概括为：翻译必须熟悉原作的思想内容和文体风格，并用符合时宜的语言形式将其忠实地在译入语中表现出来。[2] 当代研究者们认为，支谦的翻译思想是中国最早的直译论。

释道安（314—385 年）是东晋时期杰出的佛教学者，著述译经很多。他写的《摩诃钵罗若波罗密经钞序》被钱钟书称为"吾国翻译术开宗明义，首推此篇"。在这篇序文中，释道安提出了我国翻译史上影响深远的"五失本，三不易"。"五失本"是指五种改变或失去原经本来表达方式的情形：一是把原经中的倒装句改为汉语的表达习惯；二是把原本中质朴的表达方式加以修饰，以适应汉人好文饰的习惯；三是删除原本中繁杂重复的部分，使之简约；四是对于原本中总结全文的"义记"部分，因为与前文重复，可以不译；五是原本在讲完一事而另述一事时，常常先重述前事，再启下文，这段重述，也可以不译。"三不易"讲三种使译者很难表达佛经原意的情形：一是圣人造经，都是因时制宜，译文也应适应时势，但这很困难；二是译文应当适应人们的理解力，这也比较困难；三是经文离佛久远，理解力平平者要想准确地表达佛经的原意，也相当困难。"五失本，三不易"可以说是中国最早的翻译方法论。[3]

玄奘（600—664 年）是唐代著名高僧，也是中国历史上著名的翻译家、思想家。玄奘不仅翻译了大量的佛经典籍，更重要的是，他在直译、意译之外，开创了一种新的译法——"新译"——实际上也就是直译与意译的调和，"多用直译，善参意译"。玄奘对我国古代翻译理论的贡献是提出了"五不翻"原则，即，秘密故不翻、多含故不翻、此无故不翻、顺古故不翻和生善故不翻。此处的"不翻"不是指不翻译，指的是不进行"意译"，而采用"音译"的方法。因此，"五不翻"的意思是指神秘语、多义语、中国没有的物名、久已通行的词，以及有特殊意义的词汇采用音译的翻译方法。此外，玄奘还提出了"既须求真，又须喻俗"的翻译标准，力求忠实与易懂并重。玄奘的这些观点都对后世的翻译有很大的影响。[3]

（2）科技翻译理论的萌芽

从明末清初到清末的洋务运动期间，中国翻译活动的重点是科技翻译。这一阶段也是中国传统翻译理论的发展期。发展期是传统翻译理论由简单到复杂、由低级到高级的变化过程。发展期译论以翻译的社会功能为探讨的核心，这一情况的形成与社会政治背景直接相关。徐光启 1604 年对译书目的的论述可以看作此期译论的开始，而 1894 年马建忠发表《拟设翻译书院议》为此期译论的终结。[4]

明末清初，各国传教士来到中国，为了打开中国国门，传教士们也想尽办法，其中最有效的便是取得当时士大夫等重要人士的信赖和尊敬，所以，"学术传教"的思想便在意大利传教士利玛窦的脑中形成，原本传教的目的成就了明末清初的科技翻译。这一时期，中国翻译界的代表人物有徐光启、李之藻、马建忠等人，他们除了继续意译和直译的讨论之外，还讨论了翻译的目的等。[1]

徐光启与意大利人利玛窦合作翻译了欧几里德的《几何原本》《测量法议》等书，《几何原本》被梁启超赞为"字字精金美玉，为千古不朽之作"。徐光启并不精通西文，是通过与意大利人对译的方式，完成翻译实践过程的，所以他在 1631 年提出"会通"和"超胜"的翻译思想。李之藻是明代著名的科学家、译著家，他曾说："不敢妄增闻见，致失本真。"这实质上是强调对原文的忠实性。[3] 马建忠提出了力求与原文在意思上无一毫出入的理论，从而使读者读了译文后达到与读原文相同的感受。

徐光启在 1604 年写的《跋二十五言》记叙了翻译的目的，拉开了发展期译论的序幕。他在文章中记叙了他对利玛窦说："先生所携经书中，微言妙义，海涵地负。诚得同志数辈，相共传译，使人人饫闻至论，获厥原本，且得窃其绪余，以裨益民用，斯亦千古大快也，岂有意乎?"不难看出，徐光启译书的目的在于"裨益民用"。因此，发展期的译论一开始探讨的是关于翻译的社会功能。[4]

清朝翻译家魏象乾的《翻清说》（1740 年）对翻译的方法、理论等方面做了精彩评论。他提出译者应遵守"正译"的标准，即"夫所谓正者，了其意、完其辞、顺其气、传其神；不增不减、不颠不倒、不恃取意"。魏象乾的译论精炼、深刻，堪称我国古代翻译理论的典范。[5]

1894 年，马建忠在甲午海战失败后写成的《拟设翻译书院议》，是近代译学史上的名篇。在文中，他以明确、急切的语言指出翻译西书的首要目的在于反抗外国的欺侮，并战胜之！为此他提出培养"译书之才"，创建"翻译书院"的建议，以及培养译书之才的具体方法。马建忠所论及的无疑是翻译的社会功能问题。[4]

这一时期的译论更多地探讨了翻译的目的、功能以及翻译的迫切性，这显然属于翻译的外部研究。如果说佛经翻译理论重内部研究的话，那么可以说这一时期的译论是重外部研究的，这在客观上完善了译论的研究体系。[4]

（3）传统翻译理论的成熟

从"五四"运动后到改革开放前，中国的翻译活动进入了对西方学术更全面的译介阶段，中国的传统翻译理论也步入了成熟阶段。这一期翻译理论的成熟表现在翻译思想日益充实完善，译论表达方法日益精密得当。1898 年，严复发表《天演论·译例言》指出：译事三难：信、达、雅，又将译论的核心问题拉回到了翻译标准的问题上，标志着成熟期的开始。1964 年，钱钟书发表《林纾的翻译》一文，指出最高境界的翻译是"化境"，给传统翻译理论划上了一个圆满的句号。[4]

严复（1853—1921 年）是中国近代启蒙思想家、翻译家、教育家。他是第一位系统翻译西方政治、经济及自然科学方面著作的翻译家，他的主要译著有八部，著名的有《天演论》《群己权界说》等。他在《天演论》卷首的《译例言》中提出著名的"信、达、雅"翻译标准。他说："译事三难：信、达、雅。求其信，已大难矣！顾信矣不达，虽译犹不译也，则达尚焉。""信、达、雅"三个字，言简意赅，相当确切地抓住了翻译中的核心问题，被中国学术界视作评判翻译的最佳标准。事实上，由于"信、达、雅"三字本身的高度精炼和无比丰富的兼容性，再加上后世者对它的不断阐发和讨论，"信、达、雅"三字几乎成为我国译学理论的核心。凡谈翻译，必提"信、达、雅"。由此可见，严复的"信、达、雅"标准在客观上起到了继往开来的作用，开创了近代翻译学说之先河。严复作为我国翻译史上提出翻译标准的第一人，其翻译界思想对 20 世纪中国的文学翻译和翻译理论产生了极其重大的影响。[3]

成熟期译论探讨的第一个热点问题是翻译标准的。自严复在《天演论·译例言》提出"信、达、雅"标准以后，关于翻译标准的争论、评论就成为译论界探讨的一大焦点。严复以后的整整一个世纪里，众多译家始终围绕"信、达、雅"来讨论翻译的标准。关于"标准"问题的探讨在这一时期成为推动译论走向成熟的一个重要侧面。[4]

翻译方法的探讨亦是这一时期译论成熟的一个侧面。佛经译论只探讨了直译意译的方法，而这一时期关于翻译方法的讨论则是百花齐放，如严复的"达旨"译法，林纾的"忠于原著"方法，张元济反对"死板照搬的直译"，高凤谦的"辩名物、谐声音"的方法（实为意译与音译），刘半农的直译法，茅盾在保持原作神韵基础上的"直译"，成仿吾论译诗的表现与构成的翻译方法，鲁迅的"宁信不顺"，金岳霖的译味和译意的方法，朱生豪的"逐字逐句译"等。[4]

直到 20 世纪 50 年代，对于翻译方法——直译意译的探讨，仍然是译论的焦点之一。例如，巴金认为"其实只有一种，并没有'直译'和'意译'的区别。好的翻译应该都是'直译'，也都是'意译'"。可以说，这一时期关于方法的讨论是直译意译的"整合"，各家都认为没有必要区分直译意译，这也是对"方法"的认识的新发展。这一时期最为称道的译论便是傅雷的"神似"说与钱钟书的"化境"论。[4]

傅雷认为由于每个国家的文字词类、句法构造、文法与习惯、修辞格律、俗语都各不相同，因此用一国文字表达另一国文字的特点精华就如同伯乐相马，要"得其精而忘其粗，在其内而忘其外"。但"如果鱼和熊掌不能兼得，该忠实于原文的内容，还是忠实于原文的形式？"而今这一观点还是翻译理论争论的焦点之一。不管怎样，傅雷提出的翻译应"重神似而不重形似，得其精而忘其粗，在其内而忘其外"的"神似"说，给我们提供了一些应遵循的翻译原则，对翻译实践有很大的指导意义。[3]

1964 年，钱钟书提出"化境"说。他指出："文学翻译的最高标准是'化'。把作品从一国文字转变成另一国文字，既不能因语文习惯的差异而露出生硬牵强的痕迹，又能完全保存原有的风味，那就算得入于'化境'"。这不仅与傅雷的"神似"说一脉相承，而且还把后者推上了更高的高度。[3]

此外，关于翻译外部功能的探讨并没有停止，如关于翻译的目的、社会功能等，严复指出：翻译是"尽一个爱国者的天责"，应与学术研究、阐释、政治批评结合；林纾认为翻译"开民智"；郁达夫提出"学思得"；瞿秋白指出"翻译可帮助创造中国现代言语"。这些都是这一时期具有代表性的论述，而郁达夫的"学思得"是翻译社会功能的最后论述。[4]

1.1.2　中国现代翻译理论的发展

1951 年，董秋斯的论文《论翻译理论的建设》疾呼建立完备的成体系的翻译理论，中国的传统译论就开始了自觉的转型，译论家开始有目的地建立完备的翻译理论体系，传统译论开始向现代译论过渡。自 20 世纪 70 年代末 80 年代初我国实行改革开放政策以来，译学界开始重视对国外，尤其是对西方当代译学理论的介绍和引进。纽马克、奈达等西方翻译研究家及其翻译理论引起了国内译学界极大的兴趣，并且产生了较大的影响，一些学者开始借鉴西方翻译理论，构建中国的现代翻译理论体系。[5]

（1）文化翻译学

王佐良最先提倡把翻译置于广阔的文化背景下进行研究，把翻译研究与作为一门新科学的比较文化结合起来。后来王秉钦在《文化翻译学》[6]中运用"沟通"理论，将翻译作为一种跨文化传通，置于人类文化交流的宏大背景和综合关系网络之中，对文化系统进行哲学分析，提出以"观念论""行为论"和"影响论""三论"涵盖文化学的三个子系统（物质文化系统、制度习俗文化系统、精神文化系统）为中心内容，建构文化翻译学的基本理论框架。

（2）建构翻译学

吕俊在《翻译学——一个建构主义的视角》[7]中提出了一种新的研究范式："建构翻译学"。建构翻译学强调翻译的内部研究，尤其是语言问题；把翻译视为一种特殊的社会交往实践，指出了翻译研究的语用学转向，对推动翻译实践发展意义重大。

（3）译介学

译介学以文化意象和翻译文学为其研究对象，吸收了解释学、结构主义、多元系统论等文化理论。"它关心的不是语言层面上出发语与目的语之间如何转换的问题，不参与评论其翻译质量的优劣，而是原文在这种外语和本族语转换过程中信息的失落、变形、增添、扩展等问题，是翻译（主要是文学翻译）作为人类一种跨文化交流的实践活动所具有的独特价值和意义"。[8]"译介学"的提出使得传统的基于语言学的翻译研究转向比较文化与比较文学的研究，为翻译学开辟了新路，形成了一种新的研究模式。它使翻译研究摆脱了语言学的束缚，进入了文化研究层面。

（4）文章学翻译学

潘文国用我国传统的文章学的观点作为本体论指导，认为"翻译就是做文章，因而要用做文章的方法来对待翻译"，并从方法论角度提出以"文章之学"为基础，建构中国特色翻译理论，即"文章学翻译学"。文章学翻译学继承文章学研究传统，以传统的"信、达、雅"原则作为"道"，又以"义、体、气"之"三合"来指导翻译过程和翻译批评。"义"是译文和原文在意义上的契合，"体"是在文体和形式上的契合，"气"是在气势和文章内脉上的契合。"译文三合：义、体、气"是对严复的"信、达、雅"的继承和发展，使之回归到文章学"德学才"的根本要求上，成为指导全局的翻译之"道"；而"译文三合：义、体、气"则更具有操作性和实用性，也从文章学的角度，用以指导翻译过程、翻译批评和译文质量的检验，两者结合就形成了"文章学翻译学"理论体系构建，是对传统译学理论新的阐释。[9]

1.2 西方翻译理论的流派

国外的翻译研究，在西方有文献记载的历史中可以追溯到古罗马时期。西方翻译理论在相当长的一段时间内也是以原作或原作者为中心，研究对象限于文学作品的翻译，研究也倾向于翻译的方法，论述多基于个人主观体验，其观点散见于译作的序言或书信中。这一点与中国传统翻译理论发展初期的情形极为类似。18世纪早期到20世纪中期，西方翻译理论的研究范围有所扩大，施莱尔马赫、歌德、波斯盖特及萨瓦里的翻译理论摆脱了对狭隘的翻译原则和方法的讨论，扩展到翻译问题的多个方面，如翻译目的、文本类型、读者对象等，同时研究范围也拓展到文学翻译以外。

20世纪50年代，西方出现了一批从语言学立场出发研究翻译的学者，这批学者被学界称为西方翻译研究中的语言学派，标志着西方翻译研究的语言学转向。20世纪70年代，西方译学界又出现了一批从文化层面对翻译进行研究的学者。这批学者的研究已经从翻译作为两种语言文字转换媒介的层面转移到了翻译行为所处的译入语语境以及制约翻译的诸多因素上，这批学者的研究标志着西方翻译研究文化转向的开始。实际上，在20世纪70年代以后，中国国内的翻译研究就在很大程度上受到了西方翻译理论的影响。前面已经提到，一些国内学者借鉴西方翻译理论，致力于构建中国的现代翻译理论体系。

许多学者曾对西方翻译理论的发展过程进行过分析研究，对西方翻译流派进行了不同的划分。尤金·奈达将当代西方翻译理论分为四个基本流派：语文学派、语言学派、交际学派和社会符号学派。香港学者张南峰、陈德鸿将西方翻译理论流派分为语文学派、诠释学派、语言学派、目的学派、文化学派。本节对具有代表性的西方翻译理论做一简单介绍。

1.2.1 语文学派

不管是中国还是外国，翻译研究曾长期隶属于文学范畴。译者围绕文学作品的翻译提出直译和意译的方法，讨论可译性和不可译性，关心译作的创造性和艺术性。从古罗马时期一直到20世纪50年代的语言学转向之前，西方的翻译理论研究可归属于语文学派，主要代表人物有早期的西塞罗（Marcus Tuthus Cieero，公元前106年—公元前43年）、奥古斯丁（Aurelius Augustinus，354—430年）以及后来的德莱顿（John Dryden）、泰特勒（Alexander Fraser Tytler）等。

在欧洲大陆，较为公认的翻译肇始阶段开始于公元前3世纪。当时，许多希腊古典作品被翻译成拉丁语，并介绍到罗马。在译介希腊经典作品初期，古罗马文学家们深感希腊文化优越于罗马文化，他们带着谦卑敬畏的心态在翻译中亦步亦趋，不敢越"原文"半步。比如恩尼乌斯（Quintus Ennius，公元前239年—公元前169年）所译欧里庇得斯（Euripides，公元前480年—公元前406年）的悲剧，普劳图斯和泰伦斯所译的希腊戏剧。当时的译者把直译奉为圭臬，唯恐失真。随着罗马完全吞并希腊，罗马人开始以征服者自居，翻译希腊作品时不再逐字照搬原文，而是要与原文竞争，要在艺术性和创造性方面超越原作。西塞罗（Marcus Tuthus Cieero，公元前106年—公元前43年）和贺拉斯（Quintus Horatius Flaccus，公元前65年—公元前8年）的意译思想导向就是这种翻译实践的产物。西塞罗提出了解释员式和演说家式翻译，即意译的做法，贺拉斯强调翻译文本应该具有创造性和美感。后来，奥古斯丁提出直译的观点，认为翻译应以词为单位。哲罗姆（Jerome）把世俗文学和宗教翻译区别对待。对于前者，他认为译者应灵活译"意"（sense），采用便于读者理解的风格传递原文风格，甚至是加入译者的风格。但圣经的词语排序都暗藏神旨，所以应该直译，否则就会以辞害义。因此，哲罗姆可以说是直译意译的折中派。[11]

德莱顿是 17 世纪英国翻译理论的代表人物。他认为译者是原作者的奴隶，奴隶只能在别人的庄园里劳动，给葡萄追肥整枝，然而酿出的酒却属于主人。从他对译者"奴隶"的身份定位明显可以看出，他的翻译思想是以原文、原作者为中心的，译者这个"奴隶"的使命就是遵从主人——原作者的使唤，将原文的思想、风格用另一种语言完整地再现出来。他还提出了全面而系统的翻译观，将翻译粗略分为三大类，即逐字翻译、意译和拟作。他对翻译的这种三分法突破了传统的直译和意译的二分法的樊篱，推动了西方翻译史向前了一步，具有深远的历史意义。[12]

另一位语文学派译论家泰特勒于 1791 年出版了著作《论翻译原则》*Essays on the Principles of Translation*，在这部著作中，他指出："对译者来说，在忠实和谨慎以外，也没有其他要求。但既然不得不承认语言的特性不同，于是一般人都普遍认为，译者的职责只是洞悉原文的意义和精髓，透彻了解原文作者的思想，以及用他认为最适当的文字传达出来。"他由此提出了翻译三原则，即译文应该把原文的思想完全传达过来；译文的风格和表达形式应该和原文一样；译文要如原文一般流畅。不难看出，这三条原则条条唯原文马首是瞻，原文是高高在上的，好的翻译要将原文的精髓完全传达到译文中去，译文只是原文的"复制品"，其地位是从属于原文的。泰特勒的翻译三原则从译文内容、形式、语言流畅性三个方面提出要求，是对直译意译的补充升级，乃三维调和的理论。泰特勒提出的三原则成了后来诸多翻译家所遵循的信条，并对 19 世纪—20 世纪西方的翻译理论产生了积极影响。[12]

语文学派的翻译思想属于西方传统翻译理论，它主要讨论经典文献和文学作品的翻译，以语文学中文章创作的标准来审视翻译过程和翻译文本，注重传译原文本的文学性，强调对原文本的忠实，同时视翻译为一门艺术。语文学派译者或理论学家多为文学家、哲学家、作家或诗人，他们围绕用词、造句、修辞、风格等传统文论关注的问题，对译文的得失进行评定。语文学派主张译者应当以原文为权威，积极追随原作者的脚步，追求译文与原文全方位的契合，这是语文学派的中心思想。[11]

1.2.2　语言学派

从 20 世纪 50 年代起，西方出现了一批运用现代语言学的结构理论、转换生成理论、功能理论、话语理论、信息论等理论的学者，他们把翻译问题纳入到语言学的研究领域，从比较语言学、应用语言学、社会语言学、语义学、符号学、交际学、语篇语言学、语用学等角度，提出了相对严谨的翻译理论和方法。翻译研究的这一语言学转向是西方翻译理论发展史上出现的第一次质的突破和飞跃。[13]

在语言学派发展的最初阶段，翻译研究关注的重点是句法，因此也被称为纯语言学派，代表人物为罗曼·雅各布森（Roman Jakobson）和约翰·卡特福德（John C. Catford）。

雅各布森首先借用索绪尔普通语言学的"能指""所指"概念对翻译文本的语言形式和内容进行区别性研究，初步形成了建立在语义层面的等值概念。1959 年雅各布森发表了

《论翻译的语言学问题》*On Linguistic Aspects of Translation*，他站在符号学的立场上把翻译理解为"两种不同语符中的两个对等信息"的重新编码的过程。他把翻译区分为三种类型：即语内翻译（intralingual translation）、语际翻译（Interlingual translation）和符际翻译（intersecniotic translation），认为"在语际翻译中符号与符号之间一般也没有完全的对等关系，只有信息才可用来充分解释外来的符号和信息"，从而跳出了历史上翻译研究常见的经验层面，体现了对翻译研究深层的理论思考，雅各布森的译论在 20 世纪世界译坛产生了深远的影响。[13]

卡特福德在《翻译的语言学理论》*A Linguistic Theory of Translation* 一书中，把翻译界定为"用一种等值的语言的文本材料去替换另一种语言的文本材料"，并把寻求另一种语言中的等值成分视作翻译的中心问题，从而提出翻译理论的使命就在于确定等值成分的本质和条件，围绕源语和译语在语言结构方面的差别对翻译原则进行探讨。他阐述了语际间的层次转换（level shifts）和范畴转换（category shifts）：层次转换指语法、词汇、语音、词形等的转换，范畴转换包括语言结构、语言系统、语言单元、语言类别方面的转换。这些转换的核心概念是对等。该阶段的语言学派翻译法基本上是讲一系列的对应规则。这些对应规则以表层结构为准，没有充分考虑深层上的语义关系。定出的这些转换规则对于发展机器翻译具有重要的意义，但按这些规则进行翻译就可能出现机械的死译，而且忽视了语言交际功能方面的问题。在方法论上该阶段的基本操作方法就是元素分析，其特点是将文本的语言符号化，并进行抽象的概念分析，所关注的焦点是"未语境化、未个性化"的成分。研究的范围局限在词、句的结构及其"能指"与"所指"的符号关系上。[13]

鉴于纯语言学派翻译法的种种不足，一种以交际理论为基础的翻译方法应运而生。尤金·奈达借用乔姆斯基的"转换生成语法"理论，总结了一套系统语言转换规则。更重要的是他在交际学理论的基础上提出了"动态对等"的翻译理论。他从语言的交际功能出发，认为语言除了传递信息外，还有许多交际功能，如表达功能、认识功能、人际关系功能、祈使功能、司事功能、表感功能等，翻译不仅应传达信息，还传达以上所说的各种功能，这就是奈达所追求的翻译的"等效"。奈达的"对等"要求译者以最贴近、最自然的对等语再现原文信息，使译文读者能够达到和原文读者一样的理解和欣赏原文的程度，把读者反应作为评价译文的唯一标准，只注重内容而轻形式，其翻译方法不太适用于文学翻译。[13]

对此，彼得·纽马克（Peter Newmark）提出了交际翻译与语义翻译两种方法。该观点是以语言学家布莱尔和雅各布森提出的语言三大功能为理论依据的。他们认为语言的主要功能有：表情功能（expressive function）；传达信息功能（informative function）；产生效果功能（vocative function）。交际翻译与语义翻译的根本区别在于交际翻译强调信息产生的效果，语义翻译则强调信息内容。交际翻译与语义翻译的不同，主要是在表达形式上。语义翻译使译文与原文的形式更为接近，而交际翻译则是重新组织句法，运用常见的搭配和常用的词，使译文流畅、地道、简明易懂。语义翻译为了表现出原作者的思维过程，力求保留原作者的语言特色和独特的形式，发挥了语言的表情功能。而交际翻译关键是传递信息，让读者去思考、去感受、去行动，为特定的读者"量体裁衣"，发挥了语言传达信息以及产生效果的功能。纽马克还从思维、言语与翻译的关系阐述了语义翻译与交际翻译的特点。他认为语义翻译像思维一样是建立在词、词组之上，而交际翻译就像言语一样是以句子为单位的。纽马克反对把功能对等看作翻译的唯一目的和标准，他提出的根据文本类型采取翻译策略的主张在翻译研究上可谓一大进步。[13]

语言学派理论最大的优势表现在研究高度规范化的语言方面，能提供许多范式以及使用标准形式的术语，但是其方法有一个严重的缺陷就是它从语言学的角度只研究句子层面以下的句子和语言现象。虽然纽马克提到应把文本视作翻译的基本单位，但在具体操作上还是没有走出句子层面，没有触及到文本层面。[13]

1.2.3　功能学派

功能学派翻译理论产生于 20 世纪 70 年代的德国，当时的许多翻译学者受语言学派理论的影响，过分强调和追求翻译的"对等"模式，使得翻译的发展和研究出现瓶颈。功能学派翻译理论广泛借鉴交际理论、行动理论、信息论、语篇语言学和接受美学的思想，将研究的视线从源语文本转向目标文本，目的明确，因此也称作目的论。功能学派翻译理论起源于德国，代表人物有凯瑟琳娜·赖斯（Katharina Reiss）、汉斯·佛米尔（Hans Vermeer）和克里斯蒂娜·诺德（Christina Nord）。功能学派翻译理论认为翻译不仅仅是语言学、语言结构的问题，而是以原文为基础的，一种有目的、有结果的翻译行为。

功能学派翻译理论把研究的关注点扩大到了语篇层面。语篇语言学不再限定于研究语言本身，把视野扩大到语境和语言的交际功能。翻译研究的语篇语言学方法（途径）是传统语言学途径的发展，它重视的是语篇分析和语用意义，其研究对象不仅仅是原文和译文两种语言体系，而且还涉及语言体系以外的各种制约因素，包括"情景语境"（context of situation）和"文化语境"（context of culture）。因为语篇语言学是把文本视为交际活动，而不是一串串的文字与结构；其研究的对象不仅仅是语言系统和语内因素，而且还包括言外因素（如说话者/作者与听者/读者及其之间的关系、社会文化、情景语境等）。这种模式认为，意义并非由语言结构本身决定，而是由整个语篇（包括它的语言体现形式和它的交际功能）来决定；翻译中传递的是原文的语言含义和语言使用（即交际）功能。因此，翻译并不仅仅转移原文的意义，而是要转移原文的交际价值。[13]

凯瑟琳娜·赖斯试图创立一种基于源语语篇和目的语语篇功能关系的翻译批评模式。她理想中的翻译是"目的语语篇和源语语篇在思想内容、语言形式以及交际功能方面实现对等"。她称此类型的翻译为"完整的交际行为"。但她意识到有的译文所要实现的目的或功能不同于原文的目的或功能，因此翻译并不要求对等。因此，她指出翻译的功能优先于对等论的标准。她把自己提出的文本类型理论和翻译策略联系起来作为一种具体的理论，认为文本类型理论可以帮助译者确定特定翻译目的所需的合适的对等程度。[13]

克里斯蒂娜·诺德深受其老师赖斯的影响，设计了"翻译导向的语篇分析模式"。这个模式包括对交际行为进行语篇内外各个方面的分析，目的在于从已有的原文以及即将根据要求而生产的目的文本中识别与功能有关的成分，并通过比较译文目的与原文功能，让译者能够识别在翻译过程中出现的问题，从而可以设计出一种全面解决问题的策略。[13]

目的法则是功能学派理论的代表人物汉斯·佛米尔提出的系列法则之一。佛米尔主张翻译必须遵循"目的法则""语内连贯法则"和"语际连贯法则"。目的即功能。"语内连贯法则"是指译者在翻译过程中应该遵循的使译文必须内部连贯、在译文接受者看来是可以理解的一种法则。"语际连贯法则"是指译者应遵循的保持译文与原文之间的连贯性的一种翻译法则，也称为"忠实法则"。[13]

凯瑟琳娜·赖斯指出，语篇类型、原文体裁决定着翻译方法，主张将翻译策略、语言功能、语篇类型和原文体裁结合起来。功能理论翻译法则使得翻译标准由单一化向多元化发展，翻译的功能更加实用，译者的翻译思路和翻译策略更加灵活、自由，可以适当地对原文进行改动或删减，使得译本显得更加自然顺畅。但是，功能学派的目的论过分强调翻译目的，弱化了原文的文化内涵和语言结构，忽视了翻译的语言学因素，使得译文有可能失去原文的功能或作用，也使得翻译在部分领域由原本纯粹的学术行为沦为行业的机器，因此该理论在文学、语言学等领域的翻译是不适用的。在功能学派理论视角下，译者的绝对主导地位决定着译者在翻译过程中有权对原文进行改动或删减，在一定程度上影响了学术和文化的交流与发展。[14]

1.2.4　文化学派

20世纪80年代以前，西方的翻译理论家基本专注于纯文本方面的研究，很少涉及文本以外的因素。自20世纪80年代起，关注文本以外因素的研究已悄然兴起，这些研究促成了一个新的翻译学派的创立，即文化学派。这一学派非常强调译入语文化对翻译的作用，更多致力于从目标语的文化语境中审视、考察翻译现象。文化学派从詹姆斯·霍尔姆斯（James Holmes）最初提出"描述翻译研究"，经过以色列学者埃文·佐哈（Even-Zohar）的多元系统理论，到苏珊·巴斯奈特（Susan Bassnett）和安德烈·勒菲弗尔（André Lefevere）正式引入翻译的"文化转向"，实现了翻译理论研究实质上的突破。

詹姆斯·霍尔姆斯在1972年发表了《翻译学的名与实》，文章提出了翻译应被作为一门新的学科来进行研究。在这篇文章里，霍尔姆斯讨论了"翻译学"的名称，提出了翻译研究的范围及结构。他还将翻译研究划分为三个分支，即描述翻译研究、理论翻译研究和应用翻译研究。

以色列学者埃文·佐哈在1976年发表了《翻译文学在文学多元系统中的地位》。他认为，翻译文学在译语文学系统中处于中心还是边缘、是主要的还是次要的，是由译入语文学多元系统的特征来决定的。他认为在这三种情况下，翻译文学应位于中心位置：①当译语文学处于初建或者正在形成的过程中；②当译语文学处于边缘或者弱势的地位；③当译语文学处于危机或转折点。在这三种情况下，翻译文学扮演着影响或者建造接受文化的角色。基于埃文·佐哈的多元系统理论，以色列学者吉迪恩·图里提出了"翻译规范"这一术语，用于从语言、文学和社会的视角来描述和认识某些指导翻译的准则。图里将"规范"定义为通过社会文化来制约翻译，尤其是从直接影响译者决策的目标语社会及文化方面进行约束。[15]

苏珊·巴斯奈特和安德烈·勒菲弗尔是文化学派的两位代表人物。他们在1990年发表了合著论文集《翻译、历史与文化》，正式引入翻译的"文化转向"，这是翻译研究领域中一个实质上的突破。在《翻译、历史与文化》中，巴斯奈特论述了文化翻译观的具体内容：第一，翻译的基本单位应是"文化"，而不是传统翻译理论提出的"语篇"。第二，翻译不单单是一个译码重组的过程，更是一种交流行为。翻译在文化交流过程中扮演着重要的角色。第三，翻译应重视源语文本在译入语文化中的功能等值。第四，翻译就是满足特定文化的需要，以及特定文化中不同群体的需要。[15]

文化派翻译理论家将翻译的重心从语言层面转到了文化层面，强调翻译的本质是"文化翻译"。他们从宏观的角度出发，强调文化在翻译中的地位，把研究的重点放在译作在译入语文化中的接受，以及译入语文化对翻译活动的制约与改造。

1.3　科技翻译理论的发展与应用

西方翻译理论与中国传统翻译理论大多都是基于文学翻译实践而得出的；国外不同流派的翻译理论也是从不同的角度审视和反映翻译实践。科技翻译具有明显不同于文学翻译的实践特征，科技翻译理论作为翻译学的一个分支，也必然具有不同于传统翻译理论的科学内涵。20 世纪 80 年代，科技英语翻译的理论研究在国内全面展开。学者们首先从语言学角度和文体论角度对科技英语翻译理论进行归纳和总结，明确地分析了科技英语翻译的特点。此后，学者们又从功能语言学的角度和语篇理论研究方面探讨科技英语的功能翻译理论框架，为科技英语翻译理论开拓了新的研究方向。

1.3.1　科技翻译理论的建立与完善

李亚舒是我国科学翻译学的重要奠基人之一，为科技翻译理论的建立与完善做出了重要贡献。早在 1991 年，他便首次提出了"科技翻译学"的构想，指出"完善翻译标准等是科技翻译研究的重要任务，要办好翻译报刊，建立国家科技翻译馆、全国科技翻译基金，建立并完善全国科技翻译网络，成立中国翻译学府，加强与国家名词委的合作"。此后，他又多次提出创建具有中国特色的"科技翻译学"并着手建立其理论框架。具体来讲，该理论框架是由"基本理论""方法和技巧"以及"多视角研究"构成。其中，基本理论包括科技翻译学的基本原理和翻译标准、批评、历史、规律、术语等；方法和技巧包括翻译程序、科技词汇、句法篇章的翻译、科技修辞等；多视角研究包括文化学、社会学、心理学、教育学、思维科学、语言学、符号学等与科技翻译相关的学科。此后，他接受周光召院士的建议，将"科技"并入"科学"，将"科技翻译学"完善为"科学翻译学"。2002 年，李亚舒与黄忠廉两位学者联袂拟定了"科学翻译学"纲要，并于 2004 合著了《科学翻译学》一书。《科学翻译学》的出版标志着"科学翻译学"的创立并使之成为普通翻译学中的一门分支学科。[16]

科学翻译学是研究科学翻译及其相关问题的学科，是普通翻译学的重要分支学科。《科学翻译学》基于翻译策略（增、减、转、换、分、合等全译策略和增、减、编、述、缩、并、改、仿等变译策略）和国内外翻译简史，构建了科学翻译学的基本理论（科学翻译的本质、分类、内在规律、基本原则、标准体系、过程机制、基本单位）和应用理论（科学翻译艺术、科学翻译教学、机器翻译研究、科学翻译批评、科学词典译编和汉译术语规范等）。在方法论上，该书首次将全译方法和变译方法系统化，构成比较完整的翻译方法论系统；在理论体系上，从一般理论研究到应用理论研究，互为见证，互为参照，自成体系；在学科上，基于思维科学、语言科学及其他科学的理论成果，构建了科学翻译学理论框架。[17]

1.3.2　翻译理论对科技翻译实践的指导意义

通过前面对翻译理论的梳理可以发现，翻译理论从总体上可以分为两大类：一类翻译理论是通过对翻译实践（方法）的归纳而得出的总结，也就是应用理论，这类翻译理论属于技术层面的理论；另一类翻译理论是通过对语言本质的思考，探讨翻译的本质及其与文化环境的相互作用，这类翻译理论属于对翻译本质的认识论层面的理论。技术层面上的翻译理论具有可操作性，如我国的"信、达、雅"和"化境"等理论都对具体翻译过程有指导意义。国外的某些翻译理论，如泰特勒的翻译观，可以归入此类。与泰特勒相比，纽马克的观点似乎有些不同。从表面上看，纽马克对翻译的讨论介于两种不同层次之间：他既讨论了翻译的性质和原理以及翻译同其他学科的关系，也讨论了具体的翻译原则。认识论视角下的翻译理论强调译者对语言本质的认识，关注不同语言系统之间的可译性、译者的作用以及翻译实践与文化之间的相互影响，这类翻译理论对于翻译实践具有宏观指导作用。[18]

中外翻译理论是基于翻译实践、从某一特定的方面对翻译方法和原则进行总结提炼的结果。虽然翻译理论大多基于文学翻译而提出，但是，这些翻译理论对于科技翻译也具有一定的指导意义，例如，文化学派理论对于翻译目的的确定、功能学派对于翻译文本的确定、语言学派对于翻译策略的确定等。中国传统翻译理论对于"雅"的强调，同样对于科技翻译具有指导意义。

（1）明确翻译目的

从明末清初的科技翻译开始，到鸦片战争以后的政治翻译，到"五四"运动期间的文学翻译，一直到改革开放后翻译活动的全面发展，中国的翻译活动都有着集中而强烈的目的性。中国的翻译家们如此重视翻译的社会功用，是与中国翻译发生的特殊的历史社会背景分不开的。中国学者在面对西洋入侵、深感技不如人的时候开始意识到介绍和引入西洋先进的科技与文化成果的重要性。因此，中国的传统翻译理论一直强调翻译活动的目的性，关注翻译对于社会文化的塑造与改良作用。

国外语言学派翻译理论从 20 世纪 50 年代开始涉及翻译中微观层面的"文化"因素，到 20 世纪 70 年代的文化学派从宏观上关注翻译中的"文化"因素，引起翻译研究上的"文化转向"。文化学派的代表学者巴斯奈特提出翻译不仅是语言活动，更重要的是文化交际活动。她重视研究翻译的过程，尤其是文本被操纵的复杂过程。翻译文本的选择、赞助人因素、译者策略的运用，以及文本的接受效果等全被纳入文化学派的视野。另一位代表人物勒弗维尔提出翻译研究的四个层面：意识形态、诗学、话语体系、语言。翻译可以被理解成改写、利用和操纵，以实现特定的文学、文化和社会目的。[19]

中国传统翻译理论强调翻译的目的性，在于通过翻译活动，学习西方的先进理念和技术，丰富中国的文化，实现对中国社会的改造。中国传统翻译理论所强调的"目的性"不涉及对原文的"忠实"。西方文化学派翻译理论同样强调翻译的"目的性"，但是是通过对文本的"操纵"实现预期的目的，会影响对原文的"忠实"。

在科技翻译实践中，中国传统翻译理论中的"目的性"更具有指导意义。科技翻译担负着介绍国外先进技术、把握国外技术动向的重任，科技翻译实际上已经成为科研活动的不可分割的组成部分。科技翻译人员要充分认识到自己肩负的重任，积极参与科研活动，明确科研活动对于翻译的需求，明确科技翻译所要达到的目的。

（2）确定翻译文本

对于翻译文本的选择问题，中国传统翻译理论多有论述。郑振铎曾指出："现在的介绍，最好是能有两层的作用：一、能改变中国传统的文学观念；二、能引导中国人到现代的人生问题，与现代的思想相接触。"傅斯年曾提出文本选择的一些原则：先译门径书；

先译通论书；先译实证的书，不译空理的书；先译和人生密切相关的书；同类书中，先译最先发生效力的一种；同类著作者中，先译第一流的一个人；文学作品也只译名家著作。中国的翻译理论中之所以会出现对文本的选择与翻译次第的论述也是与中国翻译发生发展的客观社会历史环境密不可分的。中国的翻译事业与发生于和平时代以文化交流与沟通为目的的西方翻译不同，中国的翻译理论更注重的是其与现实社会的紧密联系，因而，中国翻译理论家的眼光较之西方翻译理论家更务实，更能反映翻译的实践价值。[10]

中国传统翻译理论的这一特点，对于当今的科技翻译实践仍然具有很强的指导意义。中国的科技翻译最初是以科技情报的形式存在的，直至目前，很多科研机构和大型企业的科技翻译活动依然由科技情报部门进行组织和实施。基层科技情报部门的一项重要任务就是译介国外先进技术以及跟踪报道国外重大科研项目的最新动态。对于国外先进技术的译介，就牵扯到原版资料或者技术专著的选择，一般来说，应该选择本行业著名研究人员的论著，或者选择行业核心期刊上的技术论文。对于国外重大科研项目的跟踪报道，需要保证信息来源的可靠性，应该选择正规刊物或者网站的报道。特别是在网络自媒体高度发展的当今社会，科技翻译人员更应该注意信息来源的权威性和正确性。

（3）制订翻译策略

制订翻译策略是翻译过程中具体操作层面的技术问题，恰当的翻译策略决定着译文的质量以及翻译活动所能达到的效果。中国传统翻译理论和西方现代翻译理论对于制订恰当的翻译策略都具有指导意义。

玄奘提出的"五不翻"准则，对于当今的科技翻译仍然具有借鉴意义。例如，一事物为一种文化所有，而另一种文化没有，这时就要采用音译的方法；对于一些约定俗成的词汇，如人名、地名等，已经广泛传播，人们已经知晓，为了防止混乱，要沿袭以往的翻译。在科技翻译过程中，常常会遇到一些人名，如著名的科学家和学者，这些人的名字要沿用已有的习惯译法；科技翻译中也会遇到一些常见的英文缩略语，如生活中常用的GPS、wifi 等，就不用翻译，或者说采用零翻译的策略。

严复提出的"信、达、雅"是中国传统翻译理论中最具代表性的思想，似乎达到了翻译必提"信、达、雅"的地步。严复的"信、达、雅"最初谈的是翻译的难处，后来演变成了中国传统翻译理论中关于翻译的标准。要达到"信、达、雅"的翻译标准，必然关乎翻译策略的确定。"信、达、雅"三个字高度概括，具有丰富的思想内涵，既可以说是翻译的标准，也可以说是翻译的策略。所谓"信"，意味着要忠实原文，所谓"达"，可以理解为译文的"通达"，要使读者能够理解，读者理解了就能领会其思想内涵，就能"达到"翻译活动预期的目的。由此可见，严复的"信"与"达"与西方现代翻译理论有很多相同之处，如尤金·奈达提出的"动态对等原则"、汉斯·佛米尔提出的"目的法则""语内连贯法则"和"语际连贯法则"以及苏珊·巴斯奈特提出的"功能等值"和"满足特定文化的需要"。

由于中国传统文化重悟性，重感性，对翻译思想与观点的表述往往用词洗炼、语意浓缩；西方的语言和翻译研究重视形式逻辑，重视推理、分析，更为注重在语言形式上的表述，表述比较清晰。西方翻译理论将中国传统翻译理论已经关注到的一些宏观的问题做了微观上的描述，更具细节性。如尤金·奈达在《论对等原则》中提到，翻译应该满足有意义、传达原作的精神和风格、拥有自然易读的表达形式和产生类似的反应。可以看出，上面提到的西方翻译理论中的"对等原则""连贯法则"以及"功能等值"反映的就是中国传统翻译理论中的"信"和"达"的思想内涵。

科技翻译是科技信息的传递过程，应该尽量降低传递过程中的信息损耗，努力实现"等值"传递，因此，上面提到的中国传统翻译理论和西方现代翻译理论对于制定翻译策略都具有指导意义。为了实现"信"与"达"或者"对等"和"等值"，就需要根据翻译实践的具体情况，灵活采取不同的翻译策略，如，增、减、转、换、分、合等策略，也就是本书后面所要论述的，通过翻译过程中的思维转换与信息重构，获得最佳的译文，实现翻译活动的预期目的。

（4）评定翻译效果

翻译效果评定属于翻译批评的范畴。翻译批评是指在一定的社会条件下、遵循一定的翻译原则、运用一定的方法，对某一译作所作的评价。翻译批评一般针对的是文学翻译。对于科技翻译来说，也需要进行翻译质量的评价，或者说翻译效果评价。

西方翻译理论通常按照"对等"和"等值"的原则进行翻译批评或者翻译评价，而中国传统翻译理论需要从"信""达""雅"多个维度进行评价。"雅"属于美学的范畴，美是普遍存在的。国内许多学者都对翻译中的"美学"做过探讨与研究，可以说，对于美的追求是中国翻译理论有别于西方翻译理论的独特之处，这是由中国文化的美学传统决定的。文学语言有文学语言的美，而科技语言也有科技语言的美。对于科技翻译来讲，除了追求信息的"对等"或者"等值"之外，同样应该有"雅"的追求。科技语言的简洁性、逻辑性是它特有的美学特点。在翻译实践中，需要有意识地表现或者保持科技语言的独特美学特征。

1.4　小结

本章首先回顾了中国传统翻译理论的发展过程，指出了中国传统翻译理论的民族特点；概述了西方主要翻译理论流派，分析了各个流派的优势和局限性；然后讲述了国内学者在科技翻译学科建设方面的成就；最后分析了中外各种翻译理论对于科技翻译实践活动所具有的现实指导意义。

中国传统翻译理论萌发于众多译家的翻译实践，虽然散见于译家的译文序跋，但是，中国传统翻译理论不但涉及了翻译的内部问题，如翻译方法、翻译标准，也涉及到了翻译的外部问题，如译者的主体以及翻译的社会功能等问题。中国传统翻译理论具有有别于西方翻译理论的明显特点：由众多译家的点状研究构成相对完成的体系；主要围绕文艺和文学翻译而形成，核心在于"做文章"；强调译者的修养对于译文质量的影响；注重对译文"雅"的追求。

西方的翻译理论家往往从特定的视角对翻译活动进行研究，揭示翻译的本质和翻译活动应该遵循的规则，他们的研究一般自成体系。语言学派理论最大的优势表现在研究高度规范化的语言方面，能提供许多范式以及使用标准形式的术语，但是其方法有一个严重的缺陷就是它只从语言学的角度研究句子层面以下的语言现象。功能理论翻译法则使得翻译标准由单一化向多元化发展，翻译的功能更加实用，译者的翻译思路和翻译策略更加灵活、自由，可以适当地对原文进行改动或删减，使得译文显得更加自然顺畅。但是，功能学派的目的论过分强调翻译目的，弱化了原文的文化内涵和语言结构，忽视了翻译的语言学因素，使得译文有可能失去原文的功能或作用。文化派翻译理论家将翻译的重心从语言层面转到了文化层面，强调翻译的本质是"文化翻译"。他们从宏观的角度出发，强调文化在翻译中的地位，把研究的重点放在译文在译入语文化中的接受以及译入语文化对翻译活动的制约与改造。

中外翻译理论是基于翻译实践、从某一特定的方面对翻译方法和原则进行总结提炼的结果。虽然翻译理论大多基于文学翻译而提出，但是这些翻译理论对于科技翻译也具有一定的指导意义，例如，文化学派理论对于翻译目的的确定、功能学派对于翻译文本的确定、语言学派对于翻译策略的确定等。中国传统翻译理论对于"雅"的强调，同样对于科技翻译具有指导意义。

第2章　翻译的本质与翻译全息模型

本章提要：本章回顾了人们认识翻译本质的过程。由于翻译首先表现为与语言有关的活动，所以长期以来人们多是从语言、文学和文化的角度对翻译活动进行研究。最新的翻译理论已经认识到了翻译过程的复杂性，认为翻译是一种多元性与整体性的辩证统一的过程，翻译过程中的各种因素之间存在着相互影响的复杂关系。在分析了翻译过程所涉及的因素以后，从系统论和信息论的观点出发，建立了翻译过程的全息模型。该模型清楚地反映了翻译过程中信息的传递，明确了译者在翻译过程中的作用，可以用于指导翻译实践活动。

翻译学研究经历了文本研究和语言学研究，目前进入跨学科研究阶段。许多研究者从不同的维度、不同的层面对翻译现象进行了研究。人们对翻译活动的认识从翻译是"一种语言创作活动""一项不能远离政治和意识形态的活动"到"翻译应该在文化语境的参照下进行词、句、语篇的语码转换"再到"翻译是译者将一种语言文字所蕴含的意思用另外一种语言文字表达出来的文化活动"。目前人们已经认识到，翻译是一种跨语言文化活动，翻译过程涉及多种因素，包括原文、译文、译者等，译者在翻译过程中具有能动作用，同时，翻译活动又受到特定的文化背景的影响。通过对翻译活动本质的认识，结合翻译过程所涉及的因素，可以构建能够全面客观反映翻译过程的全息模型，明确译者在翻译过程中的地位与作用，使译者能够更好地处理翻译过程中各种因素之间的关系。

2.1　对翻译本质的认识

本质是事物本身所固有的、决定事物性质、面貌和发展的根本属性。翻译本质是译论中一个最根本的问题，也是译界争论不休的一个老问题。长期以来，出于对翻译本质的不同程度的认识，中外学者从不同的角度对翻译给出了多种定义。这些定义反映了在不同的历史阶段人们对于翻译这一客观事物的不同认识。人们对于翻译的认识经历了最初的语言论，泛化发展出了文化论，此后又回归到了对于翻译本体的研究。在回归翻译本体研究的同时，人们意识到了翻译的多元性。翻译定义的不断变化反映了人们对于翻译本质的认识在不断地加深。

2.1.1　翻译的语言论

在西方的文献记载中，对于翻译的研究最早可以追溯到古罗马时期。但是，直到20世纪50年代之前，翻译研究者一直关注的是有关翻译的具体问题。20世纪50年代以后，西方出现了一批从语言学立场研究翻译的学者，主要有尤金·奈达、彼得·纽马克、约翰·卡特福德等。[20]受西方翻译研究思想的影响，国内学者也开始从语言学的角度研究翻译活动。

1965 年，卡特福德给翻译下的定义是：the replacement of textual material in one language（SL）by equivalent textual material in another language（TL）。即"一种语言（译出语）的话语材料被另一种语言（译入语）中的对等的话语材料替代"。奈达在 1964 年指出："翻译是指首先从语义上，其次是从文体上用最贴切、最自然的对等语，在译语中再现源语的信息。"[21]

张培基等编写的《英汉翻译教程》开篇给翻译下的定义是："运用一种语言把另一种语言所表达的思维内容准确而完整地重新表达出来的语言活动。"（张培基等，1983 年）可以看出，书的编者是把翻译作为行为来界定的。在这里，翻译是一种特殊的语言活动，它与其他同为语言活动的行为如文学创作有所不同，这就在一定程度上揭示了该事物的本质。[21]

上面几个关于翻译的定义都加入了不能客观全面地反映翻译活动面貌的"准确""完整"一类的限定词，不具定义应有的概括性。蔡毅、王克非等学者指出，应当把翻译的定义与翻译的质量要求/标准区别开来。蔡毅（1995 年）对翻译的定义为："将一种语言传达的信息用另外一种语言传达出来"。[21]

翻译的语言论是人们对于翻译本质的初始认识。由于翻译是与语言有关的活动，因此，人们对于翻译本质的认识首先是从语言开始的。国内外许多学者对于翻译的定义都是从语言的角度进行界定的。但是，这些定义把翻译界定为与语言有关的活动，而没有考虑语言之外的因素对于翻译的影响，是对翻译相对狭义的定义，只是反映了翻译的局部而不是全部的本质。

语言学派对翻译研究的核心是如何实现等值或等效。语言学派对从前零散的争论进行系统的整体性思考，他们既关注文本的结构层次，又重视形式本身，破除了语文学式的陈规。语言学的翻译研究范式强调意义的构成特征和语言结构，努力制订对等转换的规则，以语言分析代替了直觉感受，克服了语文学派的主观主义，使翻译活动具有一定的科学性和客观性。语言学派在注重"语码转换"的同时，虽然并不排除文化因素，但在文化、思维等方面没有深入下去，理论上存在局限性，不能形成统领一切翻译活动的理论体系。[22]

2.1.2　翻译的文化论

20 世纪 70 年代以后，西方的一些学者从文化的层面切入进行翻译研究。这些从文化层面对翻译活动进行研究的学者被称为文化流派，代表人物包括苏珊·巴斯奈特和安德烈·勒斐维尔等西方后现代翻译论者。他们不满意于"微观"的语言层面的研究，主张从宏观的角度，重新审视翻译现象和翻译活动。[23]

勒斐维尔认为翻译的过程为"文化—文本—文本结构—段落—句子—短语—词"。从这个过程可见，"忠实"与"对等"已不再是翻译强调的重心，翻译已成了翻译文化。在文化派看来，翻译是不存在对等的。巴斯奈特认为，"译作不存在"，他认为译文所用的文字不同、语言文化不对称，语言要随语境调变，翻译中的对等是不存在的。[22]

文化派将翻译的研究重点从原文转向了译文，从作者转向了译者，从源语文化转向了译语文化。这种转向自然有其积极意义，但是，文化派摈弃了翻译活动赖以存在的原文以及语言层面上的"忠实"与"对等"，并将这些语言层面的因素视为消极的、负面的。在他们看来，文化语境下的文化与翻译的互动研究才是积极的、正面的，译者只是部分地利用原文或者对原文实施改造。他们由此得出翻译即"改写"，翻译即"操纵"的结论。[23]

文化派将翻译文学看作译语文学系统的一部分，以这样的视角进行翻译研究，扩大了翻译研究的范围，也在一定程度上反映了翻译活动的客观情况。通过文化派的研究，人们认识到翻译是一种文化活动，在文化构建中发挥着重要的作用。例如，国内学者王克非（1997 年）对翻译的定义："翻译是将一种语言文字所蕴含的意思用另外一种语言文字表达出来的文化活动。"

"文化派"试图从宏观的、跨学科的角度把握翻译的本质现象，却误解了翻译本身的运作机制。他们从外部因素切入所做的关于翻译本体的一切见解和结论几乎都是偏颇的、错误的，而他们关于外部因素本身的论述也不是没问题的，体现为逻辑混乱和夸大事实两个方面。[24]因此，有学者认为，文化派文本外因素的研究并不具备学科体系的严谨性，存在许多偏差。[23]

2.1.3　翻译的本体论

文化派认为传统的对语言层面的"忠实""对等"的研究是消极的、负面的，只有文化语境下文化与翻译的互动研究才是有意义的，并以"文化功能等值"替代"忠实""对等"。有学者认为，文化派通过对"忠实""对等"的颠覆，把文本从语言的魔咒中释放出来，坦言翻译就是改写，翻译就是操纵，翻译中没有预期的对等，消解了翻译的本体，彻底、完全地走向了语言学派的反面。文化派的兴起使"忠实""对等"在翻译学研究中已经退居学术活动的边缘。[22]

也有学者认为，翻译的文化转向只是一次研究重点的转移，是目前多元视角中的一个视角，当然也是一次翻译研究深化的过程。但它仍不能取代语言而成为翻译研究的本体。对于翻译研究的文化转向，我们应该采取一种辩证的态度，一方面，我们应肯定其积极方面的意义；另一方面我们也必须认识到这并不是翻译研究的全部方向，它只是多元视角中的一个视角。[25]

文化派夸大了文化对翻译的制约作用，认为翻译的基本单位不是词、句、语篇而是文化，强调文化在翻译中的地位，认为翻译的本质就是翻译文化；文化派以"文化功能等值"替代"忠实""对等"，使"忠实""对等"在译学研究中已经退居学术活动的边缘。认识到文化派对翻译认识的偏差以后，国内许多学者对文化派的观点进行了反思，提出翻译研究应该回归翻译的本体，翻译应该恪守"忠实""对等"的基本原则；翻译学研究不排斥文化，但不能以文化代替文本，而是要以翻译本体论为参照，对文化进行合理定位。文化派所主张的文化因素是外在于翻译的，不是翻译自身所要求的。翻译应该在文化语境的参照下进行词、句、语篇的语码转换。[23]

2.1.4　翻译的多元论

关于翻译研究的本体论可以看作是国内学者对于西方文化派观点的反思与校正。本体论学者在强调翻译研究应关注翻译本体的同时，并不否认文化与翻译之间的相互影响。另一方面，强调对翻译本体的认识，也并不是回到原来的单纯的语言论的观点，而是要客观认识影响翻译的各种因素。学者王克非修正了自己以前对翻译的定义，将翻译重新定义为："翻译是译者设法将一种语言所传递的信息用另一种语言表达出来的跨文化交际行为。"[26]这个定义明确了翻译的属性，认为翻译是一种"跨文化交际行为"，承认了翻译过程中的文化因素；指出翻译涉及两种语言，是一种语言转化活动；点明了"译者"的作用。这个定义反映了国内学者对于翻译本质的认识更深入了一步。这个定义与之前的定义相比，虽然只是多了两个字，但对翻译的认识却前进了一大步。因为翻译活动包含主体、客体两个方面，少了"译者"二字，就不能将翻译的主体明示出来。

在翻译研究的文化转向以后，西方学界对翻译的研究呈现出更加多元化的趋势。一方面，文化派学者继续探索翻译研究与文化研究之间的相互关系与影响；另一方面，一些从语言学立场出发研究翻译的学者也在尝试借鉴语言学的特定分支和特定的语言学理论，如系统功能语法、社会语言学、语用学、认知语言学等，将非语言因素纳入翻译研究的范畴，在探讨翻译语篇问题的同时也揭示世界观、意识形态或权力运用对翻译过程和行为的影响。[20]

以上简要回顾了人们对于翻译活动的本质的认识。国内外学者通过不懈努力和孜孜探索，逐步认识到了翻译与文化之间的相互影响。在不同的历史阶段，学者们依据自己对翻译本质的认识，对翻译给出了各自不同的定义。历史上，人类的翻译活动大多集中于文学翻译，对翻译的研究也大多是从文学的角度切入的。从上面不同历史阶段对于翻译的定义可以看出，对翻译的定义比较偏"文"，大多采用的是"文科"的语言模式。随着科学技术的发展，在当今社会，从翻译的总量来看，科技翻译已经远远超过了文学翻译。对于科技翻译来讲，虽然常规的翻译定义依然适用，但不具有针对性，也没有反映出科技翻译的独特性。模仿学者对于翻译的常规定义，可以用"理科"的语言给出科技翻译的定义：科技翻译是一种人（译者）在回路中的跨语言信息传递活动。

2.2　翻译活动涉及的因素

翻译作为一种复杂的过程，涉及多种因素，包括原文、原文作者、译者、译文读者、译文等。翻译活动在特定的环境中进行，同时受到环境因素的影响。翻译环境既包括时空、人物、事件等各种具体情景因素，也包括经济、政治、意识形态、文学等各种社会文化背景因素。本节从原文、译文、译者和文化背景等方面对翻译活动涉及的因素及其对翻译活动的影响进行简要的说明。

2.2.1　原文

翻译在形式上表现为两种语言之间的转换，原文自然就成为了翻译活动的起点。不管是传统的翻译观还是现代的翻译观，原文都是翻译过程中需要首先面对的要素。原文是作者利用源语言对客观现象进行描述的文字产物，是译者获取信息的根本来源。

（1）原文是作者对客观世界进行抽象的结果

语言是思维的工具；文字是记录语言的符号。人们通过思维活动对客观世界进行抽象，将思维的结果用文字的形式记录下来，就形成了文本。文本形成的过程也就是客观世界的信息以文字的形式固化的过程。客观世界的信息以及人的思维产生的信息，用文字符号按规定的规则组合起来，就形成能够表达思想、传递信息的文本。

从客观世界到形成文字的过程，也可以看作是信息传递的过程。任何信息传递过程都会存在信息耗散。也就是说，作者用文字对客观世界的描述与真实的客观世界之间可能存在差异。译者在根据原文获取信息的过程中，要能够透过文字看到本质，尽力还原客观世界的真实面目。

（2）原文根植于特定的文化土壤

语言与文化有着天然的联系。不同的文化孕育了不同的语言，不同的语言反映着不同的文化。作者在用原文描述客观世界的时候，自然而然会受到所处的社会文化背景或者氛围的影响，这种影响会无形中渗透到原文之中，也可以说，原文是从特定的文化土壤中成长起来的思想果实。西方人感叹时会说，"Oh，My God！"而中国人感叹时则会说，"我的天哪！"中国人把"天"视为自然界的主宰；而西方人把"God"视为自然界的主宰。

不同的文化背景不但会形成语言表述上的差异，也会形成对外界认知上的差异。汉语中的"龙"，是传说中的神异动物，角似鹿、头似驼、眼似兔、项似蛇、腹似蜃、鳞似鱼、爪似鹰、掌似虎、耳似牛；英语中的"dragon"也是传说中的怪兽，有翅膀、鳞和爪子，口中能吐火。汉语的"龙"与英语的"dragon"虽然具有相似的外形，但却具有完全不同的文化寓意："龙"常用来象征祥瑞；而"dragon"则表示邪恶。因此，切不可将"龙"简单地译为"dragon"。

（3）原文是翻译过程中信息来源的根本依据

不管是把翻译过程看作是交际过程还是信息传递过程，原文都是翻译过程中信息来源的根本依据。传统的翻译观强调译文的"信"或者"忠实"，就严格限制了译文的信息来源。翻译的功能对等论虽然强调译文在功能上的对等，但只有对等的"信息激励"才能产生对等的功能效果，所以说，功能对等视角下的信息来源也只能是翻译的原文。

虽然说在翻译的过程中，不可能绝对准确地把原文的意思翻译出来，甚至可以说翻译其实是一种再创造，但前提是要完整地表达出作者的意思，而不是毫无节制地自由发挥。文学作品的一个重要特征就是较多地使用比喻，如果因为难翻译而把原作中的比喻删掉，译文虽然好懂了，却变得索然无味，意境和格调也低了很多。文学翻译尚且不能随意发挥，科技翻译就更应该依据原文准确地传递信息。例如，

原文：For tailless aircraft, this results in a reduction of the lift coefficient by a factor of around one and a half compared to a conventional aircraft.

译文：与常规飞机相比，无尾飞机的升力系数减小了大约33%。

分析：原文的"a reduction of the lift coefficient by a factor of around one and a half"表示"升力系数减小到原来的1.5倍"，汉语中没有"减小多少倍"或者""减小到原来的多少倍""的说法，而只能说"减小到几分之几"或者"减小到原来的几分之几"。本例中原文的意思是"减小到原来的1/1.5"，即"减小到原来的2/3"，也就是说，"减小了1/3"，即"减小了33%"。译文中的数字信息间接地来源于原文，不是凭空杜撰出来的，是有数学依据的。

2.2.2　译文

译文是翻译过程产生的结果，是用目的语对原文所描述的信息的再现。传统翻译理论认为译文是原文的复制品，译文需要忠实于原文。解构主义和目的论的翻译观点都强调对于文本之外的信息的重视，这不但扩展了翻译的研究范围，也丰富了翻译过程中译者获取

信息的渠道。

（1）译文是对客观现象的重新描述

1923 年，德国文学评论家瓦尔特·本雅明（Walter Benjamin）在《译者的任务》中提出了"纯语言"的概念："纯语言"存在于所有的语言之中，系统地联系各种语言又凌驾于所有语言之上。本雅明指出，翻译是通往纯语言的途径；翻译不是信息交流传递的过程，而是体现语言之间差异和互补关系的过程。译者在翻译过程中追求的不是原文和译文的等同，而是源语和目的语这两种语言的融合。译者的任务是"将那种依附于外来物的纯语言融于其自身，并通过转换将被围困在作品中的纯语言解放出来。"[27]本雅明的这种思想对于后来的关于翻译的解构主义思想产生了重要影响。

本雅明的"纯语言"可以理解为客观世界的经过抽象后所形成的"纯信息"。"纯信息"以"纯语言"的形式存在于人的思维世界之中。作者用具体的语言将这种"纯信息"描述出来就形成原文本；译者将这种"纯信息"用目的语描述出来就形成了译文。译者是通过对文本的还原获取"纯信息"，这种还原的过程需要译者站在作者的立场来进行。译者对"纯信息"的描述可以看作是对于客观现象的重新描述。这一过程也符合认知语言学对于翻译的认识。

按照客观主义语言学的观点，语言与外部客观世界是直接映现的关系，与人基于体验的认知没有关联，语言表达的意义是语言形式本身的固有属性，人们通过对语言形式的分析即可获得对意义的理解。换言之，人们是按照"现实—语言"模式来理解和使用语言的。而认知语言学的语言观认为，外部世界虽然是客观存在的，但人类对外部世界的认识未必是客观的，因为语言与人基于体验的认知密不可分，"是客观现实、社会文化、生理基础和认知能力共同的产物"。因此，认知语言学认为，翻译过程是对原文作者对情景的识解与识解方式的重构。[28]

综上所述，不管是从认知语言学的角度来看，还是从结构主义的观点来看，翻译过程所形成的译文都是对客观世界重新描述的结果。

（2）译文受限于原文的信息边界

传统的翻译理论认为译文是原文的复制品，译者要尽可能地把原文固定不变的意思传达给读者。解构主义翻译理论虽然认为原文与译文之间不是从属关系，原作者与译者都是具有同等地位的创作主体，但是同时也认为，译文也以原文为依据，译者要利用语言之间的差异，借外语来颠覆原文的秩序，又把潜藏于原文中，原文无法表达的意念展现出来。[29]可以说，传统翻译理论与现代翻译理论都认为，译文要受限于原文所形成的信息边界。

我们可以认为，原文是利用源语言符号形成的一个信息团，这个信息团与其他信息之间存在边界。译文就是用目的语将信息团的内容表述出来，译文所包含的信息必然来自于原文所表达的信息团。对于文学文本，由于文字的外延性和联想的丰富性，原文所形成的信息团的边界存在一定的模糊性，也可能与外围信息之间存在一个逐渐过渡的区域，译者可以在一定的范围内发挥主观能动性，这也就给翻译的目的论提供了研究的空间。而对于科技文本来说，由于文字的准确性和描述的客观性，原文所形成的信息团的边界必然是清晰的，译者在构建译文信息团的过程中要力求内容等对，边界重合。

（3）译文要达到预期的交际目的

20 世纪 70 年代末，德国学者汉斯·弗米尔（Hans Vermeer）提出了"翻译目的论"。"翻译目的论"认为，翻译活动是有目的、有意图的行为。在整个翻译过程中，应优先考虑文本功能和文本接受者。特定的交际目的只有在特定的语境条件下才能实现，言语表达的分析及理解不能脱离其社会背景。由于文化间的差异，两种语言之间的翻译，尤其是在两种非亲属文化之间进行的翻译活动，不可能将原文的所有因素都反映出来，所能做到的只是使译文与原文尽可能地接近。[30]

"目的论"认为翻译是在目的文化中对源文化或语言的一种不可逆的信息传递，是跨文化的交际行为，具有文化性和交际性。因此，这里的"目的"指的是译文文本的预期交际目的。要达到预期的交际目的，就必须保证译文对译文读者的刺激效果与原文对原文读者的刺激效果基本相同。[30]因此，从"目的论"的角度来看，翻译过程中的信息获取不能仅仅局限于原文文本，也需要考虑文本之外的文化因素的影响；信息的表达要考虑译文读者的阅读习惯和文化背景。

"翻译目的论"尽管不再认为原文文本是翻译的依据，但仍然强调，翻译是在原文文本的基础之上进行的，原文文本包含了语言的、非语言的各种因素，是提供信息的直接通道，是译者可以利用的多种信息来源当中最主要的一个。[30]

2.2.3　译者

20 世纪 80 年代，西方翻译研究发生了文化转向，译者作为翻译活动中最积极最活跃的因素，受到越来越多学者的关注，其在翻译活动中的地位也逐渐上升。国内学者对翻译的定义也加入了译者的因素。译者是翻译过程中传递信息的纽带，是翻译活动的主体，在翻译活动中可以发挥一定的主观能动性，但是，译者的主体性是有限的，不能无限发挥。

（1）译者是翻译活动的主体

人们通常认为，翻译当然是由译者进行的，不言自明。过去对翻译的研究往往更多地关注译出语、译入语，对译者在翻译活动中的特殊意义关注不够。在从译出语（及其文化）到译入语（及其文化）的翻译活动中，译者处于居中的位置。译者的素质（对两种语言文化的熟悉）、动机、所处（社会文化）环境、翻译观、文化观、甚至年龄、性格等都有可能影响到他的翻译。如果只是静止地看到翻译涉及的两种（或两种以上）语言，看不到（或不够重视）译者在其中的主体作用，许多翻译现象就得不到充分解释。重视译者，这也是翻译的本质、翻译的艺术性所决定的。所以，王佐良（1993 年）说翻译需要译者的修养、经验、历史感、想象力，译者应当是一个文化人；杨武能（1993 年）说文学翻译是一种必须通过人的心智活动才能完成的艺术再创造。[26]

关于译者主体性的具体内涵，国内诸多学者曾对其进行过深入探讨，仲伟合和周静对这一概念做了详细说明："译者主体性是指在尊重客观翻译环境的前提下，在充分认识和理解译入语文化需求的基础上，作为翻译主体的译者在整个翻译活动中所表现出来的主观能动性，它体现了译者在语言操作、文化特质、艺术创造、美学标准及人文品格等方面的自觉意识，具有自主性、能动性、目的性、创造性、受动性等特点。"[31]简言之，译者主体性即译者的主观能动性。它客观存在于翻译活动的全过程中，不仅体现在译者对原文创作背景的了解及对作品本身的理解和阐释上，也体现在对翻译策略和翻译文本的选择及对译入语文化目的的表达上。[32]

在目的论理论框架内进行翻译活动时，译者需要摆脱传统上消极模仿者的角色，成为能够充分发挥自主性、能动性、目的性、创造性和受动性的多重角色，将源语文本转化为目标背景中目标语境内符合目标目的和目标接受者要求的一种文本。为实现这种目的，译者应想方设法发挥其主观能动性，充分展现自己的语言转换能力、认知能力、审美能力和跨文化交际能力。[32]如果说"文学翻译是一种……艺术再创造"，需要译者具有较高的文化素养，那么科技翻译就是"科技信息的传递或复现"，需要译者具有较高的科技素养；如果说对于文学翻译来讲"译者应当是一个文化人"，那么对于科技翻译来讲"译者应该是一个科技人"。

（2）译者的主体性是相对的

比利时语用学家维索尔伦（Verschueren）在 1999 年指出，人在交际中对语言的使用是"一个经常不断的、有意无意的、受语言内或语言外因素左右的语言选择过程"。翻译过程实际上就是译者对语言、语境和文化进行不断顺应和选择的过程。在这一过程中，译者作为翻译交际行为的主体，具有一定的主体性和意识性，但是这并不意味着译者可以无限制地自由发挥其主体性。事实上，译者要在翻译过程中对语言结构、文本特点、社会文化语境、认知水平等方面进行动态顺应，这就等于对译者的行为及其主体性的发挥从语言、社会、文化、认知等角度进行了规范。也就是说，一方面译者通过动态顺应发挥其主体性，而另一方面译者主体性的发挥又同时受到动态顺应的制约，译者的翻译决策建立在考量和顺应语言、语境等各方面因素的基础上，其翻译的自由度也因此得到了合理的限制。[33]

具体来讲，译者的主体性体现在两个方面。一方面，译者对于原文信息的挖掘必须以原文为基础，顺应作者在原文中的信息表达，挖掘原文所蕴含的直接信息和原文所隐含的间接的文化背景信息；另一方面，译者的表达策略必须顺应目的语的文化氛围，使译文读者能够通过译文领会原作者的思想内涵。

2.2.4　文化背景

文化是人类在社会历史进程中所创造的物质财富和精神财富的总和，文学、艺术、科学技术等都是文化的重要组成部分，语言以其最典型的形式表现文化活动及内涵。语言是文化的语言，与语言密切相关的翻译活动必然涉及两种文化的交流。

（1）文化因素对翻译的影响

文化因素的影响在文学翻译中表现得比较明显。文学作品来源于特定的文化，并反映这一文化所特有的价值观、生活习惯、风土民俗、宗教信仰等。由于各地区、各民族存在着巨大的文化差异，文化因素对于原文的理解和译文的表达都会有限制与约束的作用。这些限制因素主要表现在历史、社会、宗教以及自然环境等多个方面。

由于处于不同的社会环境，在语言中会有不同的历史痕迹。这些痕迹集中反映在习语和历史典故方面。要译好不同语言中的习语和历史典故，必须了解语言所反映的历史文化。汉语的"三个臭皮匠赛过一个诸葛亮"，如直译成"Three cobblers surpass Zhuge Liang."不了解诸葛亮为何许人的欧美人，读到这样的句子一定会不知所云，因为这个译句未能传递出句子所蕴含的丰富的历史文化知识。《汉英词典》修订版译成"Three cobblers with their wits combined surpass Zhuge Liang the master mind."这种译法采用了直译加增译的方法，较好地再现了源语言的文化信息。

英语和汉语一样是高度发达的语言，因而拥有大量的习语和典故。中国人对英语的许多典故和习语也很陌生，翻译起来比较困难。例如，John can be relied on. He eats no fish and plays the game.（约翰为人可靠，他既忠诚又正直。）如果不知道"to eat no fish"和"to play the game"分别是典故和习语，则会译成"他一向不吃鱼而且经常玩游戏"。其实"to eat no fish"出自一个典故。英国伊丽莎白女王时代，耶稣教徒为了表示对政府忠诚，拒绝遵守反政府的罗马天主教徒在星期五只吃鱼的习俗，"to eat no fish"表达的是"忠诚"。"to play the game"和"to play fair（规规矩矩地比赛）"为同义词，由此转义为"公平对待""举止光明正大""为人正直"等。

社会环境的不同也会对原文的理解产生不利的影响。例如，"suburban inhabitants"这个词，字面意思是"郊区居民"，有时候会有特殊的含义。在当代欧美社会，"郊区居民"是指那些 rich people 和 well-to-do-families。因为这些有钱人原来住在市中心，当时的城市发展还不如现在这样快，这样宏大。后来，随着工商贸易的日益发展，城市建设步伐的加快，不少现代城市问题也接踵而至，如污染、交通拥挤以及噪声，等等。在这种情况下，有钱人就朝郊外迁徙定居，以求他们的 privacy（欧美人十分讲究 privacy），因为郊区的环境较之于市中心要好得多，污染问题也不严重。所以，"suburban inhabitants"有时候实际上是指"住在郊区的城中富翁"。再如，"The United States has now set up a loneliness industry"这句话中"loneliness industry"不能望文生义地译为"孤独的工业"，其真实含义是"一种为孤寡老人服务的社会项目"。在 20 世纪 60—70 年代的美国，越来越多的子女不和父母居住，出现了大量的孤寡老人，他们无人照顾，生活艰难，成了社会问题，当时美国政府就建立了一种为孤寡老人服务的社会项目，其名字叫作"loneliness industry"。[34]

（2）处理文化差异的方法

文化背景差异是客观存在的，是翻译过程中必须面对的问题。综观中国翻译家的论述，从严复的"信、达、雅"到傅雷的"神似"，再到钱钟书的"化境"，都体现了对处理文化差异的总体要求。外国的翻译家奈达的功能对等和纽马克的等效也隐含着处理文化差异的方法要求。在具体的翻译实践中，处理文化差异的方法可归纳为直译（异化）、意译（归化）和音译。

异化主要指的是将源语文化作为导向的一种翻译方式，其注重对民族间存在的文化差异予以保留，并且在译文的过程中能够体现出异域文化的语言风格以及文化特性等，进而让译语文化的相关读者体会到出境感，究其根本在于注重对形式的对等。异化通常表现为以直译为基础，以解释为补充的翻译方法。

归化主要指的是将信息接受作为核心、以译语文化为导向的一种翻译方式。该方式充分利用译语文化的表达方式，让译语读者能够更加容易地适应和了解译本。归化以意思传递为主导，通常采用直接意译和间接意译的方法。

每种语言中都会有一些特有的词汇，在另一种语言中无法找到对应的词汇来表达其意义，这时候就可以采用音译的方法。例如，汉语中的词汇"功夫""茅台""豆腐"等，分别译为"Kongfu""Maotai""Tofu"，已经为外国人所认可和推广，广泛流传于西方社会；英语中的 Adidas 直接翻译为"阿迪达斯"，在现实生活中，很多国际品牌翻译均存在这一情况。[35]

2.3　翻译活动的全息模型

随着翻译研究的不断深化，人们对翻译的认识、对翻译复杂性的理解逐步深入，早已不再把翻译视为孤立的语言转换行为，而是充分意识到翻译活动具有丰富的内涵与复杂的过程，涉及语言、文化、社会、意识形态等文本内外的诸多要素。[37]在了解翻译过程所涉及因素及其辩证统一的基础上，将翻译看作"一个人在回路中的信息传递过程"，可以构建出反映翻译活动本质的翻译过程全息模型。

2.3.1　翻译过程模型

1972 年，詹姆斯·霍姆斯在哥本哈根召开的第三届应用语言学会议上发表了《翻译学的名与实》*The Name and Nature of Translation Studies*，该论文被西方学者誉为"学科创建宣言"，确立了翻译学的独立学科地位。此后，吉迪恩·图里（Gideon Toury：1995 年）、安东尼·皮姆（Anthony Pym，1998 年）、刘宓（1999 年）、杰里米·芒迪（Jeremy Munday，2008 年/2012 年/2016 年）、威廉姆斯与彻斯特曼（William & Chesterman，2002 年）、谭载喜（2004 年）、曹明伦（2007 年）、道斯莱尔（Doorslaer，2009 年）、黄忠廉（2017 年）都曾通过重建学科框架，厘定学科的内涵与外延，确定翻译学的研究内容，明确翻译过程中各要素之间的相互关系。[38]

从系统的观点来看，翻译过程涉及特定的要素、具有特殊的结构，翻译过程的运作和演进都在具体的语言环境和文化背景中进行，翻译过程的结果表现出特定的功能。而从辩证的观点来看，翻译的要素和结构表现出多元性与整体性的辩证统一，翻译的环境与功能表现出自主性与开放性的辩证统一，翻译的运作和演进过程表现出动态性与稳态性的辩证统一。[36]

结合专家学者的观点，可以认为翻译过程涉及三个主体、两个过程和对应的文化背景：三个主体分别是原文、译者和译文；两个过程分别是原文和译文的形成过程；译者对原文的理解和对译文的表述在对应的文化背景中实现。

对翻译过程中的各个要素及其相互关系的研究，属于翻译本体研究。译者在对原文进行理解的过程中，需要考虑作者所处的社会时空，在对译文进行表述的过程中，又要考虑读者所处的社会时空。社会时空是指人所处的历史阶段、地域范围和文化背景等，也就是从时间、地点和文化三个维度确定作者（或读者）所处的社会环境，为原文的理解和译文的表述提供有利的帮助。这一层面的研究属于翻译学的相关研究。

根据翻译学的现有研究成果，可以构建翻译过程的全息模型（见图 2-1）。该模型客观地反映了翻译过程的本质，描述了翻译活动的全过程以及在翻译过程中各个要素之间的关系。

2.3.2　翻译模型的作用

长期以来，对于翻译以及翻译学的研究，学者们的切入点都集中于语言、文学或者文化，关于翻译以及翻译学的研究课题往往都归属于社科类研究课题，就能充分地说明这一点。也不可否认，翻译确实与语言、文学以及文化之间存在着密不可分的关系。随着科学技术的繁荣和国际间科技交流活动的日益频繁，科技翻译在整个翻译活动中所占的比例持

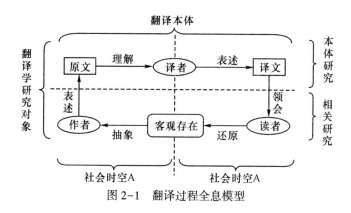

图 2-1　翻译过程全息模型

续攀高，可以说，在目前的国际化环境下，科技翻译的比例已经远远超过了传统的文学翻译。

科技翻译是翻译实践与科技活动相结合的产物，科技翻译实现的是科技信息的传递，从事科技翻译的也多是具有科技思维模式的技术人员，这也就提供了以科技的观点对翻译过程进行研究的可能与机遇。对某一现象进行研究的科学方法就是建立研究对象的物理模型，分析研究对象中各种因素之间的关系，找出研究对象的运行规律。翻译过程全息模型就是从系统论、信息论的观点对翻译过程进行观察的结果。

（1）明晰翻译过程中的信息传递过程

人获得外界的信息有直接和间接两种方式：直接方式就是通过直接的实践活动获取外界的信息；间接方式就是通过别人的（文字的、语言的或者其他方式的）描述获得外界信息。翻译的作用在于帮助一种社会文化背景中的人获取另一种社会文化背景中的信息。

翻译过程是人间接获取信息的过程中的一个阶段。从狭义的观点来看，翻译过程就是译者从原文获取信息，再用目的语将这些信息表述出来的过程。但是，翻译过程要实现预期的目的，首先必须保证对于原文信息的提取是完整的，其次还要保证译文读者对于译文的理解是透彻的。也就是说，翻译过程中信息的传递实际上始于对客观世界的信息提取，只是这种信息提取是通过原文并结合原文的文化背景实现的；翻译过程中的信息传递终于读者对译文的理解，也就是译文读者能够利用从译文中提取的信息，恢复客观世界的原始面貌。只有实现了这样完整的信息传递过程，才能实现翻译过程的预期目的。

（2）明确译者的作用与地位

将翻译过程看作一种跨语言、跨文化的信息传递过程，那么在这种过程中必然会存在信息的耗散。译者是整个翻译活动的实施者，译者的作用就是要尽量保证翻译过程中的信息耗散为最小。在获取信息的阶段，也就是理解原文时，译者要将自己置于原作者的文化背景之中，以原作者的视角去观察他所描述的对象，这样才能保证获取信息的完整性；在信息输出阶段，也就是进行表述时，译者要置身于读者的文化背景之中，以读者容易领会的方式去描述原作者所描述的客观世界。

（3）显化翻译活动中各种因素之间的相互关系

翻译过程全息模型清楚地反映了翻译过程中各种因素之间的相互关系。翻译过程中核心的关系是原文、译者和译文之间的关系，这也是传统翻译理论所研究的核心问题。现代翻译理论将翻译纳入文化的范畴进行考虑，强调翻译对于文化的构建和影响。翻译过程全息模型将关于翻译的研究活动分为两类，或者说两个层次。上层的也是核心的研究是与翻译活动直接相关的研究，研究翻译的本质和基本规律；底层的研究涉及翻译与文化之间的关系及其相互影响。

翻译活动横跨两种社会文化时空。尽管事物、现象是客观存在的，但是作者与读者是从不同的社会文化视角对事物、现象进行观察与再现的。处于时空 A 中的作者对于客观世界的观察必然会受到所在的社会文化背景的影响，这种影响必然反映到原文之中。可以说，作者所处的社会文化背景以及作者的思维模式决定着原文的特征与表现形式。译者是通过作者的文字描述实现对客观现象的认识，获取原始的信息。译者获取原始信息以后，通过思维模式的转换和语言符号的变换，将原始信息以译文的形式表现出来。读者根据自己的社会文化经验从译文中提取信息，实现对客观世界的还原。

翻译过程全息模型反映了在翻译过程的不同阶段各种涉及因素之间的相互作用和影响。了解并厘清这些因素之间的相互关系，有助于译者准确获取或者表达所需要传递的信息。虽然在翻译过程中原文是译者获取信息的主要来源，但译者也不必刻板地拘泥于原文的表面信息，而是应该积极挖掘文字背后的社会文化信息，尽量保证译文信息的对等。

2.4　小结

翻译是一种客观存在的社会现象，人们对翻译活动的研究和认识在不断地深入。随着人们对于翻译活动的认识的加深，人们的认识也逐渐接近了翻译的本质。由于翻译首先表现为与语言有关的活动，所以长期以来人们多是从语言、文学和文化的角度对翻译活动进行研究。最新的翻译理论已经认识到了翻译过程的复杂性，认为翻译是一种多元性与整体性的辩证统一的过程，翻译过程中的各种因素之间存在着相互影响的复杂关系。为了明晰客观地反映翻译过程和翻译的本质，从系统论和信息论的观点出发，建立了翻译过程的全息模型。利用这一模型，可以清楚地看出翻译过程中信息的传递过程，明确译者在翻译过程中的作用。为了保证翻译过程中信息传递的对等性，译者需充分发挥主观能动性，挖掘文字之外的文化信息，尽量降低翻译过程中的信息耗散。

第3章 科技文本的功能与特点

本章提要：科技文本是用于记录、表达和传输科技知识的文字形式，它具有不同于其他文本的功能属性和语言特点。科技文本的功能属性主要表现在其表达功能、信息功能和祈使功能。不同的科技文本又有其突出的功能属性，有的偏重于思想表达，有的偏重于信息传递，有的偏重于祈使命令。不管是汉语的科技文本还是英语的科技文本，为了实现预期的功能，它们都具有明显不同于文学语言的语言特点。写作科技文本的英语称为科技英语，对应地，写作科技文本的汉语，可称为科技汉语。科技文本的语言特点主要表现在用词的规范性、表述的客观性和推论的逻辑性。为了方便信息的交流与传递，科技文本也表现出明显的国际化、标准化趋势。各个国家与组织都规定了科技文本的具体的格式要求，有的甚至提出了明确的用词要求。了解并掌握科技文本的功能属性、语言特点和结构要求，有助于译者实现更佳的翻译效果。

马克思认为，劳动的需要促进了人的语言的发展。那么反过来讲，语言对人的社会生活，包括劳动，也起着巨大的促进作用。中国作家王蒙曾经讲到，语言最基本的功能是它的表意和交流作用，以及它的记录和记忆功能。正是因为有了语言和文字，人类文明才能不断发展，创造和积累了丰富的文化和科技知识。

科技文本是用于描述、记录科学观点、技术过程的专业性文本。在对科技文本的定义上，国内相关参考文献大多指：科技著作、科技论文和报告、实验报告和方案；各类科技情报和文字资料；科技实用手册和操作规程；有关科技问题的会谈、会议、交谈的文字资料；有关科技的影片、录像、光盘等有声资料的解说词以及描写和解释大自然现象的语篇等。

科技文本具有其特定的功能属性，主要是用于科技知识的表述、记录和传递。为了实现自身的功能，获得预期的效果，科技文本具有明显的语言特点。为了便于信息的交流，科技文本的格式比较规范、相对固定，科技文本的撰写要符合相关的标准和规范，并且表现出国际化、标准化的趋势。本章将从科技文本的功能属性、语言特点和结构特点三个方面进行分析，为科技文本的翻译策略提供依据。

3.1 科技文本的功能属性

德国心理学家卡尔·布勒（Karl Bühler）认为，语言同时可以起到三种功能：表述功能（represent）、表达功能（express）以及呼吁功能（appeal）。英国翻译理论语言学派的代表人物彼得·纽马克根据卡尔·布勒和俄国语言学家罗曼·雅各布森关于语言功能的论述，将语言功能分为六种：表达功能（the expressive function）、信息功能（the informative function）、祈使功能（the vocative function）、审美功能（the aesthetic function）、人际功能（the phatic function）、元语言功能（the metalingual function）。一个文本可能具备一种功能，也可能同时具备几种功能，但以其中的一种功能为主。[39]

科技文本是用于记录、表达和传输科技知识的文字形式，科技文本的功能主要表现为它的表达功能、信息功能和祈使功能。

3.1.1　表达功能

语言是人们相互交流的工具，通过语言，人们可以表达自己的思想感情、意志、愿望、观点、态度等，这就是语言的表达功能。表达功能的核心是说话人的思想。典型的表达性文本包括：①严肃的、富有想象力的文学，包括抒情诗、短篇小说、长篇小说、戏剧；②权威的文本，包括多种文类，其权威来自于作者的地位或语言能力，例如政府高官和政党领袖的演说和声明、法律条例、文件，以及权威人士所写的文学和学术著作等；③直抒胸臆，没有直接读者群的自传、散文、私函等。[39]

从以上描述可以看出，体现表达功能的科技文本主要有技术专著和行业法规。专著表达的是作者的学术观点或者研究成果；行业法规表达的是对行业行为的总体要求。

国家科学技术学术著作出版基金委员会在《国家科学技术学术著作出版基金资助项目申请指南（2008 年度）》中明确指出：学术专著是指"作者在某一学科领域内从事多年系统深入的研究，撰写的在理论上有重要意义或在实验上有重大发现的学术著作。"专著通常是作者阐述"一家之言"，提出自己的观点和认识。专著的篇幅一般较长，围绕较大的复杂问题进行深入探讨和全面论述，具有内容广博、论述系统、观点成熟等特点，具有较高的学术参考价值。例如，

> Developing a commercial aircraft really is a mega-project due to the many complexities involved. In fact, there are hardly any other product developments with this level of commercial orientation *and* complexity. What are these complexities all about? In his book *Taming Giant Projects*, Grün defines complexity 'by the number of activities and milestones, and the number of participants who need to be coordinated to achieve the project goals'. In the case of commercial aircraft developments, complexity encompasses some important additional aspects as will be outlined below.

分析：这段话出自 Hans-henrich Altfeld 编写的 *Commercial Aircraft Projects* 一书，这段话表达了作者对于研制民用客机的复杂性的观点，也反映了民用客机研制的客观情况。

每个行业都有本行业的法规体系，以航空为例，中国已初步形成了由 1 部法律、27 部行政法规和行政法规性文件以及 115 部现行有效规章组成的多层次的民航法规体系框架。第一层次的《中华人民共和国民用航空法》经全国人大常委会通过、由国家主席签署主席令发布。第二层次的行政法规是经国务院通过、由总理以国务院令发布或授权中国民航局发布的民用航空行政法规，例如，《民用航空器适航管理条例》《民用机场管理条例》《中华人民共和国民用航空安全保卫条例》《中华人民共和国飞行基本规则》等。第三层次是《中国民航规章》（*CCAR-China Civil Aviation Regulations*）。中国民航管理的航空公司和其他航空企业全部按照 CCAR 的要求来建立和健全各自的管理体系。CCAR 共有上百部，根据不同的工作性质，各公司选用不同的内容进行规范和管理。这些法规性文件表达了对行

业内企业执行某项活动的标准与要求，例如，《运输类飞机适航标准》（CCAR-25-R3）、《民用航空器驾驶员、飞行教员和地面教员合格审定规则》（CCAR-61）、《民用航空飞行签派员执照管理规则》（CCAR-65）、《民用航空器维修人员执照管理规则》（CCAR-66）。

3.1.2 信息功能

在相互交往中，人们常常要描绘、叙述或者说明有关事物的情况，这就涉及到语言的信息功能。该功能的核心是外部环境，即语言之外的现实，包括所报道的见解和理论。主要体现信息功能的文本可称为信息文本，常见的信息文本主要有教科书、技术报告、报刊文章、科技论文、专业手册、会议记录等，其中，教科书（textbook）、技术报告（technical report）、科技论文（scientific paper）、专业手册（specialized handbook）就是具有信息功能的科技文本。[39]

手册是收录一般资料或专业知识的工具书，通常汇集了某一学科或某一主题的参考资料，供读者随时查阅。手册中所收录的知识偏重于介绍基本情况和提供基本材料，如各种事实、数据、图表等。手册通常按类进行编排，以便于读者查找。在航空方面，典型的飞机手册有国内的《世界飞机手册》，国外的《简氏世界飞机年鉴》（*Jane's All the World's Aircraft*）。例如，《世界飞机手册》（2011 年）中对 B-2A 飞机武器系统的描述，提供了关于武器系统的大量信息：

> 武器前武器舱长 9.53m，后武器舱长 4.57m。前武器舱内有 1 块可前后移动的隔板，使其适于携带不同的武器，隔板前部的剩余空间可用于装载燃油，但通常是利用隔板将前舱分为两个武器舱。除武器舱外，机身下还设有 6 个外挂点。该机可挂 CBU-87/89/97 子母炸弹、Mk62/65 水雷、Mk82/84 低阻爆破炸弹等非制导弹药，以及 GBU-27 激光制导炸弹、"杰达姆" GBU-31/38 制导炸弹、GBU-39 制导炸弹、WCMD CBU-103/104/105 制导子母弹、AGM-154 滑翔制导炸弹、AGM-l58 防区外空地导弹等制导弹药。机内武器舱可同时挂 84 枚 227 千克级（500 磅级）的弹药。该机已不再配备核武器，但仍具有使用 AGM-86B 空射巡航导弹（ALCM）和 AGM-69 近距攻击导弹（SRAM）等核导弹的能力。

科技论文是科学技术人员或其他研究人员在科学实验（或试验）的基础上，对自然科学、工程技术科学以及人文艺术研究领域的现象（或问题）进行科学分析与研究，形成具有创新型的结论与结果，并按照规定的格式写成的信息文本。科技论文的主要作用在于记录和传递科技人员的研究成果。在情报学中，科技论文被称为原始文献或者一次文献。科技论文是科技人员获得科技信息的主要来源。

3.1.3 祈使功能

人们经常用语言来唤起他人的同情，或促使他们采取某种行动，这就表明了语言的祈使功能。该功能的核心是读者或者听众。说话人希望他们能按照文本的意图去感觉、思考或行动，即对文本有所反应。典型的祈使文本有通知（notice）、广告（advertisement）、说明书（instruction book）、操作手册（operation manual）、说服性文字（如请求、申诉）等。[39]

《飞行机组操作手册》和《飞机维护手册》等随机文件属于祈使文本，是对飞机飞行操作或维护过程的具体说明，为了保证飞机的飞行安全，飞行、维护人员必须按照手册规定的程序进行操作。例如，某设备的维护手册对活塞杆的泄漏检查过程描述如下：

Piston Rod Seal Leakage Test：

（a）Open the motor drain port to atmosphere. Cap the return port.

（b）Apply 2800±30 psi to the pressure port.

（c）Leakage from the motor drain port shall be 90 cc/minute maximum.

（d）Remove pressure from the pressure port.

上述文字对整个维修过程的描述全部采用祈使句，对维护过程的描述细致、准确，维护人员只需按照文字的描述按步骤操作，即可完成。

3.2　科技文本的语言特点

科技语言与文学语言存在着明显的差异。科技语言的能指和所指是对应的、确定的、不容混淆的；而文学语言的能指和所指往往都是不对应的、分离的，文学语言中包含着丰富的多种阐释的可能性。科技语言的单义性和文学语言的多义性是导致能指与所指关系前者对应而后者分离的重要原因。从总体思路来看，文学语言要在 "客观对象—认识主体—表述方式—读者的理解" 之间寻求蕴意丰富、最具艺术魅力的曲线，而科技语言却要在这些点之间寻求最短的直线。

科技英语已经成为一个专有名词[42]。对应于科技英语，也有科技汉语的概念。为了适应教育国际化的需要，我国从 20 世纪 80 年代开始，就出版了许多科技汉语方面的教材，旨在培养来中国的留学生学习专业知识所急需的听说读写技能，帮助学习者掌握汉语的基本词汇、构词法和表达句式。科技英语与科技汉语都是语言与专业知识相结合的结果，都是用专业语言来说明客观存在的事物或事实。不管是中文的科技文本还是英文的科技文本，在语言方面都表现出一些明显的特点，主要表现为术语的规范性、描述的客观性和推论的严密性。

3.2.1　术语的规范性

科技文本的特点之一就是大量使用科技术语。科技术语是特定学科领域用来表示概念的科技名词，具有单义性、稳定性和中性化的特点。

科技术语与一般词汇的主要不同点就在于特定专业范围内的单义性，如经典力学中的 "力"，也有少数术语属于两个以上专业，如 "运动" 分别属于政治、哲学、物理和体育四个领域，但分别有特定的内涵。每个学科都有自己的术语群，而一般词汇一旦用作术语，同原来的意义、用法便部分地失去了联系，甚至迥然有别，如 "力" 这个词在日常应用中的含意是力气、力量、能力，如药力、物力、大力士、感染力等，作为牛顿力学的术语，则专指改变物体运动状态的作用。"疲劳" 这个生活用词，在力学中指的是材料、构件在交变应力作用下由渐变到脆性断裂的现象。

科技术语是相对稳定的，一些过时的或错误的术语会逐步淘汰。例如科学史上的 "燃素" "以太"。一些术语的定义随科学技术的发展而修改，使其更加精确，如 "米" 的定义在 1981 年的国际标准中已不同于 1960 年的定义，"秒" 的定义也经历了多次变化，但大多数术语一经规范，就会长久使用，不随便更改。这种因素促使科技语言能指与所指关系的对应性得以确立。

中性化是指科技术语不带有感情色彩，专门用来表达科技领域的客观事物的外部现象和内部规律，不能也不该赋予它喜怒哀乐的感情色彩。

科技术语不管它是表述某一客体，还是表述某一抽象的概念，抑或是表述某一种关系，都有它明确的规定性，即术语与它表达的思维内容之间是有唯一确定的对应关系。科学语言在接受时，读者对能指的理解应与所指保持一致。为了确保能指和所指在读者阅读中的对应性，每个国家都把统一科技术语、使之规范化、标准化当作发展科学技术的基础工作之一。在一个学科内，同一术语应表达同一概念，同一概念也应采用同一术语表达。这个原则早已为科学工作者积极遵循，并纳入了国家标准 GB1.1—87《标准化工作导则 标准编写的基本规定》。确定这种单义原则的重要作用"是使接触到这个术语的人（受信者）获得相同的信息。换句话说，所有受信者都获得发信者（即这个术语的命名者）对这个术语所赋予的信息语义，消除歧义和误解"。这就为读者对科学语言的理解获得能指与所指的对应性、确定性奠定了基础。[40]

3.2.2 描述的客观性

科技文本是对事物、过程和现象的客观描述。科技文本要将深奥的科学原理、定律、法则和深刻的思想用简明、流畅的语言表达出来。科技文本的论点要客观准确，能揭示事物的本质，反映学术或技术的先进性；论据要真实可靠，言必有据，以理服人。

（1）汉语科技文本的客观性表现

陈述句多： 科技文章是用来交流信息的，不是让人欣赏的文艺作品，其句子应该朴实无华，只要使判断准确，推理周密，客观而简明地把所阐述的事物清清楚楚地摆到读者的面前就行了。因此，文中多用陈述句。[41]例如：

美国的 B-2"幽灵"（Spirit）隐身轰炸机采用飞翼布局，获得了良好的隐身性能。B-2采用一套新式的副翼系统来进行方向操纵。这种副翼由上下两片合成，两片副翼可以分别向上或向下偏转，也可以两片合起来同时向上或向下偏转。

无主语句多： 科技文章中，大量的句子没有主语，特别是泛指句，虽然句中蕴含有主语，但因没有必要指出而将它省去，使句子变得简洁。例如：

将发动机卸下进行检修。

上句话虽无主语，但读者都知道主语是"工人"。如果科技文本中每一个句子（特别是简单句）都加上主语，尽管句子结构貌似完整，但却显得太罗嗦，太繁琐。

简缩句多： 有时句中不但省掉了主语，而且也可能省掉了谓语或其他句子成分，其目的不只是为了节省笔墨，最重要的是使句子言简意赅。例如：

飞行速度 $0.8Ma$，飞行高度 $8000m$。

句中不仅省掉了定语"飞机的"，还省掉了谓语"是"。

（2）英语科技文本的客观性表现

非人称主语和被动语态多： 科技英语多为非人称主语，比较适合使用被动语态，这在一定程度上提高了科技文献的客观性。科技活动是相当严肃的事情，用于描述和记录科技活动的科技文章就相当正式。为了体现科学研究的客观性，文章必须侧重叙事推理，强调客观准确。第一、二人称使用过多，会使文章显得主观，因此要尽量使用第三人称叙述，采用被动语态，使文章客观、严肃、庄重。研究发现，科技英语中的谓语至少三分之一是

被动语态。例如，

Attention must be paid to the working temperature of the machine. （应当注意机器的工作温度。）

This equilibrium is completely destroyed when the virgin soil is brought into cultivation. （未垦土壤一经种植，这种平衡就完全遭到破坏。）

The temperature of the liquid is raised by the application of heat. （加热可以提高液体温度。）

Useful facts may be collected either by making careful observation or by setting up experiment. （通过仔细的观察或做实验可以收集到有用的数据。）

科技英语中另一种常见的被动结构就是"It"结构句，例如：

It is well-known that……

It is usually considered that……

It has been found/reported that……

It is suspected/thought/assumed that……

名词化结构多：名词化结构就是用名词词组或短语（主要是用具有动作意义的名词+of+修饰语）做句子成分，表示动作。科技文体要求行文简洁、表达客观、内容确切、信息量大、强调存在的事实而非某一行为，名词化结构简洁、确切、客观、信息量大，所以广泛存在于科技文献中。例如：

The rotation of the earth on its own axis causes the change from day to night. （地球绕轴自转，引起昼夜的变化。）

Rockets have found application for the exploration of the universe. （火箭已经用来探索宇宙。）

Coatings of nickel, gold, silver of chromium give a nice shiny appearance to articles and make them look much more expensive. （对镍、金、银器进行镀膜处理能给这些器件增加亮泽，使它们增添华贵的感觉。）

非谓语动词多：英语中的非谓语动词有现在分词、过去分词和不定式三种。科技文章行文简练，结构紧凑，为此，往往使用分词短语、独立主格、不定式短语或"介词+动名词短语"的结构代替各类从句，这样既缩短了句子长度，又较醒目。例如：

Manufacturing processes may be classified as unit production with small quantities being made and mass production with large numbers of identical parts being produced. （制造过程可以分为单件生产和批量生产。单件生产就是生产少量的零件；批量生产就是生产大量的零件。）

3.2.3　推论的严谨性

由于科技论文的立论必须符合客观事物发展规律，并从中得出切合实际的结论，所以论文的内容表达具有其内在的严谨性和逻辑性：一方面，论文结构严谨清晰，段落层次之间均体现出远比一般文章更为严谨的内在逻辑关系，因此科技论文有较固定的格式；另一方面，论文语言准确、简明而富于规范性，而且语义单一，不枝节横生，因此科技论文的语言追求严谨、客观、规范的表达效果，并且在科技术语、符号、计量单位等使用上也日趋标准化、国际化。

（1）汉语科技文本的严谨性表现

长句多：长句是指句意完整、句子成分较多、字数较多个，而且有一定阅读难度的句子。例如，

翻译长句时，应认清主干，理顺旁枝，分析句子的基本成分，抓住主干部分，然后逐步分析各词的意思以及相互间的逻辑语法关系，在充分理解原文的基础上打破原文的结构框架，将原文的意思在译者的思维中以译文语言的形式进行重构再现，形成译文。

复句多：科技文章常将两个或两个以上的意义上有联系的单句，用恰当的关联词连接起来构成复句，来显示出句子间的逻辑与语法关系，阐明文中所要表达的主题。复句表述的关键在于选用与搭配合适的关联词，将分句间的关系正确表达出来。例如，"因为……所以""如果……就""只有……才""即使……但……也"等。例如：

由于科技英语的主要目的是表述科学发现、科学事实、实验报告和各种说明等，这就使得科技英语中以客观陈述为主，被动语态使用更多，体现科学性和客观性。

限定性句多：这主要表现为从数量、材料、形状、性质和范围等方面（作定语）限定句子的主语和宾语，从时间、空间、程度、条件和状态等方面（作状语或补语）来限定句中的谓语，以保持其准确性。[41]例如：

液晶是一种有机化合物。在一定温度范围内，它既具有液体的流动性、黏度、形变等机械性质；又具有晶体的热（热效应）、光（光学各向异性）、电（电光效应）、磁（磁光效应）等物理性质。

天津市研究成功的全维大容量资料贮存技术，可以把南开大学图书馆的上百万册藏书微缩在一个手提箱里。

（2）英语科技文本的严谨性表现

长句多：科技领域中涉及的概念、理论等相对复杂，为了使句子论理准确，意义完整，逻辑严密，科技英语中往往会加入一些修饰性和限制性的语句、语法功能极强的介词短语及各类非限定动词短语。因此，句子往往较长，有的句子多达七八十个词。例如：

Each cylinder therefore is encased in a water jacket, which forms part of a circuit through which water is pumped continuously, and cooled by means of air drawn in from the outside atmosphere by large rotary fans, worked of the main crankshaft, or in the large diesel-electric locomotives, by auxiliary motors. （因而每个气缸都围着一个水套，水套形成循环水路的一部分，由水泵驱动水在回路中不断地流动，并由大型旋转风扇从外部鼓入空气使水冷却。大型旋转风扇是由主曲轴带动的，而在大型电力传内燃机车上则由辅助电动机来带动。）

With the advent of the space shuttle, it will be possible to put an orbiting solar power plant in stationary orbit 24000 miles from the earth that would collect solar energy almost continuously and convert this energy either directly to electricity via photovoltaic cells or indirectly with flat plate or focused collectors that would boil a carrying medium to produce steam that would drive a turbine that then in turn would generate electricity.

该句中 an orbiting solar power plant 带有一个距离较远的定语从句 that would collect solar energy almost continuously and convert this energy either directly to electricity via photovoltaic cells or indirectly with flat plate or focused collectors，该从句中又含有另外三个定语从句 that would boil a carrying medium to produce steam that would drive a turbine that then in turn would generate electricity。这四个定语从句均由 that 引出，环环相套、层见叠出。尽管句子结构复杂，但关系清楚，逻辑性强。

表达逻辑关系的连词用的多：英语经常使用 because、because of、due to、owing to、as、caused by、but、however、nevertheless、otherwise、so、thus、therefore、moreover、if only、except、besides、unless、suppose、if、providing 等连接词语，句子的逻辑关系表达得非常清楚。例如：

The degree of inverse responses is reinforced as the purity increases. （逆响应度随着纯度的增加而增强。）

3.3 典型科技文本的结构特点

科技文本为了实现预期的功能，会采用不同的出版形式，常见的出版形式有科技图书、科技期刊、操作手册等。图书和期刊属于正式出版物，国家新闻出版管理部门对科技类出版物有正式的规定，国家也有很多与编辑出版有关的标准。图书和期刊在内容组成、文字符号格式等方面都必须符合相关的国家标准。操作手册一般不属于正式出版物，它是产品生产者为用户提供的随机资料，用于指导用户按照规定的程序使用和维护产品。操作手册也有相应的格式和内容要求。

了解不同类型的科技出版物的结构特点，有利于译者在翻译中制订适当的翻译策略，获得更好的翻译效果。为此，本节对常见的几种科技出版物的结构特点做一些简单的分析，以方便译者参考学习。

3.3.1 科技图书

科技图书由出版社编辑出版。科技图书的特点是篇幅较长，论述系统全面，但是出版周期较长。一本科技图书从编写、修改到定稿，然后到出版社编辑、出版、发行，往往需要 2~3 年的时间。

（1）书稿的组成

一本完整的书稿包括正文和辅文，辅文又分为前辅文和后辅文。按照国家新闻出版管理部门对科技类图书的出版规定，前辅文一般包括封面、扉页（内封）、版权页（含内容提要）、序、前言、出版说明和目录等；前辅文通常用罗马数字或阿拉伯数字单独编排页码。后辅文包括附录、参考文献、编后语（跋）和索引等；后辅文与正文的页码连续编排。[42]

2）版权页的内容

版权页是图书和期刊出版的历史性记录，也是出版社、杂志社版权所有的依据，同时也为发行部门、图书馆和读者查阅提供方便。按照国家新闻出版管理部门的规定，版权页的主要内容包括：内容提要、图书在版编目（CIP）数据、版权说明和版本记录。[42]

中文图书的"内容提要"通常位于版权页的上部，它用简短的文字概括地介绍本书的内容、性质、编写特点及读者对象，便于读者选购和销售人员向读者推荐。例如，2004 年北京航空航天大学出版社出版的、由文传源等编著的《现代飞行控制》的"内容提要"如下：

　　本书着重介绍飞行控制的基本理论、基本方法、基本技术及基本应用方面的内容，并力求反映当前国内外及北京航空航天大学导航制导与控制博士点的研究成果。主要内容包括飞行控制与相关学科和因素的协同发展关系，原始系统和仿真系统的建模与验模方法；飞行性能的分析与主动控制技术对应的飞行力学原理；飞行品质及其评价标准；电传操纵系统的可靠性、余度技术以及系统结构分析和控制律设计方法；主动控制技术的各种功能及其实现方法；综合控制和战术飞行管理系统的分析、设计、性能评价及仿真方法；综合系统的规范化建模及其稳定性、可达性和系统优化分析方法，非线性和变参数系统的求解、分析及综合方法。

本书可作为飞行器控制学科的研究生教材，也可供相关专业的科技工作者参考。[43]

国外出版社比较重视版权的保护，英文图书的版权页通常带有版权标识和版权声明。版权声明的一般格式如下：

（3）前言与序

图书的"前言"，主要说明图书的基本内容、编著意图、成书过程、学术价值，有时也包括对译著者的介绍以及每位译著者的贡献。"前言"也称"序""序言""绪论"等。"前言"可由译著者自己撰写，也可由他人撰写。为了有所区别，他人撰写的一般称为"序"；译著者自己撰写的称为"前言"或"自序"。

汉语中"序"与"前言"是近义词，与此对应的，英语里的"preface"与"foreword"也是近义词。一般情况下，可以认为，"foreword"对应于"序"，是由别人撰写的；"preface"对应于"前言"，是由译著者自己撰写的。

3.3.2 科技论文

简单地说，科技论文是对创造性的科研成果进行理论分析和总结的科技写作文体。比较翔实的定义是，科技论文是报道自然科学研究和技术开发创新工作成果的论说文章，它是通过运用概念、判断、推理、证明或反驳等逻辑思维手段，来分析表达自然科学理论和技术开发研究成果的。从论文的内容来看，科技论文是创造性科学技术研究工作成果的科学论述，是某些理论性、实验性或观测性新知识的科学记录，是某些已知原理应用于实际中取得新进展、新成果的科学总结。

（1）科技论文的种类

按科技论文发挥的作用，分为三类：学术性论文、技术性论文和学位论文。

学术性论文：指研究人员提供给学术性期刊发表或向学术会议提交的论文，它以报道学术研究成果为主要内容。学术性论文反映了该学科领域最新的、最前沿的科学水平和发展动向，对科学技术事业的发展起重要的推动作用，这类论文应具有新的观点、新的分析方法和新的数据和结论，并具有科学性，如各种科技期刊发表的论文。

技术性论文：指工程技术人员为报道工程技术研究成果而提交的论文。这种研究成果主要是还用已有的理论来解决设计、技术、工艺、设备、材料等具体技术问题而取得的。

技术性论文对技术进步和提高生产力起着直接的推动作用。这类论文应具有技术的先进性、实用性和科学性，如 NASA 报告、GF 报告等。

学位论文：指作者为获得某种学位而撰写的研究报告或者科学论文。学位论文一般不在刊物上公开发表，只能通过学位授予单位、指定收藏单位和私人途径获得。

（2）科技论文的内容构成

一般来说，一篇完整的科技论文的组成部分和排列次序为：题名（副标题）；作者署名（通信地址）；摘要；关键词；引言；正文；结论（和建议）；致谢；参考文献；附录。科技论文的结构（structure of a scientific paper）一般为：

- 论文题名+副标题（title + subtitle）
- 作者姓名+通讯地址（authors + correspondence address）
- 摘要（abstract）
- 关键词（keywords）
- 引言（introduction）
- 材料与方法（materials and methods）
- 结果与讨论（results & discussion）
- 结论（conclusion）
- 致谢（acknowledgement）
- 参考文献（reference）

（3）科技论文的写作要求

科技论文每一部分的写作和翻译都有具体的要求。下面对科技论文主要部分的写作要求做一简要描述。

题名：题名又叫文题、题目、标题（或称"总标题"，以区别于"层次标题"），是论文的总纲，是能反映论文最重要的特定内容的最恰当、最简明的词语的逻辑组合。题名的特点是简洁（short）、明确（specific）、醒目（eye-catching）和采用描述性语言（descriptive words）。

不管是中文的科技论文还是英文的科技论文，题名一般都采用名词性结构。中文题名通常使用名词或名词性词组为中心的偏正词组；英文题名采用定有前后限定词组的名词性结构。例如：

现代大型飞机起落架气动噪声研究进展（《空气动力学学报》，2017 年 12 月，第 35 卷 6 期，第 751 页）

高超声速壁湍流入口条件生成方法的比较（《空气动力学学报》，2017 年 12 月，第 35 卷 6 期，第 772 页）

High-Angle-of-Attack F-16XL Flight Simulations at Sub-and Transonic Speeds（JOURNAL OF AIRCRAFT Vol. 54，No. 6，November-December 2017，Page2014）

Limit-Cycle Oscillation of the Subsonic Ultra-Green Aircraft Research Truss-Braced Wing Aeroelastic Model（JOURNAL OF AIRCRAFT Vol. 54，No. 5，September-October 2017，Page1605）

摘要（Abstract）：摘要是对论文的内容不加注释和评论的简短陈述。科技论文的摘要应该具有独立性（构成独立的短文）、全维性（包涵论文的信息）、简明性（突出核心内容）、客观性（不作个人评价）和可检索性。作为一种可供阅读和检索的独立使用的文体，摘要只能用第三人称来写。摘要中应写的内容一般包括研究工作的目的或背景、方法、结果和结论，而重点是结果和结论。

例 1：航天器非质心对接点间相对运动建模与控制（西北工业大学学报，2017 年 10月，第 35 卷第 5 期，第 755 页）的摘要。

> 空间交会对接航天器的对接端口一般位于航天器表面，并非位于6质心，但传统的相对运动建模往往采用航天器质心作为参考点，致使在实际操作中需要额外地针对对接端口相对位姿进行规划，无疑会降低操作任务完成效率。

背景

> 为此，基于旋量描述，研究了航天器非质心点间的相对运动建模方法，首先通过引入恰当的转换算子，建立了非质心对接点之间的相对速度旋量，然后利用基本力学原理和旋量理论，详细推导并得到了非质心点相对运动姿轨耦合模型，该模型不仅避免了姿态解算的奇异，而且姿轨描述形式统一，对航天器控制系统并无额外要求，有利于协同控制器设计。

方法

> 利用此模型，考虑空间摄动及未知干扰影响，文中设计了一种将非线性反馈控制和基于状态偏差对数的PD控制相结合的控制律，并证明了稳定性，完成了仿真验证。

结果

> 结果表明该方法可行、姿轨协调控制效果良好、可精确实现对接端口的对接状态，为空间相对运动姿轨耦合建模与协同控制系统设计提供了理论参考。

结论

例 2：Experimental Verification of Buffet Calculation Procedure Using Unsteady Pressure-Sensitive Paint（JOURNAL OFAIRCRAFT, Vol. 54, No. 5, September - October 2017, Page1791）的摘要。

> *Typically, a limited number of dynamic pressure sensors is employed to determine the unsteady aerodynamic forces on large, slender aerospace structures.*

Background

> *This paper describes a robust calculation procedure based on frequency-specific correlation lengths and validation from an experiment conducted on a flat panel coated with fast-response pressure-sensitive paint. The first part of the paper describes the procedure used to analyze the pressure-sensitive paint images and a calibration method using dynamic pressure transducers. Excellent comparison in spectra, coherence, and phase, measured via pressure-sensitive paint and dynamic pressure sensors, validates the pressure-sensitive paint data. The second part of the paper describes the buffet validation process, the first step of which was to use pressure histories from all pixels to determine the true force fluctuations. In the next step, only a selected number of pixels was chosen as virtual sensors, and a correlation-length-based buffet calculation procedure was applied to determine modeled force fluctuations.*

Methods

> *By progressively decreasing the number of virtual sensors, it was observed that the present calculation procedure was able to make a close estimate of the true unsteady forces only from eight sensors.*

Results

> *It is believed that the present work provides the first validation of a buffet calculation procedure.*

Conclusions

关键词（Keywords）：关键词用于表达文献主题的内容，现代科技期刊都应在学术论文的摘要后面给出 3~8 个关键词。

关键词的标引应按 GB/T 3860—1995《文献叙词标引规则》的原则和方法，参照各种词表和工具书选取。关键词分为主题词和自由词。未被词表收录的新学科、新技术中的重要术语以及文章题名的人名、地名也可作为关键词标出（自由词）。主题词可以从综合性主题词表（如《汉语主题词表》）和专业性主题词表（如 NASA 词表、INIS 词表、TEST词表、MeSH 词表等）中选取。

《汉语主题词表》作为一部大型综合性科技检索工具，收词范围包括自然科学、医学、农业、工程技术等各学科领域的主要名词术语。它是主题标引、检索和组织目录、索引的主要工具。

为了便于 EI 等文摘和题录数据库收录，科技论文的英文关键词应尽量从 EI Controlled term 中选择。

引言（Introduction）：引言的目的是向读者交代本研究的来龙去脉，使读者了解论文的总体内容。引言的内容应包括科研现状、目前的关键问题、如何解决问题以及研究成果的评估。科研现状就是通过简要的文献综述，对前人的结果进行概括和评述，对本领域进展与动向给出恰当评价。

例：《考虑禁飞区的高超声速飞行器再入制导》（西北工业大学学报，2017 年 10 月，第 35 卷第 5 期，749-753）的引言。[44]

近年来高超声速飞行器的发展越来越快，高超声速飞行器一般具有速度高、飞行距离长等特点。其中再入滑翔段是高超声速飞行过程中十分重要的一个阶段，在该阶段飞行器减速下降，并消耗它具有的巨大能量。　【目前的问题】

随着高超声速飞行器发展的深入进行，再入段的制导律设计越来越受到重视。高超声速飞行器的制导技术可以被分为2类：使用标称弹道制导方法和使用预测校正能力的制导方法。在预测校正控制器中引入平衡滑翔条件从而将动压、过载、热流等轨迹约束引入。例如文献[42]中通过对平衡滑翔条件的分析得出倾侧角指令，文献[43]中以阻力加速度为标称量进行推演，得到包含动压、热流、过载以及平衡滑翔约束的再入走廊。

航天飞机以及宇宙飞船的成功试验表明上述制导方法都能够比较有效地解决再入过程中遇到的各类问题。对于高超声速飞行器而言要完成突防任务，除了上述制导算法考虑的因素之外，还需要考虑回避地理敏感区域。关于这方面的研究工作涉及较少。Erzberger和Lee、Shapira和Ben-Asher在文献[6,7]中计算了最优转弯的方法。Yang和Zhao使用了一种离散的搜索策略。Vian和Moore、Twigg使用了比例代价来远离威胁。Rahunathan等使用了内部障碍惩罚函数技巧来回避禁飞区。文献[11]采用预测矫正的方法分通道构建了考虑禁飞区的再入制导问题。文献[12]中通过将禁飞区的约束进行转化从而完成了考虑禁飞区的再入制导过程。　【研究现状：文献综述】

本文在总结上述方法的基础上，提出了一种针对高超飞行器再入过程中考虑禁飞区的制导方法设计。通过设计最优规避策略，将不等式约束转化为等式约束，同时对指令交接状态进行分析研究，最终完成高超飞行器再入制导方案的设计工作。针对具体任务开展仿真验证工作，证明了本文所采用算法具有较强的适应性。　【研究结果】

结论（Conclusion）：结论不是研究结果的简单重复，而是对研究结果更深入一步的认识，是从正文部分的全部内容出发，并涉及引言的部分内容，经过判断、归纳、推理等过程，将研究结果升华成新的总观点。其内容要点如下：对研究结果的总结；讨论可能的应用；研究结果的贡献；研究结果的局限性等。

例：《高超声速飞行器机翼颤振主动控制系统》（西北工业大学学报，2017年10月，第35卷第5期，793-796）的结论。[45]

本文重点讨论了一种形状记忆弹簧扭转机翼自适应控制系统，该系统采用反馈控制，通过记忆弹簧驱动控制产生相应的变形以稳定结构抑制颤振。 — 结果的总结

在这种机制下，采用参数自整定模糊PID控制算法，通过控制实验得到SMA弹簧驱动器的偏转角度与电流强度之间的关系，实验结果表明在控制电流为8A时，偏转角度在6s内可达到60°，响应速度10°/s。 — 研究的发现

采用本文设计的形状记忆弹簧扭转机翼自适应控制系统，可以对机翼翼面受力状态进行自适应监测与控制，使机翼结构吸取的能量等于消耗的能量，保持等幅振动而不发生颤振。此外，恒定电压下电流强度与SMA弹簧结构偏转角度关系表明，在考虑响应速度的前提下，当加热电流应控制在一定范围之内时，SMA驱动器的偏转角度可以达到预期效果。 — 结果的应用

3.3.3 操作手册

操作手册一般是由产品制造厂商提供的一套资料，用于指导用户对产品的正确使用。以飞机为例，为了保证飞行安全，飞机在交付用户的时候，要随机交付成套的技术资料。随机资料是按照适航管理当局的要求编写的，有特定的标准和格式。

（1）随机资料的种类

随机资料主要包括飞行手册、维护手册、接线图册、图解零件目录等，其中最重要的就是《飞行机组操作手册》*FCOM—Flight Crew Operation Manual* 和《飞机维护手册》*AMM—Aircraft Maintenance Manual*。针对飞机的结构修理，还有《结构修理手册》*SRM—Structure Repair Manual*。

《飞机飞行手册》*AFM—Aircraft Flight Manual* 是需经适航当局批准的文件。它包含了飞机取证基础规定的飞行运行安全水平所需的必要信息：使用限制、操作程序和性能信息等。

《飞行机组操作手册》*FCOM—Flight Crew Operation Manual* 是通过适航当局批准的飞机驾驶员操作手册，为飞行员提供飞机驾驶方面的相关信息。根据中国民航局要求，航空器制造厂家需要编制提供基础的标准化飞行操作程序的运行文件供航空运营人直接参考。而FCOM是这些运行文件中最重要的文件之一。对主制造商而言，高质量的FCOM是保证飞机取得适航证、体现飞机竞争力的重要材料。[46]

《飞机维护手册》（AMM）是航空维修技术人员进行维修工作的基本依据，维修工作中的航线检查、定检、大修和排除故障，都必须严格依据手册进行。[47]

《结构修理手册》（SRM）是由飞机制造厂家根据ATA100要求精心进行编制的，经过航空器型号设计批准所在国的适航当局批准的一种维修出版物。飞机结构修理手册给维护人员提供了必要的技术资料和修理操作程序，比如，金属材料施工工艺、表面防护工艺、修理材料替代要求等，只有按照规定的程序进行操作，才能恢复飞机结构静强度、耐久性和损伤容限等方面的要求。[48]

（2）手册的结构与内容[11]

本节以运输类飞机飞行手册（AFM）为例，说明飞机手册的结构和内容。

运输类 AFM 旨在提供权威的必要信息源以达到安全操作飞机的目的，它是由适航当局批准的文件之一。该文件包含了飞机取证基础规定的、飞行运行安全水平所需的必要信息源，包括使用限制、操作程序、性能信息等。

正文前资料的目的在于确定飞行手册修订状况，控制飞行手册的适用性和内容。这部分内容包括：标题页、修订记录、修订摘要、有效页目录、飞机制造商编写的附录和补充的适用性清单以及目录和缩略语等七部分。

标题页包括制造商的名称、飞机机型名称、文件的识别号、基本文件的批准日期和签名、名称及适航当局批准官员的头衔等。

修订记录主要包括修订编号、修订页次、修订说明（这部分的内容即修订摘要，有的手册将修订记录和修订摘要合为一个表格）及适航当局批准的签名和日期。根据需要，手册中还可以增加临时修订记录，不过临时修订记录不包括在有效页清单中也不包括在修订记录中。临时修订记录应能明确标识，且尽可能快地撤销，并最终反映到适当的修订版次中。

有效页目录包括手册中所有页面的页码、对应页面的适用代码及最新修订日期。其中，代码是用来对对应页面适用飞机有效性控制的一种方法，如 CRJ-700 飞机飞行手册里代码可以用飞机的选装编码和/或适航当局代码来表示。这样就可以对手册中不同页面的有效性进行控制。

附录和补充适用性清单应根据不同飞机的具体情况而定，它是对附录和补充适用范围的确定。

目录，对于各章的目录可分别放置在各章内容的最前面。

缩略语主要给出手册中使用到的缩略语的全拼及中英文含义。

（3）版权声明

飞机的飞行手册、维护手册等随机资料是非公开出版的技术资料，这些技术资料的版权属于出版该资料的公司。在这类技术资料的封面上，一般都会标明版权声明。例如，波音公司的《飞机维护手册》的版权声明如下：

空客公司的《飞机维护手册》的版权声明如下：

（4）手册的用词说明

目前，运输类飞机投入使用前需要获得适航当局颁发的适航证。西方国家生产的运输类飞机的飞行手册和维护手册等随机资料都是经过美国联邦航空管理局（FAA）批准的、用英文编写的技术资料。为了保证读者正确理解手册内容，一般的手册的正文之前会对手册中的用词进行说明。

在飞机飞行和维护手册中，往往会对一些操作程序给出不同程度的"警示"提醒，这些"警示"提醒一般分为三个等级，通常表示为"WARNING""CAUTION"和"Note"。"WARNING"（警告）意味着如果不按规定的操作程序或技术进行操作，可能会造成人员伤亡；"CAUTION"（注意）意味着如果不按规定的操作程序或技术进行操作，可能会给设备带来损害；"Note"（注）是指需要特别强调的操作程序或技术。

在有些飞机制造公司提供的手册中，还会对一些助动词的用法进行专门的说明："shall"用于表示强制的操作；"should"用于表示建议的操作；"may"和"need"表示可供选择的操作；"will"用于表示未来的情况，不表示"要求的"操作。

3.4 小结

科技文本具有不同于传统文本的功能属性和语言特点。科技文本的功能属性主要表现在其表达功能、信息功能和祈使功能。就科技文本本身而言，又可以分为不同的类型，比如，技术专著、科技论文、操作手册等，这些科技文本都有其突出的功能属性，有的偏重于表达，有的偏重于信息传递，有的偏重于祈使。从功能论的角度来考虑，了解不同科技文本的功能属性，有助于译者选择合适的翻译策略，获得更好的翻译效果。

科技文本为了实现预期的功能，具有明显不同于文学语言的语言特点。对于科技文本的语言特点，很多学者已经做了深入的研究。概括起来，主要表现在用词的规范性、表述的客观性和推论的逻辑性。掌握科技文本的语言特点，可以帮助译者对原文的透彻理解。

在当今世界，科技活动的国际化趋势进一步增强。为了方便信息的交流与传递，科技文本也表现出明显的国际化、标准化趋势。对于不同的科技文本，各个国家与组织都规定了具体的写作要求，有的甚至提出了明确的用词要求。要成为一名合格的译者，需要了解并掌握科技文本的结构特点与写作要求。

第4章　术语管理与新词翻译

本章提要：科技文本会使用大量的科技术语，术语的正确理解直接影响着对科技文本的正确理解；术语的统一与规范，直接影响着科技文本的翻译效果。随着人们对科技术语重要性的认识，一门新的边缘学科——术语学诞生了。术语学的研究成果也为术语管理工作提供了理论依据。术语管理不仅是一项基础性的工作，更是一项长期性的工作。有效的术语管理有利于提高公司机构的运行效率、增加行业合作的交流便利、展示国家的技术实力。目前相关研究者多从翻译实践的角度研究术语管理，这属于狭义的术语管理。在国际化的科技环境中，术语管理应该具有更宽泛的外延，应该把具体业务层面的狭义的术语管理与传统的行业层面和国家层面的科技名词规范与审定工作相联系，开展广义的术语管理工作。信息技术的发展也为术语管理工作提供了有力的技术支撑，市场上也有很多现成的术语管理工具。利用这些信息化工具首先在公司层面做好术语管理工作，然后，在行业层面做好术语标准化工作，同时注重国家层面的术语审定发布工作。各个层面的术语管理工作紧密结合，加强科技翻译基础设施的建设，对于促进具体行业的科技翻译工作的质量和效率，将会有很大的帮助。

翻译涉及语言的转换，术语是构成语言的基本要素，不管是口头翻译还是书面翻译，都会遇到大量术语的翻译。近年来，术语管理已经在国际上成为了一个热门话题并且广受人们的关注，一些国际性的会议专门设立术语管理论坛，国际性的翻译会议设立术语翻译与管理议题。大型跨国公司由于国际间业务和交流的需要，比较重视术语管理工作。比如，微软公司设有术语管理部门，专门关注企业的技术术语的使用与翻译情况。

我国也一直重视科技术语的规范与管理，全国科学技术名词审定委员会负责科技术语的审定，定期发布规范的科技术语。而在具体的业务层面，很多公司机构尚没有意识到术语管理的重要性。随着国内科研机构的科研环境日益国际化，国际间的合作交流增多，时有对术语的不同理解而产生的麻烦甚至是纠纷。术语学的发展为术语管理提供了理论指导，信息技术的发展也为现代化的术语管理提供了技术支撑。在科技翻译实践中，利用术语学的研究成果和信息技术提供的便利条件，充分重视术语管理工作，对于规范技术文件和提高翻译质量有积极的影响。

4.1　术语的基本要素及其关系

术语属于特殊的语言符号，与普通语言符号一样具有符号的三位关联特性。透彻理解术语的三个要素之间的逻辑关系，有利于在翻译过程中做好术语的翻译，也有助于做好术语管理工作。

4.1.1　术语的三要素

语言符号具有符号的三位关联特性，由能指、所指与对象组成。对于普通语言符号，三者的关系可形象地用图 4-1 表示。

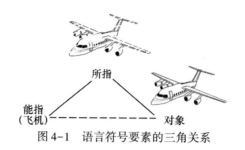

图 4-1　语言符号要素的三角关系

图 4-1 以"飞机"一词为例，语言符号并不直接指称所要表达的具体对象，而是要经过人脑的联想。人们看到或听到"飞机"这个词，首先会自动联想到该词所表示的概念，然后由概念将词和实物（具体的飞机）联系起来。[49]

在术语学中，术语的三个要素为名称、概念与对象。三者的关系如图 4-2 所示。

图 4-2　术语要素的三角关系

作为专业语言用语，术语所指的对象只能是特定专业领域里的抽象与具体事物。从这一特点出发，德国标准 DIN 2342 按照索绪尔的符号学理论将术语定义为"由名称与概念组成的语言单位"。其中，"概念"是指"容纳了对象共有特征的思维单元"，"名称"为"专业语言中某一概念的称谓，至少由一个词构成"。中国标准 GB15237 中对术语的定义是"在特定专业领域中一般概念的词语指称"。[49]

这两种定义也都强调了术语的专业性，术语是为专业语言交际而制订的。对于翻译而言，这就意味着，在科技翻译过程中，应该选用规范的科技术语。

4.1.2　术语与概念的关系

概念是人类思维的重要组成部分，是反映事物的特有属性的思维单元。世界上的事物之所以千差万别，就是因为每个事物都有自己的属性。任何事物都有许多属性，其中有的属性是这类事物中每个成分都必须具有的、把该事物与其他事物区别开来的特有的属性，有的属性则只是其中部分成分所具有的偶有属性。概念只是反映事物的特有属性，不反映事物的偶有属性，因此，概念具有抽象性，是去掉了事物的偶有属性之后形成的抽象表现。[50]

概念是知识的基本单元，是人们一定阶段认识的总结，是人们认识成果的结晶。任何科学研究的成果，都要以概念的形式固定下来。数学中的正数、负数、微分、积分，化学中的化合、分解，物理学中的力、加速度，都是人们对具体事物认识的概括。在科学史上，许多新概念的提出都有力地推动了科学发展的进程。[50]

概念又是思维的最小单元。思维活动中进行判断、推理，都是以概念为基本单位来进行的。离开了概念，任何判断和推理都不能进行。[50]

所有的科学概念都是通过名称来表示的。语言是思想的物质外壳，名称则是科学概念的外部语言形式。概念和名称既有联系，又有区别。概念是思维的最小单元，是全人类性的，而名称则因语种的不同而不同，具有民族性。例如，汉语的名称"标准星"，英语的名称"standard star"，都是表示在测光、光谱分类等天体物理观测中用作基准的恒星，概念相同，而在不同的语言中则用不同的名称来表示，这样的名称就是术语。[50]

术语是经过特殊完形化的词汇，是一个专业领域的概念指称系统，是通过语音或文字来表达或限定专业概念的约定性符号。术语可以是词，也可以是词组，用于表达或限定专业概念。正是由于术语所表达的思维单元的共通性，构成了不同语言之间实现互通互译的客观基础。

4.1.3　术语与名称的区别

术语可以看作是经过规范化的、具有内在关系的"名称集合"。但从逻辑意义上来讲，术语和名称还是有区别的。

汉语中的"术语"对应于英语中的"terminology"。术语是在特定学科领域用来表示概念的称谓的集合。[50]术语与普通词汇的不同在于，它不是自发产生的，而是"想出来的"，它具有人为性和约定性。

汉语中的"名称"可对应于英语中的"nomenclature"。nomenclature 也是术语学研究中经常与 terminology 并用的一个词。一般的双语词典常常把它解释为"专门名词；（某一学科的）术语表；术语集"等。虽然 nomenclature 与 terminology 都表示"总称"或者说是集合概念，都有"术语"的含义，但 nomenclature 与 terminology 还是有区别的，对应到汉语，也就是"术语"与"名称"的区别。

国外学者对 terminology 与 nomenclature 之间的区别有比较深入的阐述，其中主要有两位英国学者穆勒与惠威尔。穆勒曾说，"哲学语言的第三个条件是，要使每个自然类别具有自己的名称，换句话说，不仅要有 terminology，还要有 nomenclature"。惠威尔博士是第一个赋予这两个术语不同意义的人。按惠威尔的说法，terminology 是科学上用的术语或技术名词的总汇，而说 nomenclature 是指"名称系统"。

区分"术语"与"名称"的关键因素是它们与概念之间的不同关系。术语所指称的是具有更为一般意义的概念，而名称则是对具体事物的命名。这些事物往往是可以看见、可以感知的。对具体事物的称名并不是一种思想行为，而只是一种感知行为，脱离开上下文一般不影响对名称的理解。术语是指称有内在联系的概念，术语之间有严密的层次关系，术语对所在的"场"或称"系统"有较强的依赖性。[51]

4.2　术语管理

术语管理是基于提高人类沟通交流的效率，从具体的翻译实践活动中萌发出来的。术语管理首先与人们的翻译实践密切相关，但是术语管理又不仅仅局限于翻译活动。随着人们对术语在交流和思维活动中的重要性的认识，术语学作为语言学的一个分支逐渐发展起来，术语学的研究成果可以为术语管理提供理论依据。

4.2.1　术语管理的概念

目前相关研究者所论述的术语管理是指系统化地收集、描述、处理、记录、存贮、呈现及查询特定专业领域中专业词汇的活动。术语管理的宗旨是确保某个特定组织机构中与产品、服务和商标相关联的专业名词能够在各种文本中使用得准确一致。术语管理工作主要包括：核心术语的识别与术语汇编、术语条目的组织、条目的数据类别划分、术语表与术语库的审定和术语库的维护等工作。[52] 这里所讲的术语管理属于狭义上的术语管理。

狭义的术语管理工作涉及几个概念：术语（term）、术语集（terminology）和术语表（glossary）。术语是在某个专业领域中具有专门意义的词，例如，机翼（wing）、副翼（aileron）、航电系统（avionics system）、铁鸟试验台（iron bird test rig）等。术语是具体而确定的所指，把这类能表示概念的多个术语汇编到一起，就是术语集。术语集侧重集合，是术语的总称，包含更多的信息，例如术语的定义等，术语集的一般格式如下：

AIRFOIL, A surface designed to obtain a useful reaction, such as lift, from the air through which it moves. Wings, stabilizers and control surfaces are airfoils.	翼面，用以从气流中获得反作用力（如升力）的表面。机翼、安定面和操纵面都是翼面。
APPROACH MODE, An autopilot/flight director mode which is a combination of localizer for roll control and glide slope for pitch control. This mode is used when full instrument landing system is available.	进近方式，一种综合了控制横侧的航道信号和控制俯仰下滑信号的自动驾驶/飞行指引方式。这种方式是在全仪表着陆系统正常时才使用。

术语表（glossary）侧重指术语的清单，表中包含的都是公司产品、服务及软件程序中实际应用的术语。术语表一般表现为两种语言或者对应语言的对等翻译，术语表的一般格式如下：

horizontal navigation	水平导航
hybrid air data computer	混合式大气数据计算机
heading and attitude system	航向和姿态系统

4.2.2　术语管理的理论依据

术语学研究概念、概念定义和概念命名的基本规律，是一门新型边缘学科，于 20 世纪 30 年代开始创立。从那时起，术语学的理论、原则和方法开始广泛应用于各个专业领域的术语规范工作。一般认为，术语学作为一门学科，是奥地利的欧根·维斯特（1898—1977 年）教授提出来的。苏联的艾·德列曾、察普雷金（1868—1942 年）、洛特（1898—1950 年）等人也在 20 世纪 30 年代初就开始了术语学的研究工作。洛特院士撰写的《科技术语构成原则》一直是苏联术语工作的理论基础。察普雷金是空气动力学家，他和洛特同为后来兴起的术语学中莫斯科学派的鼻祖。[53]

术语学的诞生和发展既与语言学的细化和完善有关，也与科学技术的繁荣与发展有关。我国对术语学的研究工作已经逐步重视起来，成立了相关的术语学研究组织和机构，在对国外的术语学理论进行译介的同时，也逐步建立了我国的术语学理论。术语学着眼于专业术语的确定与规范。在科技翻译过程中，需要处理和翻译大量的专业术语，术语学的理论和成果，对于科技翻译具有很大的借鉴意义。术语学的研究思路和研究成果对于翻译实践的指导意义主要在于翻译过程中术语的规范、新概念的翻译以及科技翻译信息化过程中专业词库的构建。

科技文本中存在着大量的专业术语，专业术语的翻译应力求规范。文学语言追求表述的曲折和词汇的变化，而科技语言的最大特点就是准确和规范。从理论上说，在同一种语言中，一个名称与一个概念之间的关系应该是单参照性的。因而，对于任何一个术语来说，一个名称应该与一个并且只与一个概念相对应。但是，在实际上，尽管在同一种语言中，一个概念往往可以有几个不同的名称，这就产生了术语的同义现象。在科技翻译过程中应力求避免这种同义术语的使用。

在科技领域，新概念层出不穷，新概念的翻译应力求符合行业规范、符合技术背景，有利于未来的推广和规范。对于新概念的翻译，最初的译法在经过时间的考验以后，有的可能会改变，有的会持续使用，被行业认可，最后上升为正式的专业术语。一个新概念的译法能否被社会所接受和承认，一方面取决于译者的翻译技巧，更重要的是取决于译者对新概念内涵的准确把握。

术语学的研究成果可直接应用于科技翻译信息化建设。信息化是未来翻译的发展方向，在科技翻译信息化建设中，术语库的建设占据主要的地位。建立专业术语库，既能规范专业术语，又可提高翻译效率，是术语学与科技翻译相辅相成、相互促进的发展过程。

4.3　术语管理的作用

术语不是一成不变的，是随着科学技术的发展而不断发展变化的，因此，术语管理不仅是一项基础性的工作，更是一项长期性的工作。从公司机构的运行、行业合作交流以及提高国家技术优势等不同的角度来看，都需要做好术语管理工作。

4.3.1　提高机构的运行效率

公司机构通过有效的术语管理，可以缩短技术文件的撰写、编辑、翻译和校对的周期，使技术文件中的术语规范、一致，有利于信息的传输。建立公司特有的、标准化的技术术语库，技术文件的编写人员、校对人员、审核人员和翻译人员能够使用自动化的术语管理工具来查验术语或更改术语，共享标准化的术语资源。通过术语管理，公司的各类工作人员可以节省文本处理时间，提高工作效率。

术语管理是公司与公司员工之间共享知识资源的一个最佳策略。高效的术语库通过不断更新，能够给交流者提供有价值的信息。交流者既包括组织内部的人员，如科技文本的作者、市场销售、术语工作者、软件工程师等，也包括组织外部的机构或者人员，如广告公司、翻译公司等语言服务提供商或者合作伙伴。术语库作为一个知识平台，也能给公司的所有员工带来益处，新入职的员工能够借助术语管理系统熟悉自己的专业领域，学习公司的知识体系。

4.3.2　增加行业的合作便利

科学技术的发展不仅依赖于单个公司的技术投入，还有行业之间的合作。行业之间的合作，不仅有国内的，也有国际的。在国际化的科研环境中，国际合作项目的日益增多，技术交流日趋频繁。术语的统一和规范成了影响交流效率和合作效果的重要影响因素。在国际合作中，首先应建立对应专业的双语术语表，使双方能够使用同一个术语体系表达思想。

国际合作项目往往伴随着大批技术文件的交换和翻译。实行双语术语管理，一方面可以规范合作双方的技术术语和文件，利用内容管理系统消除源语文件中可能出现的术语不一致的情况；另一方面能够保证术语翻译的一致性、准确性，有助于提高翻译质量，节省翻译时间和成本。有效的术语管理能够保证技术文件中术语的一致性和翻译的一致性，从而保证技术交流的顺畅性，提高国际合作的交流效率。

在全球化的背景中，术语管理已经成为许多公司展示形象和实力的有效方式，成为其全球化战略的重要组成部分。术语管理能够使公司在技术规格、技术图样、技术软件、技术文本、销售材料、法律条款、培训材料等文件中使用统一的术语，在不同的场合、不同的地点保持所用术语的一致性，确保公司能够展示始终如一的技术思路和发展前景。

4.3.3 彰显国家的科技实力

术语是传播知识与技能，进行社会文化、技术、经济交流等不可缺少的重要工具。作为科学发展和交流的载体，术语是科学研究的成果，是人类进步历程中知识语言的结晶。从某种意义上说，术语工作的进展和水平，直接反映了全社会知识积累和科学进步的程度。术语是学术的前提，术语的规范化意味着科学的发达。规范术语，是学科建设当中必不可少的重要环节，统一科技术语是一个国家发展科学技术所必须具备的基础条件。[53]

科技术语的规范化，对于一个国家和民族的科技发展是一项重要的基础性工作和长期任务，是一项支撑性的系统工程。没有这样一个系统的、规范的支撑条件，现代科技的协调发展将遇到极大的困难。术语规范是支撑学科建设的重要工作，对科技发展起着基础性的支撑作用。术语管理以及对新术语的规范、接受和使用，是一个国家技术水平和技术实力的直接体现。

在微观层面，一个公司应该将本公司科研生产过程中获得的新成果及时给予规范的命名，并将这些新的名词术语纳入术语管理系统。如果这些新的术语能够被行业所接受并逐步推广应用，最终被行业或国家术语管理机构所承认，就足以说明该公司的科研能力和技术水平处于行业领先地位。如果一个公司能够及时接受新概念、新术语，并将其纳入本公司的术语管理体系，说明该公司具有灵敏的技术感触能力，能够紧跟技术发展的潮流，随时掌握技术发展动态，保持强劲的发展潜力。

在宏观层面，如果一个国家发布的新术语越多，说明一个国家创造的新技术、新概念越多，对世界科技体系的贡献率越高，国家的科技实力就越强。

4.4 术语管理的主要内容

术语管理的传统定义关注的是具体业务层面，只与企业的翻译活动或者文本编撰活动有关。其实，长期以来，在行业层面和国家层面，也在进行着类似于术语管理的科技名词统一工作。在目前的社会环境下，有必要扩大术语管理的内涵，把术语管理与行业标准和国家层面的名词审定工作相联系，从宏观层面强调术语管理的重要性，探索术语管理的规律和方法。同时，也能充分利用行业和国家层面的科技名词规范工作的成果，方便翻译业务层面的术语管理工作的开展。这样一来，术语管理就应该包括三个层面的工作内容：具体业务层面、行业标准层面和国家审定层面。

4.4.1　具体业务层面

具体业务层面的术语管理主要涵盖传统的术语管理活动，可纳入企业的日常管理活动。对于企业来说，术语是全球化企业语言资产（enterprise linguistic assets）的重要组成部分，也是企业信息开发（information evelopment）和技术写作（technical writing）的基础性工作，属于企业语言战略的重要组成部分。企业通过有效重复利用已有的术语数据资源，可降低产品内容设计成本，减少内容本地化和翻译成本，保持内容的准确性和一致性。在当今竞争日趋激烈的国际市场中，很多跨国公司将术语管理纳入其全球信息管理（global information management）战略的一部分。惠普、微软等国际化企业均部署了术语管理系统和术语专员，华为公司也设置了术语专家职位，以加强企业产品的术语管理工作。[54]

在具体的翻译业务中，时常会遇到新概念的翻译。新概念的翻译是新术语形成的基础，新概念的翻译不能仅从翻译的角度出发进行考虑，还应该从属于规范化的角度进行考虑，所以新概念的翻译也应该属于术语管理的范畴。

对于新术语的翻译，不是一个简单的翻译过程，实际上也是新概念的命名过程。如果新术语的翻译具有合理的专业理据和语言理据，就会在相应的技术领域得到认可并逐步推广使用。经过实践检验的新术语最后会上升为行业标准术语，经过全国科学技术名词审定委员会确认发布会，就会成为被社会接受的规范术语。比如，英语中的"iron bird"，在航空专业术语中指的是飞机系统进行地面试验的固定台架，在汉语中直接翻译为"铁鸟"，在赋予了"铁鸟"一词固定的含义以后，该词就成为了行业通用的术语。在 2014 年全国科学技术名词审定委员会新词工作委员会发布的科技新词中，就包括了"铁鸟"一词。新术语的确定是一个自下而上、自上而下的往复过程。新术语经过规范定义以后，就成为大家应该共同遵守的标准。

4.4.2　行业标准层面

科技术语具有明显的行业特点，行业科技术语可以反映某一行业知识体系和技术水平。在行业层面实施术语管理，实现科技术语的标准化，能够促进行业技术水平的提高。

规范术语及其定义是标准化基础领域工作的重要组成部分。"名不正则言不顺。""正名"就是术语的规范化（周有光，1997 年）。科技术语的标准化，旨在建立术语符号的能指与所指之间的单义性对应关系，排除一些不够恰当的同义词，同时在科技语言中消除一语多义现象，实现术语运用方面的理想状况。这种理想状况，可以消除科技语言交际中的歧义现象，减少信息损失，保证使用标准化术语的交际各方都能从中获得相同的信息，促进语言交际的顺利进行。[53]

术语学和术语标准化之所以成为科学发展的必须，是为了应对术语的急剧增长和高速传播。术语学的研究既有单一语种的术语研究，也有双语或多语种的术语研究。单语术语研究的结果根据其所涉及的语言，或有助于对原文术语的正确理解，或可作为译文中选用术语的依据。而双语或多语术语研究的结果，则更是可以直接服务于科技术语的对应翻译。[54]

另外，行业层面的术语标准化也是国家层面的术语审定发布的基础，实际上，全国科学技术名词审定委员会也是按照行业分为许多专业委员会进行术语审定发布的。

4.4.3 国家审定层面

随着科技交流活动的日益频繁以及对术语重要性的认识，许多国家和国际组织都建立了术语规范与审定机构，负责术语的统一与规范工作。

大约在 20 世纪 50 年代，国际标准化组织（ISO）和苏联、联邦德国、英国、法国等国家即已开始提出术语标准化的原则与方法，用以指导统一术语的工作。到 1988 年底，ISO 发布的术语标准已经有 334 个。这些工作由 161 个分技术委员会以及若干个工作组分担完成，其中 ISO/TC37（国际标准化组织第 37 技术委员会，秘书处设在奥地利）负责根据术语学的基本原则制定相关的国际标准。

我国历史悠久，术语工作源远流长，但把术语学理论正式纳入术语标准化的议事日程，则是 20 世纪 80 年代才开始的。早在 1968 年，ISO 就发布了其术语工作委员会（ISO/TC37）制定的推荐标准 ISO/R704 1968《术语工作原则》。1988 年这个标准修订发布后，我国全国术语标准化技术委员会便以此为参照，制定了中国国家标准 GB1087 88《确立术语的一般原则与方法》。20 世纪 90 年代初，国际上又开始修订关于术语的标准，先后提出了该标准的工作草案（WD）、委员会草案（CD）和国际标准草案（DIS）。中国是 ISO/TC37 的积极成员，为了建立规范术语的标准，由原国家标准局组建成立的全国术语标准化技术委员会，组织制定了指导术语工作的基础标准，即《确立术语的一般原则与方法》（国家标准代号 GB10112）、《术语标准编写规定》（国家标准代号 GB1.6）等国家标准。这些标准所确定的工作原则与方法以现代术语学思想和实践为依据，其中提出的原则具有通用性，适用于各个知识领域。[53]

全国科学技术名词审定委员会（原称全国自然科学名词审定委员会）于 1985 年经国务院批准成立，是经国务院授权，代表国家审定、公布科技名词的权威性机构。国务院于 1987 年 8 月 12 日明确指示，经全国自然科学名词审定委员会审定公布的名词具有权威性和约束力，全国各科研、教学、生产经营以及新闻出版等单位应遵照使用。迄今，全国科技名词委共组建科学技术各学科名词审定委员会 71 个，3000 多位一流的科学家参加了名词审定工作。目前已公布了天文学、物理学、生物化学、电子学、农学、医学等 75 种规范名词，出版了 10 种海峡两岸科技名词对照本和 8 个学科的繁体字本，这些规范名词的陆续公布出版，对科研、教学和学术交流起到了很好的作用。

全国科学技术名词审定委员会新词工作委员会具体负责科技新词的审定和发布试用工作。近年来，新词工作委员会持续开展科技新词收集和审定的试点工作，广泛收集整理各学科尚未审定公布的科技新词，2014 年发布了首批经过多轮筛选和专家审定的科技新词共计 204 条，涉及基础科学、工程技术、医学、社会科学等领域。这些新词基本都是 21 世纪以来才在我国出现，代表了相关领域的新理论、新方法、新技术、新工艺，以及部分新物质、新材料、新仪器、新装置等。

2004 年，航空名词审定委员会审定出版了《航空科学技术名词》，公布了经过全国科学技术名词审定委员会审定的航空科学技术基本名词，内容包括：通用概念；航空器；飞行原理；飞行器结构及其设计与强度理论；推进技术与航空动力装置；飞行控制、导航、显示、控制和记录系统；航空电子与机载计算机系统；航空机电系统；航空武器系统；航空安全、生命保障系统与航空医学；航空材料；航空制造工程；航空器维修工程；飞行；飞行试验与测试技术；航空器适航性；航行与空中交通管理；机场设施与飞行环境等 17 大类，共 2773 条。书中对每条名词都给出了定义或注释。这些名词是科研、教学、生产、经营以及新闻出版等部门应遵照使用的航空科技规范名词。

4.5　新概念的表达与新词的翻译

科技翻译应该力求使用统一规范的科技术语，但是在实际的翻译过程中，常常会出现用词不统一、术语不规范的情况。出现这种情况，主要有两个原因：一是翻译人员缺乏相关领域的学科知识，对规范的科技术语掌握不够；二是对于科技发展过程中出现的新概念把握不准，出现译名不统一。术语管理不仅仅关注科技术语的统一，也应该关注新概念的表述与翻译。科技新词的翻译应该属于科技术语管理的一项基础性工作。

4.5.1　新概念的表达方式

随着社会的发展进步，新概念大量涌现，必须用科学的方法定义、指称这些概念。概念必须用词汇来表达，词汇对概念内涵的表达必须是充分的，并且不能雷同于任何已有的概念。人们一般采用已有的语言材料，通过对原有词汇赋予新的含义来表达新概念，或者利用基本词汇的不同组合来表达新概念，也采用构词法形成新词来表达新概念。

（1）词义的引申和转化

科技词汇可以分为纯技术词汇、亚技术词汇和名词复合词。亚技术词汇是指一些使用频率较高的普通词汇，但在科技文章中具有特殊的含义，或者同一个词在不同的学科领域内具有不同的含义。这是用现有词汇表达新概念的一种方法。这种情况在英语和汉语中都是存在的。

词义的引申：科技新词汇中吸收了当今许多学科领域中的尖端科技成果，创造了大量的新词汇，这些新词汇不难、不偏，是根据现有的语言材料，赋予它们新的含义组合而成的，即所谓的"旧词新义"。"旧词新义"是基于两个事物或现象之间的类似而产生的。在英语中，dock 的普通含义为"码头"，随着航天技术的发展，载人飞船进入宇宙空间，该词现在亦可用来表示宇宙飞船的"对接"。在航空领域，有很多这样的词汇：nose—鼻子—机头；wing—翅膀—机翼；tail—尾巴—尾翼；fin—鳍状物—垂尾；window—窗户—舷窗；deck—甲板—驾驶舱。在汉语中，也存在很多这样的具有"旧词新义"的词汇，例如，黑洞、虫洞、平板等，这些词汇在特定的技术领域具有特定的含义。

词性的转化：在科技新词形成的过程中，有一种倾向，即不借助构词词缀，而是原封不动直接改变词的语法属性，使其具有新的意义，形成一词多用的现象。例如：

MIRV：为"multiple independently targeted reentry vehicle"的略语，意为"多弹头分导重返大气层运载工具"，现作动词，意为"使（导弹）分导式多弹头化"。

mechanical：从形容词"机械的"转为名词"机械部件"。

returnable："可退回的"转为"可退回的物品"。

consumable：从"可消耗的"转为名词"消耗品"。

随着科学技术的发展，语言在传递信息的过程中会赋予一般生活用语新的技术含义。在这种词义的转化过程中，新的科技含义与原有的普通含义之间有着必然的内在联系。当然，随着科学技术的普及和科技词汇的频繁应用，科技词汇也会扩大到日常使用中。

（2）复合词

把两个或者两个以上的词（字）按照一定的次序排列构成的新词即为复合词。复合词的组成材料多为基本词汇，组合方式和次序不受句法的限制。英语中的复合词采用词与词组合的方法；汉语中的组合词采用字（词）与字（词）组合的方式。在表达新概念的新词汇中，复合词占有相当大的比例。在科技文章中，应用较多的是复合名词，也有少量的复合动词和复合形容词。英语中的复合词（例如，cruise missile、laserbomb、black hole、lunar modular 等）在汉语中的表达也大多采用的是复合词（例如，巡航导弹、激光炸弹、登月舱等）。像液晶、遥感等这样的概括性词汇，在汉语里也可以看作复合词的一种形式。由于复合名词都是由基本词汇组成的，他们很容易被人们所接受。

随着科学研究的深入，有些新概念的内涵丰富，表达这种新概念的名词的词形必然加长，它们大都是由中心词及其前面的修饰成分构成的复合名词。例如，high resolution laser printer，虽然是由多个基本词汇组成的，但它表示一个完整的概念。在翻译理解、术语管理和构建专业词库的过程中，应该将这类词汇视为一个整体。

在汉语中，常采用以某个专门学科的学科名称为词根而派生出来的名词来命名该学科的各个分科。有的学者将这类词看作派生词，其实将这类词看作合成词更合适一些，例如：

控制论：工程控制论、生物控制论、经济控制论、社会控制论等；

天文学：射电天文学、中微子天文学、宇宙天文学、射线天文学、引力波天文学；

望远镜：空间甚大型望远镜、空间超大型望远镜、多透镜望远镜、X 射线天体物理望远镜、空间射电望远镜、大型空间望远镜、大型空间红外望远镜。

（3）派生词

派生词是指利用词根加上前缀或后缀生成的新词汇。在各种语言中都存在通过这种构词法生成的新词。派生词在表达新概念方面有着强大的生命力。

英语中的派生词：前缀+词根、词根+后缀、前缀+词根+后缀。

前缀具有一定的含义，主要功能是改变词根的意思，不改变词根的词性。例如，前缀 aero-（航空的、飞行的、飞机的）可以构成很多与航空有关的词汇，plane（飞机）—aeroplane（飞机），space（空间）—aerospace（航空航天）；dynamics（动力学）—aerodynamics（空气动力学）—aerodynamicist（空气动力学家）。

后缀的作用主要是改变单词词性，后缀有较强的语法意义，可以决定词的语法属性，有的可给词根以微弱的补充意义。英语中的后缀包括名词性后缀、动词性后缀、形容词后缀和副词后缀。表示新概念的新词汇常用到名词后缀，例如，free（自由）—freedom（自由度），accurate（精确的）—accuracy（精度）。

汉语中的派生词：

前缀+词根构成派生词。汉语构词常用的前缀有反、非、不、去、脱、抗、防、超、亚、类、过、逆、可等，这些词根具有趋势、程度、相似等含义。例如：

反：反函数、反比例、反对数、反核子、反导弹、反作用等；

　　抗：抗干扰、抗休克、抗感染、抗何楼、抗碱性、抗衡力等；

　　防：防磁、防爆、防震、防腐、防冻等；

　　超：超声速、超声波、超弹性、超导体、超光速、超导电性等。

词根+后缀构成派生词。汉语构词常用的后缀有度、化、态、质、比、波、素、流、性、率、能、法、计、器、量、场、极、层、于、剂、基、数等。例如：

　　层：大气层、同温层、电离层等；

　　度：密度、暗度、亮度、光洁度、粘度、硬度、强度、纯度、浓度、刚度等；

　　化：电气化、液化、氧化、磁化、晶化、石化、锈化、老化、碳化等；

　　性：放射性、塑性、弹性、对称性等；

　　率：膨胀率、极化率、导电率、电容率、折射率、比率、曲率、频率、概率等；

　　能：光能、化学能、电能、机械能、声能、热能、射线能、动能、势能等；

　　器：飞行器、起动器、制动器、电阻器、变压器、整流器、放大器、检波器、示波器等。

　　（4）新生词

　　由于科学技术的发展和学科的分化，新概念层出不穷，种类繁多，完全用基本词汇的简单组合来表达新概念，有时候不太可能，有时候显得不够简洁。新生词就是采用拼缀法组成的合成词以及采用缩略法形成的缩短词或缩略词。新生词并非随意拼写，它们实质上也是以基本词汇为基础，对基本词汇进行缩节和组合，以新词的形式出现在文章中。新生词的构成方法主要有以下几种：

　　拼缀法：对原有的两个或三个词进行裁剪，取舍其中的首部或尾部，然后连成一个新词，这种方法叫拼缀法，利用这种方法造出的新词叫拼缀词。在航空领域，采用这种方法产生的英语新词较多，例如，flaperon 源自 flap + aileron，elevon 源自 elevator + aileron，ailevator 源自 aileron + elevator，ruddervon 源自 rudder + aileron，comsat 源自 communication + satellite。这些拼缀词的使用，大大提高了科技文章的简洁性。

　　缩略法：缩略法是现代英语构词的主要方法，构成的词在科技文体和报刊文体中使用广泛，具有造词简练、使用简便的特点，可以缩短文章篇幅，加快文本传送速度。例如，H-bomb 源自 hydrogen bomb，chute 源自 parachute，lidar 源自 light detection and range，hi-fi 源自 high fidelity，GPS 源自 global positioning system。在航空领域，汉语中的"平尾""垂尾"等可以看作是利用缩略法构成的新词。另外，有些常用的英语缩略语已经进入了汉语的词汇体系，在科技文体中可以直接使用而不会引起误解。

　　类推法：有些科技新术语是利用构词法类推出来的。例如，英语中，fly-by-wire（电传操纵）、fly-by-light（光传操纵）、fly-by-feel（触觉操纵），汉语中，飞艇、飞机、飞船等。

　　（5）外来语

　　现代社会的高度信息化，国际交往的日趋频繁，各种语言都使用大量的外来语词汇，使得本语词汇大大丰富。英语中的外来词数目可观，如：glitch 故障（德语），robot 机器人（捷克语），sputnik 人造卫星（俄语），kanikaze 遥控飞行器（日语）等。[55]汉语中也有很多通过对外语音译形成的词汇，例如，雷达、声纳等。汉语中的很多计量单位也是从外语音译过来的，例如，牛顿、焦耳、法拉第、赫兹、蒲式耳、波特、麦克斯韦、比特、贝尔格、加仑等。

4.5.2　新词汇的理解理据

词与词组是组成文章的语言单位，词和词组的正确理解直接影响译者对整个文章的理解程度。在科技文章中，更应该做到对新词的透彻理解。在英汉翻译过程中，对新词的理解主要可以从词的结构、词的理据、词的意义和潜在信息等四个方面来分析。

（1）从词的结构来分析

英语有一套比较完整的构词方法。英语的构词法在语言的发展过程中对词汇的丰富起到了巨大的推动作用，有些新术语的命名就是通过构词法产生新词的表达的。根据英语构词法的规则，从词的结构来分析，就可以对新词汇的含义有一定的理解。

从形态结构来看，英语的构词方法主要有：词缀法、转类法、合词法、拼缀法、逆成法、缩略法等，熟悉这些构词法对新词的理解有很大的帮助。采用合词法构成的复合名词涉及科技、文化、经济等各个领域。例如：dataword，在计算机术语中，word 为"字"，data 为"数据"，二词相合，意思不难理解，表示"代表数字信息的字"；timemark 也是计算机领域的合成词，表示"时间标记"。

对于采用词缀法构成的新词，只要理解词根和词缀的含义，并注意词根在语言发展过程中所产生的一些新意，这类新词就不难理解。例如，globe—shrinker，由 globe 与 shrink 合成后加 er 构成，er 一般表示人或物，因此，globe-shrinker 可理解为"缩短环球旅行时间的器具"。又如，前缀 counter-意为"反、抗"，构成新词 counteraction 反作用；counter-pressure 反压力。

对于缩略语，可根据具体的语境，还原缩略语原来的全称，根据全称理解缩略语的含义，再做合适的表达。例如，英语中的 ADF 为 automatic direction finder 的首字母缩写，汉语中的"平尾"为"水平尾翼"的简称。

（2）从词的理据来分析

事物和现象获得名称，总有一定的依据。新词及其所表达的新概念之间必然有着内在的联系。采用合词法构成的新词有其词法上的依据，此外，还可以根据新概念与词义之间的逻辑关系来分析新词汇的含义。

利用词义的比喻或者类比表达新概念，从词的原意上都能找出其依据。一种情况是利用表示形状的词汇表示具有类似形状的另外一种对象，例如，clover leaf，原意为苜蓿叶，用以表示"苜蓿叶形状的立体公路交叉点"；rabbit ears，原意为兔子耳朵，用以表示"V字形天线"。还有一种情况是类比已有的词汇创造出新的词汇，表达类似的含义，这类新词的意义与原有词汇有相似之处，例如：landscape—moonscape；sunrise—earthrise；earth-quake-starquake。只要理解已有词汇的意义，做类比的想象，即可理解这些新词。

在合成法构成的复合词中，就有采用属差+种概念构成的新词。采用这种方法命名新概念比较科学，理据也比较充分，新概念的命名有其逻辑上的依据，容易理解，例如，cruise missile、laserbomb 等。在汉语中也通常采用这种构词法来表示新概念，这类新词在英汉两种语言中基本上是对应的，根据新概念与已有词汇之间的逻辑关系来分析，就可理解新词的含义。

（3）从词的意义来分析

对于那些通过词义的引申或者变化来表达新概念的一类词，应该主要从词意方面来分析。因为这类词不能从词的结构方面获得有价值的信息，也不像复合词那样有逻辑上的依据。

在科技英语中有时会出现通过词义的缩小表达新概念，日常生活用语转到科技方面即是这种用法的一种表现。Rendezvous 由 "在指定地点约会" 转为 "使…在空间会合"。

这类词的新意有的已经录入了词典，转意较晚的词汇在词典中不易查到。对于这类新词，应合理推测其含义的转变，从而理解其确切的含义。

（4）从潜在信息分析

词和词组的意义会随用途和语境的不同而发生变化。一个词处于文章之中，有它直观表达的视在信息，这一信息一般为该词所具有的主要意义。一个词是一篇文章的组成部分，还会有大量的潜在信息存在。善于运用文章提供的潜在信息，对于新词汇、新概念的准确理解有很大的帮助。

科技文章要对特定学科范围内的特定问题进行讨论。该学科的基础理论是科技文章的写作基础，对于学科中的一般性知识或者大家所共知的知识，在文章写作中往往是不用提及的。这些知识为新词汇的理解提供了大量的潜在信息。任何科技新词都不会独立出现，与上下文之间会有必然的联系。在科技文章中，对一个新概念往往会从它的产生和形成讲起，或者对一个过程进行充分的说明之后给出其确切的定义。上下文的背景会对新概念的理解提供帮助。例如，pultrusion 在一篇文章中出现的时候，上下文表明了它是一种连续的加工方法，可以加工恒截面型材，是两种加工方法的组合，由此理解：pultrusion = pull + extrusion，是拉伸工艺与挤压工艺的组合加工方法。[56]

4.5.3　新术语的翻译策略

新术语的翻译是科技翻译过程中经常遇到的难题，也是引起术语不统一的另一主要原因。在前沿科技领域，新技术、新发现就会导致新术语的出现。在一种语言环境中首先出现的新术语，传入另一种语言环境的时候，需要对新术语进行合理的翻译。新术语的翻译不仅要依据语言学、词汇学、术语学方面的知识，更重要的是需要理解新术语的专业定义，从专业理据方面考虑术语的合理翻译。

术语的三要素讲明了能指、所指与对象之间的关系。不同语言的 "所指" 具有同一性。[57] 戴炜栋等对 "所指" 的定义是 "代表真实、客观世界的语言形式。" 辩证唯物主义认为，客观世界是人通过感觉感知的，不依赖于感觉而存在。所指事物是物质的，词语是意识的产物。物质决定意识，意识反映物质。无论英语科技新词的源词还是汉语对应词所代表和反映的都是同一个客观存在，所指事物不会随名称的表达方法或使用语言变化而变化。所谓同一性指的是无论用任何语言来命名，客观事物及概念不会因名称的改变而改变。不同语言中的名称可代表同一客观事物。例如，源词 PAPI（precision-approach path indicator）与译文（精密进近指示器）虽然分别用英汉两种语言来命名，指的却是同一个装置。同一性不仅体现在具体的事物上，也表现在抽象的概念上。例如，"choke packet" 与 "阻塞数据包" 指的都是 "网络上的一种控制数据包，用于通知发送方降低发送速率或完全停止发送数据。"[58] 所指的同一性揭示了科技新词翻译的本质，新术语的翻译实质上就是用不同的语言符号（能指）表达相同的概念（所指）的过程。

科技翻译是一种特殊的交际行为，在科技新词的翻译过程中，译者必须充分考虑源语作者意图与译文读者的认知语境，努力追求构词者和科技读物读者之间的最佳关联性，以达到成功交际的目的。科技新词的汉译目前主要采取"直译""意译""谐音意译""注译""不译"以及综合法等 6 种翻译方法。[59]

（1）直接表达

英语中有许多表示新概念的复合词是采用属差+种概念的方法构成的，这种命名方法贴切、直观，具有很强的逻辑基础。这种表达方式也符合汉语的表达习惯，翻译的时候可以采取直译的方法，有的情况下将组成复合词的单词一一对译即可。例如：

large screen display，大屏幕显示器

high resolution laser printer，高分辨率激光打印机

more electric aircraft，多电飞机

（2）释义表达

"翻译即翻译意义"，这一说法也适用于新术语的翻译。对于有些科技新词（尤其是由有文化背景的词语合成的复合词）来说，直接表达很难把源语中的内涵准确充分地表达出来，或者直接表达不符合译文读者的认知语境，这时须考虑进行解释性表达的方法。在忠实于内容（即英语科技新词的释义）的基础上，进行不拘于形式的翻译，保证源语与译文的关联，保证构词者和读者的顺利交际。对于一些采用缩略法构成的科技新词，也往往采用解释性翻译的方法。例如：

pressure drag，压差阻力（不能直译为压力阻力）

aerodyne，重于空气的航空器

T-time，发射时刻

（3）概括性表达

解释性表达有时只是翻译的一种临时表达方法。随着技术的可续发展，人们对一些新的科技术语的了解会逐步加深，就会在解释性译法中总结出高度概括性的表达方式。现在常用的 laser，意为"光的受激辐射放大"，钱学森将它概括为"激光"，简练准确地表达了 laser 的含义。

（4）类比性表达

英语中采用类比构词法构成的新词，翻译时也可以采用类比性的表达方式。例如，fly-by-wire，是"电传操纵"，随着技术的发展，陆续出现了 fly-by-light、fly-by-feel，可以分别类比地翻译为"光传操纵"和"触觉操纵"。

（5）形象表达

形象表达是汉语的一大特色，在科技英语翻译中，在很多情况下也可以采用形象表达，往往会产生很好的理解效果。例如：

cowling door，发动机罩鱼鳞片

bucket door，戽斗门

U-shaped，马蹄形

随着英汉语言的交流，汉语中采用英文字母进行形象表示的例子在不断增加。上面的 U-shaped 也可以译作"U 形的"。像 T-tail 这样的词汇可以直接译作"T 形尾翼"。

（6）音译表达

对科技新词的翻译应该尽量减少音译，因为科技文章具有很高的严谨性和规范性，采用音译无法传达概念的内涵，容易引起理解的混乱。但是音译作为对其他表达方式的一种

补充，在科技新词的翻译过程中也是不可少的一种方法。现在汉语就存在很多通过外语音译产生的新词汇，例如，在"tank"输入中国之前，中国并无此物，汉语中也没有"坦克"一词，但"tank"的音译"坦克"现在已经为大众所接受。

现代英语中有大量通过缩写形成的新词汇，这些词汇采用解释性译法过于繁琐，用概括性译法又找不出对应的汉语词汇，在这种情况下就可以采用音译，如 radar、sonar，音译为"雷达""声纳"，实质上是利用汉字组合形成一个新的语言符号，给其赋予确定的意义内涵，达到"能指"与"所指"的统一，也就是对新事物进行定义、命名的过程。有的音译会随着时间的推移被其他译法所代替，例如，"laser"开始采用音译"莱塞"，后来概括为"激光"。

（7）综合表达

有时，单单用一种方法，很难关联好源语作者和译文读者之间的认知语境，所以需要几种方式综合来翻译，也就是"混译"。在科技新词的翻译中，混译主要指的是音译加意译。有些新词单单只用音译可能无法很明了地表达原词意义，这种情况之下可以用"音译为主、兼顾意译"的方法进行翻译，使人们对新词语的使用领域一目了然。[59]常用的方法是音译之后加上一个表示类别的词，或者一部分音译，一部分意译。[60]这类术语多为用人名命名的理论、参数、装置或材料，表达的时候人名采用音译，其余部分采用意译。[61]例如：

krueger flap，克鲁格襟翼

mach number，马赫数

doppler navigation system，多普勒导航系统

（8）零翻译

对于新概念的翻译，除了上面提到的集中处理办法之外，还有一种所谓的"零翻译"，也就是对一些采用英文字母表示的"形状"或者英文缩略语，采用不翻译的处理办法。"零翻译"是对原文的词语不做任何翻译，使读者不需要费时揣摩便可以产生认知，实现语言符号与客观存在之间的最佳关联。零翻译的日益增多，是由科技新词的两个特点引起的。科技新词的全球化使得很多新词不仅仅是某个地区的概念，而是全世界范围内通用的概念，如 3G 网络、LCD 显示屏等。科技新词的节约性也会导致零翻译，如 HDMI 应翻译为"高清晰度多媒体接口"，但是如此长的译文，多次出现在一篇文章内，对于读者和作者都不是一件方便的事情。于是采取不翻译的策略，原文四个字母的组合相对来说反而更容易接受，也更节约篇幅和阅读时间。[59]

关于"零翻译"与汉语符号化之间的争论是一件见仁见智的事情。从汉语的规范性来讲，应该尽量减少外语符号的使用。但是从文化技术交流的角度来看，语言之间的吸收融合是无法避免的事情，况且科技语言又有其独特之处，不管是英语还是汉语，都追求文章的简洁明了。加之科技文本有其特定的读者对象，对于专业性较强的科技文本，采用"零翻译"的方法来处理新概念的翻译，完全是可以接受的。有的"零翻译"经过长时间的使用后，已经成为汉语中规范的科技术语，例如：

C-band，C 波段

S-band，S 波段

Ku-band，Ku 波段

4.6　术语管理的实施策略

科技翻译与具体的科学领域密切相关，每个技术领域都有其特有的科技术语。俗语说，隔行如隔山。要做好某一行业的科技翻译，倘若不熟悉这一行业的科技术语，翻译过程将比登山还难，翻译效果也会大打折扣。全国科学技术名词审定委员会和各个行业发布的标准术语对于科技翻译有一定的约束作用。在科技翻译过程中，首先应该遵照现有的标准，使用规范的术语。在科技翻译实践过程中，出现术语不统一、不规范的一个原因就是翻译人员对于具体领域的专业术语不够熟悉，对于一些已经有的规范术语采取"创新"的译法。这种做法的直接结果就是导致翻译的"不专业"。通过有效的术语管理工作，可以消除具体翻译业务层面出现的术语不统一。本节粗略阐述公司机构实施术语管理的策略。公司机构的术语管理工作可以结合知识管理、项目管理和具体业务，从不同的层面来实施。

4.6.1　结合知识管理进行术语管理

知识管理能够使公司机构充分利用自己的知识智慧，提高公司的创造力和竞争力。知识管理作为一种新的管理模式，已经在很多公司得到实施。知识管理的实质是重新整合组织机构所拥有的显性和隐性知识，使之成为可以再利用的知识资产。实施知识管理的基础是依托信息技术所构建的知识库，或者是本体库，本体库可以看作是组织知识、管理知识的框架。

本体库的建立有多种方法，利用叙词表建立本体库是一种高效便捷的方法。本体是对特定领域之中某套概念及其相互之间关系的形式化表达，具有结构化的特点，适用于在计算机系统中反映特定领域之中那些存在着的对象类型或概念及其属性和相互关系。本体在实质上提供了一种词表，方便知识的检索与共享。叙词表收录了特定科学领域中表达事物概念的词汇，并通过参照项将这些概念及词汇联系起来，组成一个词汇系统，用于信息的标引和索引，主要应用于图书馆学科和科技情报学科。

叙词表与本体有许多相似点：（1）两者都用来描述特定学科知识；（2）两者都可以用作特定学科信息的组织工具；（3）两者都具有等级结构，并通过等级关系及词（概念、类）间关系将词组织起来。叙词表由各学科领域专家经过多年共同努力编制而成，是具有专业性、权威性、科学性、规范性的学术成果。基于叙词表构建领域本体，可以弥补计算机学科研究者在本体构建时领域知识的不足，节省本体构建中概念和关系获取的人力、时间等成本，缩短本体构建过程。

不管采用何种方法建立本体库，本体都与叙词表有着密切的联系。本体可以看做是叙词表在网络时代的改进和升级。叙词表建立了某一领域的专业术语表以及这些术语的二维关系；领域本体建立了每一领域的专业术语表以及这些术语的多维关系。在实施知识管理的过程中，如果已经建立了领域本体，实际上也就建立了某一特定专业范围的术语表。结合知识管理获取的术语表，可以作为公司机构的基础术语表，是规范公司技术文件的标准。

4.6.2　结合项目管理进行术语管理

沟通管理是项目管理的一项重要内容，是为了确保项目信息的合理收集和传输所实施的一系列措施，包括沟通规划、信息传输和进度报告等。在项目实施的各个阶段，无时无刻不存在交流和沟通，各类人员之间的沟通效率直接决定着项目实施的效率，甚至决定着项目的成败。

孔子说过：不知言，无以知人也。不懂别人的言论，就无法了解别人。保证有效沟通是项目管理的原则之一。有效沟通的前提是交流双方表达自己思想要用统一规范的术语，所有的术语都必须有确定的内涵，有明确的定义。这样，交流双方才能在一个共同的语言氛围中表达思想，言其所想，听其所欲。结合项目管理进行术语管理，可以有效提高交流沟通的效率。

在建立项目管理文件体系过程中，可以把术语管理作为项目沟通管理的一项内容。在项目启动阶段，组织各专业编写本专业的专用术语表，汇总成为项目的专用术语表。项目专用术语表对术语应该有明确的定义，不同专业对相同的结构或者是部件应该采用相同的术语。项目专用术语表可以作为项目管理文件，或标准化文件，用于统一规范项目技术文件的专业术语，提高技术交流沟通的效率。

4.6.3　结合具体业务进行术语管理

一般的科研活动都涉及大量的行业合作甚至是国际合作，在科研活动过程中不仅存在机构内部的沟通，更存在大量的合作双方之间的沟通；不仅存在同语种的交流，更存在双语种之间的交流。在科研活动的具体业务层面，日常涉及到的科技术语会更多，特别是在国际合作环境中，术语的统一和规范更显重要。结合国际合作进行术语管理可以分为两方面的工作，一方面，在启动合作项目的时候，就需要确定一个基本的术语表；另一方面，在国际合作项目进行当中，在具体的交流过程中，还需要不断地积累和丰富术语表。

在启动国际合作项目的时候，要确定工作语言。如果工作语言是合作一方的母语，就应该建立另一方的语言与工作语言的双语对照词汇表；如果以英语作为工作语言，则应该建立各自母语与英语的对照术语表。有了这一基础性的工作，合作双方才能有建立有效交流的基础。

在国际合作项目进行过程中，根据双方交流沟通的具体情况和出现的各种新问题，需要对术语表进行不断地补充和丰富。在这种情况下，已经不仅仅局限于术语管理，需要扩大为双语词汇管理，保证双方的交流能在同一个"频道"上，实现思想的同步和思维的同步，避免出现交流沟通的障碍。

4.7　小结

术语管理是近年来刚刚兴起的一个新的管理理念。术语管理与科技翻译密切相关，但术语管理的影响范围不仅仅局限于科技翻译行业。术语是构成科技文本的基本要素，术语的正确理解直接影响着对科技文本的正确理解；术语的统一与规范，直接影响着科技文本的翻译效果。科学技术的迅猛发展促使了新概念的不断涌现，每一种语言中都存在着对新概念的命名问题。术语学作为一门新兴的边缘学科，专门研究概念、概念定义和概念命名的基本规律。术语学的发展说明了人们对术语重要性的认识日益加强，术语学的研究成果也为术语管理工作提供了理论依据。尽管狭义的术语管理萌发于科技翻译实践活动之中，但是在目前国际化的科技环境中，术语管理应该具有更宽泛的外延。应该把具体业务层面的狭义的术语管理与传统的行业层面和国家层面的科技名词规范与审定工作相联系，开展广义上的术语管理工作。尤其是在行业层面，应该做好行业层面的术语标准化工作。信息技术的发展也为术语管理工作提供了有力的技术支撑，市场上也有很多现成的术语管理工具。利用这些现代化手段在公司层面做好术语管理工作，在行业层面做好术语标准化工作，各个层面的术语管理工作紧密结合，做好具体行业的科技翻译基础设施，对于促进行业的科技翻译工作的质量和效率，将会有很大的帮助。

第5章 翻译过程研究

    本章提要：本章对多位学者从不同角度对翻译过程进行研究的现有成果进行了分析，并结合奈达与贝尔的翻译过程模式，将句子层面的翻译过程分为分析理解、思维转换和综合表达等三个阶段。根据这三个阶段的划分，建立了简化的科技翻译过程模式。这一翻译过程模式比较符合计算机辅助翻译条件下科技翻译的实际过程。翻译过程就是完成语言单位、思维模式和语言体系转换的过程。思维转换是翻译过程的实质，语言体系的转换是翻译过程的表现形式，也是翻译的最终目的。在传统的人工翻译过程中，所有的转换活动都是在译者的头脑中完成的。计算机辅助翻译工具的使用使得翻译过程的阶段划分更加显性化，计算机凭借其强大的记忆功能和快速的检索功能在一定程度上代替了语言单位的转换，使得译者可以更加专注于翻译过程中的思维转换过程。计算机辅助翻译在一定程度上表现为一种人机互动的信息解构与重组的过程。

    语言是对思维的表述，也是人类文化的组成部分。在不同的文化背景下人们的思维方式具有不同的特征，反映在语言中就是表达方式的不同。翻译过程涉及两种语言，要做好翻译工作，不但要提高理解和运用语言的能力，也应该广泛了解社会文化对人们思维方式的影响，以及人们不同的思维习惯和思维方式对语言表达的影响。译者的主要任务就是要完成不同思维方式的转换，然后将原文表述的信息进行重构，从而获得准确通顺的译文。

5.1 对翻译过程的认知

    翻译过程研究不仅仅要关注译者翻译的基本步骤和方法，还要深入分析译者自身能力与翻译表现的关系，描述在翻译作业时译者的认知心理状态，考察外界因素的影响等。并且，微观的翻译过程不仅仅是几个简单的步骤，还是大脑复杂的思维过程之一，与认知、心理、信息加工等方面密切相关。[62]目前关于翻译过程模式的研究主要有传统研究、语言学角度的研究、交际学角度的研究及认知心理学角度的研究。这些研究还停留在翻译过程中的阶段划分、层次划分或原文、译者、译文、读者（包括原文读者和译文读者）在翻译过程中的角色及其关系层面上，较少涉及翻译过程中微观层面的思维转换。只有贝尔从认知心理学角度对翻译过程进行了描述，提出了更为具体、科学的翻译过程模式，结合这一模式，可以深化我们对科技翻译过程的认识。

5.1.1 基于经验总结的翻译过程模式

    传统研究从经验总结和直观体会的角度对翻译活动的主要步骤和程序进行描述和总结，根据翻译的操作步骤把翻译过程分为几个阶段。

　　国内学者范仲英把翻译过程分成理解过程和表达过程两个阶段；张培基等则把翻译过程分为三个阶段：理解、表达和修改。在实际的翻译实践中，译者对译文可能要进行多次的修改，修改过程实际上是准确理解和确切表达的过程。杨镇华在《翻译研究》一文中提出了"翻译的五步法"：（1）寻求原文字义（单字、熟语等都包括在内）；（2）分析原文文句组织；（3）把原文文句所代表的意义变成了有意义的译文语言的话；（4）按照译文文字的习惯和规则，把话写出来；（5）将译文文字加以最适当的修饰。[63]

　　英国翻译理论家纽马克在《翻译教程》*A Text Book of Translation* 一书中分析了从选择翻译方法到理解表达再到修改的步骤，其中理解表达又分为四个层次：原文文本层次、指称层次、粘着层次、自然层次。指称层次和粘着层次涉及理解和表达两方面，自然层次仅限于表达。纽马克非常看重最后的修改，认为修改至少占据了整个翻译程序的一半。[63]

　　从传统研究的角度来看，国内外学者对于翻译过程的阶段划分大致相同。实际上，修改只是翻译操作的一个具体步骤，从思维特点来看，它是理解和表达阶段过程的重复，翻译过程是理解—表达不断重复的过程，直至获得译者所认为的最佳的译文。

　　传统的翻译过程模式见图 5-1 可以简单地表述为：

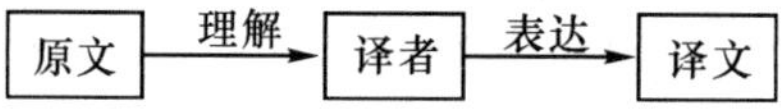

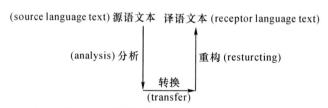

图 5-1　传统的翻译过程模式

5.1.2　基于语言学的翻译过程模式

　　奈达从语言学角度对翻译过程进行了研究，他认为翻译过程可分为三个阶段：（1）分析阶段：语法、语义分析阶段；（2）转换阶段：从源语转换成目的语是翻译过程的核心阶段，译者应注意语义和结构的调整；（3）重构阶段：译者应考虑可取的语言种类或文体；不同文体的基本成分和特点；可能用来产生文体的技术。在翻译过程中，译者通过转换过程始终在分析与重构过程中摇摆。奈达提出了"kernel"的概念（见图 5-2），但这一概念很模糊。

（source language text）源语文本　译语文本（receptor language text）

（analysis）分析　　　　　　　重构（resturcting）

转换

（transfer）

图 5-2　奈达的翻译过程模式（1969 年）

　　奈达将生成语法运用于翻译理论研究，把复杂的信息转换过程简单化、公式化，对指导翻译实践具有一定的意义。但由于没有分析在"转换"这一环节里译者如何分析源语文本、如何分裂成基础结构、如何将他们转换成目的语，对翻译具体操作的指导有其局限性。[64]

5.1.3　基于信息论的翻译过程模式

　　沃尔弗拉姆·威尔斯（Wolfram Wilss）以描述语言学和生成语法为基础，从信息论的角度，说明了翻译是一种语际信息传递过程。

图 5-3　威尔斯的翻译过程模式

源语（SL）的代码由原文（S1）发出传达到译者即第一个接收者（R1）；再由 R1 利用自己的双语交际能力将信息加以分析和切分，然后对信息进行语言上的"重新编码"组成译文（S2），然后将译文（S2）传达给第二个接收者（R2）。

威尔斯的翻译模式吸取了文本语言学在功能方面的研究成果，强调翻译是语际信息传播的过程，这就将原作者的意图、接受者的意图联系起来，使其成为译者必须考虑的重要因素。但这一模式只是一个一般意义上的语际信息传递过程。[64]

5.1.4　基于交际学的翻译过程模式

奥托·凯德（Otto Kade）把翻译过程分为三个阶段。第一阶段，源语发送者把源语文本发送给译者。第二阶段，作为源语接收者的译者把文本从源语转换成译入语。第三阶段，作为译入语发送者的译者把译入语文本发送给同时又是译入语接收者的译者。凯德把译者在不同的阶段所扮演的不同角色清楚地分开，即作为源语接收者的译者、作为译入语发送者的译者以及作为译入语接收者的译者。

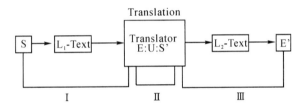

S：发送者；L₁：源语；L₂：译入语；E：译者作为源语接收者；

U：译者把文本从源语转换成译入语；S′：译者作为译入语发送者；E′：译者作为译入语接收者；

Ⅰ：第一阶段；Ⅱ：第二阶段；Ⅲ：第三阶段

图 5-4　凯德的翻译过程模式（1968 年）

凯德把翻译活动放到交际理论的大框架里，他的模式描述了翻译过程中所涉及的几个组成部分，但也没有包括翻译的思维过程，无法解释翻译过程。

5.1.5　基于功能论的翻译过程模式

德国的功能派出现在 20 世纪 70 年代，当时正是对等理论盛行之际。功能派摆脱对等理论的束缚，以目的为总则，把翻译放在行为理论和跨文化交际理论的框架中进行研究。这一派把翻译过程看作是一个环环相扣的链条。第一环就是发起者（initiator），接着分别是原文生产者（source-text producer）、译者（translator）、译文使用者（target-text user）、译文收受者（target-text addressee）、译文接收者（target-text receiver）、译文委托人（commissioner）。功能主义理论将翻译定义从源语——对应地转换为目的语的观点中解放出来，扩展成为翻译行为，包括跨文化的一切语言符号与非语言符号的转换，把翻译作为一种环环相扣的链条过程来研究。

汉斯·霍尼格（Hans Honig）和保罗·库斯莫尔（Paul Kussmaul）提出了功能论的翻译过程模式（如图 5-5 所示），这种翻译模式在很大程度上取决于翻译的目的。这个模式比较接近翻译行为，但它描述的是一个理想的译者在理想化情况下如何翻译的过程。[64]

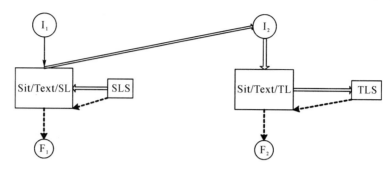

I₁：源语文本作者的交际意图；F₁：源语文本的交际功能；Sit：情景；SLS：源语语符；

I₂：译入语文本作者的交际意图；F₂：译入语文本作者的交际功能；TLS：译入语符号

图 5-5　汉斯·霍尼格 & 保罗·库斯英尔的模式（1980 年）

5.1.6　简化的科技翻译过程模式

人们很早就认识到了翻译是一种复杂的思维活动。早在 20 世纪 30 年代，林语堂先生就说过："其实翻译上的问题仍不外乎译者的心理及所译的文字的两样关系，所以翻译的问题，就可以说是语言文字及心理的问题。"苏联翻译理论家巴尔胡达罗夫更是将翻译界定为"一种心理过程，即大脑皮层活动的某种形式。"翻译活动的轴心是转换过程，这一过程不是单纯的语言活动，而是思维活动。由于思维活动在人脑这个"黑箱"内进行，所以长期以来人们对于微观翻译过程中的思维活动考察较少。前面几节总结了国内外学者提出的各种翻译过程模式，这些翻译过程模式都在一定程度上反映了人们对翻译过程的不同认识，也有其不完善之处。

将翻译作为一种过程进行研究，实际上是探讨双语转换的认知心理过程。因此，翻译过程研究不仅仅要关注译者进行翻译的基本步骤和方法，还要深入分析译者自身能力与翻译表现的关系，描述在翻译作业时译者的认知心理状态，考察外界因素的影响等。微观的翻译过程是大脑复杂的思维过程之一，与认知、心理、信息加工等方面密切相关。翻译的过程是直接的语言过程和深层的思维-心理过程的统一，也可以说，从源语到目的语的转换不是直接从甲语言到乙语言，而是通过思维层面进行的。[63]

奈达的翻译过程模式对翻译的阶段进行了合理的划分，只是没有涉及具体的"转换"过程，没有探讨"转换"过程的思维活动；贝尔的翻译过程模式将翻译过程分为两个阶段，对每个阶段的思维转换活动进行了分析。我们将奈达的翻译过程模式与贝尔的翻译过程模式相融合，将句子层面的翻译过程分为分析理解、思维转换和综合表达等三个阶段。根据这三个阶段的划分，可以建立了简化的科技翻译过程模式（见图 5-6）。这一翻译过程模式比较符合科技翻译的实际过程，对于信息化环境下的人机互动翻译过程具有一定的指导意义。

5.2　翻译过程的思维特点

思维是人反映客观世界的过程，是使用概念对世界进行分析、综合、推理、判断、比

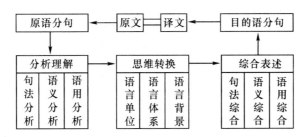

图 5-6　科技翻译过程简化模式

较和概括等，这在全人类是统一的。但每个民族生活在特定的自然地理环境之中，具有各自的哲学背景、文化传统，因此也形成了各自的思维方式，使得人类的思维方式具有历史的阶段性和社会的区域性。思维方式的不同导致了语言形态的不同。翻译的目的是为了实现跨文化、跨语言的信息交流，翻译过程涉及两种语言，也就涉及两种不同的思维方式。了解东西方思维方式的差异，有利于原文的理解和译文的表达。

5.2.1　中西方的思维差异

对于中西方思维方式的差异，专家学者有很多清晰的论述。连淑能认为，总体上看东方人偏重人文，注重伦理道德，西方人偏重自然，注重科学技术；东方人重悟性、重直觉、重意象，西方人重理性、重逻辑、重实证；东方人求同、求稳，重和谐，西方人求异、求变，重竞争。[65]贾玉新认为，西方民族的思维方式以逻辑、分析、线形为特点，而东方人则以直觉的整体性与和谐的辩证性为主。[66]

西方传统哲学思维对外部事物的反映不是依靠直觉感性的认识，而是依赖抽象理性的表述，是一种分析性的逻辑思维；中国传统哲学思维则基于主客体统一的辩证观念，对人和自然界的认识是凭借直观理性认识整体，把握外在的世界，是一种直觉表象与整体和谐为主要特征的综合型思维模式。

汉语重具象思维，倾向于使用具体的印象和声音来传递思想和信息。英语则重抽象思维，倾向于使用表达同类事物的整体词语来表达具体事物或现象。由于汉语具象思维与英语抽象思维的差异，英汉语中动词、名词和介词的使用频率不同。英语大量使用抽象名词和介词，因而显得虚、静和抽象。而汉语多用动词，所以显得实、动和具体。

在表达思想时，汉语的思维活动大多是螺旋式地向前推进，习惯于先从侧面说明、阐述外围的环境，把作出的判断或推理的结果以总结的方式安排在结尾。而英语的思维大多是直截了当，他们习惯于把要点放在前面，然后再逐一分析。这种思维差异在英汉语篇结构上体现得最为明显。在句子层面上，汉语往往把句子的次要语义部分放在句首，而将重心放在句尾；英语往往把句子的语义重心放在句首，而将次要语义部分放在句尾。简单说来就是英语句子一般是前重心，而汉语句子大多是后重心的。比如，汉语中的时间、地点、原因等次要信息往往都分布在句子的前半部分，一般在主语与谓语之间或置于主语之前，而将重要信息置于句末，而英语却恰恰相反。

汉语在哲学上注重心理时空，对外部事物的反映靠感性的认识，思维上重觉悟轻逻辑，即所谓的"感性思维"。这种思维方式在语言上表现为汉语重意合。汉语表现形式受意念引导，看上去概念、判断、推理不严密，句子组织松散，但逻辑关系却隐含其中。汉语的"意合"是靠语意上的关联，没有明显的标记，对语句的理解须借助自己的语感及一定的非语境因素。与英语相比，连接词出现得少，介词出现的频率也低。

西方思维注重的是自然时空，思维上注重形式分析和逻辑推理，即所谓的"理性思维"。这种思维方式的差异在语言上表现为英语重"形合"。英语注重运用各种有形的连接手段达到语法形式的完整，其表现形式受逻辑形式支配，句子组织严密。英语的"形合"表现为句与句之间往往需要各种各样的连接词，如"and""but""so that"等。

5.2.2 翻译过程中的双重思维

翻译过程中的思维具有双向思维的特征。译者不仅要考虑作者的思维特点，还要顾及读者的思维特点。译者在翻译过程中的不同阶段，采取不同的思维方式。

翻译首先要正确理解原文，正确理解原文是准确传递原文内容的第一步。在理解阶段，译者应该采用源语言进行思维，捕捉作者的思想火花，顺着作者的思维流理解原文的思想内容，同时充分领会作者的社会文化背景在原文中的体现。译者只有以作者的思维方式进行理解，将自己置身于作者所处的文化氛围之中，才能达到对原文最深层次的理解。理解的过程也是对原文的信息流进行切割、分析的过程，这一过程的外在表现就是对原文的断句处理和对完整句子的切分处理。通过对句子切分，形成更小的语言单元，通过语言单元所包含的信息以及各个语言单元之间的逻辑关系，再结合文本的语境信息和文化（学科）背景信息，透彻理解原文所表达的意义内涵。

表达时，译者头脑中已经存在作者所表达的思想内容。译者的思维活动要进入目的语所归属的文化生态系统，采用读者所熟悉和理解的思维方式和语言特点进行表达，译者要凭借自己的文化知识、科技知识，寻找与源语言等值的语言符号和语言形式，构建符合目的语表达习惯的译文，以使读者在最大程度上获得作者所表述的信息。表达的过程实际上就是词汇、句式、篇章结构、翻译策略的选择过程，通过句法、语义和语用层次的综合，将分析阶段形成的语言单位，重新组合成完整的语句，实现信息的交流传递。

当然，在实际的翻译实践活动中，理解-表达的过程并不是一次完成的，而是一个反复多次的迭代过程，直至达到对原文的透彻理解和用译文的确切表达。

5.3 翻译过程中的思维转换

语言与思维有着密切的关系，关于语言与思维之间的关系在哲学层面上一直存在着诸多的争议，如等同论、语言决定论、语言影响思维论等。人们普遍接受这样的观点：语言从属于思维，是思维的工具。翻译是不同语言之间的变换，翻译过程就是两种思维方式转变的过程，思维转换是连接理解与表达两个阶段的纽带。

思维的规律就是客观现实规律在人脑中的反映，具有全人类的共性，是使用概念进行分析、综合、推理、判断、比较和概括的过程。尽管中西方的思维方式存在差异，但是中西方思维在本质上具有统一性。思维的共同性为翻译中的思维转换提供了可能，而不同民族语言思维方式的差异又使得这种转换成为必要。[67]

在翻译过程的第一阶段，即理解阶段，译者用源语思维对原文进行解读，产生"意义团"。只有用源语思维对文本进行解读，才能将理解的触角伸到文化的各个方面，准确把握文本的内涵，即抓住源语的"神"。"意义团"包含着对源语文化内蕴各方面的深透理解，大脑把"意义团"存贮起来，并进行思维切换，由源语思维切换为目的语思维。这一切换顺利与否直接影响着第二阶段的进行。第二阶段是表达阶段，译者运用目的语思维对"意义团"进行处理，构建目的语表达形式。[68]为英汉翻译过程中思维转换示意图（见图5-7）。

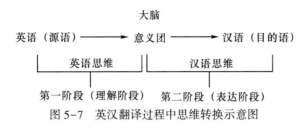

图 5-7　英汉翻译过程中思维转换示意图

5.3.1　语言单位的转换

语言单位是指用于构成句子的词和短语。英语和汉语里，对词汇的分类大致是相同的，有名词、动词、形容词、副词、介词、连词等，各类词汇通过相互之间的逻辑关系，可以构成不同类型的句子，准确表达恰当的主题内容。英语里还有用于表示所属关系的冠词和用于表示语气或情态的情态动词。

这些语言单位对应的是人在思维过程中在头脑里所反映的思维单位。也就是说，每一个语言单位都对应着一个具体的或者抽象的思维对象。不同语言的语言单位所对应的思维对象是相同的，只是不同语言的语言单位所采用的符号形式是不同的。翻译过程中语言单位的转换正是基于这种共同的思维对象。

根据语言单位在句子中所占据地位的不同，可以将语言单位分为主要语言单位和辅助语言单位。名词和动词通常构成句子的主语和谓语，用于传达主要的信息，是主要语言单位；形容词、副词、介词等这类词汇，通常用于对主语进行修饰或者限定，用于传达附加的信息，是辅助语言单位。这样区分的目的主要是为了在翻译实践的过程中首先保证主要语言单位的正确转换，辅助语言单位的转换要从属于主要语言单位的转换。在一些情况下，可以将辅助语言单位和主要语言单位作为一个单独的语言单位来对待，这样的处理可以保证译文的统一性和一致性。

在翻译过程中作为一个独立完整的单位进行转换的语言单位也就是翻译单位。国内一些学者对于翻译单位从不同的切入点、采用不同的方法进行了研究，主要包括形式切分、语义确定、语篇-功能分析等。从不同的视角得出的翻译单位也有所不同，例如，采用形式切分方法研究翻译单位的学者秦翔宇将句子、段落看作翻译单位；采用语义确定方法研究翻译单位的学者认为翻译单位包括四个层次：词素、词、短语、句子；采用语篇-功能分析方法研究翻译单位的学者认为翻译单位应该是语篇层次的，但对语篇一词本身所包蕴的涵义在理解上却存在差异。[68]

为了保证翻译单位划分的统一性和在翻译实践中的可操作性，我们认为按语义来确定和划分翻译单位比较合理。国外研究者维奈和达贝尔（Vinay & Darbelnet）认为，"翻译单位是表示一个思想要素的词汇单位，也可以说，翻译单位是叙述的最小片断，这个片断的全部符号结合得如此紧密，以致不可能分开来译。"国内研究者罗国林也认为翻译单位与思想单位及词汇学单位属于同一范畴。[68]

对于传统的文学翻译来讲，将句子分析（或者分解）到翻译单位以后，例如主语+谓语+宾语的结构，两种语言的语言单位之间可能并不是一一对应的关系，对原文的理解和译入语的表达，取决于译者的素养和语言喜好。美国总统奥巴马竞选成功以后，在演讲中说过一句话"That's the genius of America：America can change……"，对这句话的翻译有多种版本："这是美国的精髓，美国能够改变""美国真正的天赋在于它懂得改变"等。

在科技文章中，存在着大量特殊的语言单位，那就是专业术语，这些由普通名词构成的专业术语有确定的概念内涵，在不同的语言体系中有规范的表述形式，所以这类由专业术语构成的语言单位的转换是一对一的，比如飞机上的主要部件，Nose——机头、Wing——机翼、Fuselage-机身等。有些专业术语是由多个单词构成的复合名词，例如，large screen display——大屏幕显示器、high resolution laser printer——高分辨率激光打印机、More Electric Aircraft——多电飞机等，这些术语在翻译过程中应该作为翻译单位来处理。

科技文章中专业术语的这种强对应关系为基于专业词库的计算机辅助翻译提供了便利。目前计算机辅助翻译系统的使用都依赖于一定规模的专业词库，专业词库质量的优劣决定着计算机辅助翻译系统的工作效率。

5.3.2　思维方式的转换

中西方思维方式的不同在语言中的表现，主要包括感知取向、时间次序、空间位置和逻辑次序等表达方式的不同。只有完成了完整的思维方式的转换，才能获得通顺的翻译。在英汉科技翻译过程中，思维方式的转换主要包括分析型思维与整体型思维的转换、直线型思维与螺旋型思维的转换、客体型思维与本体型思维的转换、静态型思维与动态型思维的转换[69]。在翻译过程中，出现理解困难和表达困难的时候，往往是没有完成思维的成功转换。出现这种问题的原因有两个方面，一方面，译者对源语言所采用的思维方式不熟悉；另一方面，源语言所表达的思想内容在译入语中找不到贴切的表达方式。思维方式的转换是译者创造性劳动的充分体现，没有思维转换的翻译是行不通的。思维是十分复杂的心理活动，对具有不同文化背景的思维的转换就更加复杂，这正是目前机器翻译研究所面临的最大挑战。目前广泛使用的计算机辅助翻译软件实际上也不能实现翻译过程中的思维转换。

5.3.3　语言体系的转换

在进行语言单位转换和思维方式转换的基础上，就可以进行语言体系的转换。思维转换是在译者的大脑里进行的，语言体系转换实际上是思维转换的外在表现形式。语言体系的转换就是译者利用经过转换的语言单位，采用译入语的语言形态，把原文所表述的思想内容用译入语的形式表现出来。

语言形态学将语言分为综合性语言和分析性语言。综合性语言有复杂的词形变化，这些变化对思想的表达起着决定性的作用。分析性语言没有词形变化，主要靠词序、虚词和语言习惯表示各种语言成分之间的关系。

汉语是纯粹的分析性语言，没有词形变化，词序是重要的语法手段。词和词的结合比较自由，句子结构复杂严密、简炼经济。汉语句法的组织原则是遵守思维的逻辑结构，主语和思维对象是一致的。就汉语的句子结构来讲，具有一定的"保守性"和"客观性"。"保守性"和"客观性"是指句子结构对逻辑结构的遵守与服从。比如，汉语中的时间关系、因果关系等，一般是按时间的先后顺序和前因后果组织句子。

英语的主要特点表现为综合、分析并用。与汉语相比，英语的词形变化相对较多。英语在句子组织方面表现出相对的"灵活性"和"主观性"。这里的"灵活性"和"主观性"是指不以事物的先后顺序和因果词序等为依据来组织句子。"…because…""…if…"这种先说结果而后说原因或条件的句子是典型的英语表达方式。

下面以英汉翻译过程为例，说明基于思维方式转换的语言体系转换的几种方式：

（1）基于分析型思维与整体型思维转换的顺序调整

东西方思维方式的不同首先造成了英汉句法结构上的差异。科技英语注重句子形式、结构完整和以形显义，相对而言，科技汉语则大量使用意合句，造句时很少甚至不用连接手段，注重隐性连贯；注重逻辑事理顺序；功能、意义和以形统神。在科技英语汉译的过程中，可以化整为零，拆分科技英语长句中的分句和短语，按时间、空间或内在逻辑顺序重新排列组合，避免出现"欧化"的句子。

原文：We think it is often possible to obtain a more pure precipitate by redissolving the precipitate, having washed it as free as possible from soluble impurities, and reprecipitating.

译文：我们认为应该首先尽可能地将沉淀物中的可溶性杂质洗去，然后再次将沉淀物溶解，溶解之后再进行沉淀，这样常常能够获得较纯的沉淀物。

该句是一个典型的复杂英文句式，句中介词 by 后面带有三个并列的分词短语，这三个分词短语在句中都是表示方式的状语。在翻译过程中，可以不拘泥于原文结构，而是根据时间先后顺序，添加了"首先""然后""再"等词语将这三个方式状语一一译出。

（2）基于直线型思维与螺旋型思维转换的句子重心调整

由于东西方思维的差异，英汉两种语言信息分布及传递方式也不相同。英语句子一般采用前重心，而汉语句子大多是后重心的。比如，汉语中的时间、地点、方式、原因等次要信息往往都分布在句子的前半部分，而将重要的信息置于句末。这种"后重心"信息分布特征与英语句子开门见山式的"前重心"分布明显不同。在翻译时，译者一定要特别注意这种差异，积极调整语义信息重心，以符合汉语的表达习惯。

原文：The technical possibility could well exist, therefore, of nationwide integrated transmission network of high capacity, controlled by computers, inter-connected globally by satellite and cable, providing speedy and reliable communications throughout the world.

译文：建立全国统一的大容量的通信网络，由计算机进行控制，通过卫星和海底电缆在全球从事快速可靠的通信服务，这种可能性从技术上来讲是完全存在的。

该例中 the technical possibility could well exist 是英语句子的重心，其后的内容只是补充说明建立通信网络可能性的具体手段。在汉语译文中，译者先交代次要信息，然后得出结论，符合汉语"后重心"的螺旋式思维特征。

（3）基于客体型思维与本体型思维转换的主被动调整

习惯于客体思维方式的西方人却把观察或叙述的视点放在行为、动作的结果或承受者上，并以此作为句子的主语，因此被动语态在英语中使用广泛。这在科技英语中表现得更加突出：据统计，在物理、化学、工程类的科技英语教材里，约三分之一的动词是被动结构[70]。而习惯于本体思维方式的中国人注重主体思维，这导致汉语"往往从自我出发来叙述客观事物，或倾向于描述人及其行为或状态，因而常用人称"[11]。翻译时，译者需要根据句子的逻辑关系改换或者增添主语，调整句子视角。

原文：Whenever two objects are rubbed together，electrons are transferred from one object to the other.

译文：两个物体在一起摩擦，电子就会从一个物体转到另一个物体。

（4）基于静态型思维与动态型思维转换的词性调整

英语句子强调形态的完整和句法的严密，因此，句中动词的使用势必受到形态变化规则的严格限制。一个句子通常只有一个谓语动词，大量的动词性概念，除了用非谓语动词来表达外，必须借助于动词以外的词类，比如名词和介词。名词和介词的广泛使用不仅降低了动词出现的频率，而且削弱了动词所内涵的动态意义，"使英语的表达呈现静态倾向"[11]。科技英语的特点之一就是大量使用抽象名词，尤其是名词化结构（nominalization）。相对而言，汉语动词没有形态变化的约束，可以非常自由地使用，动词不但可以充当各种句子成分，还可以重复、合成使用。大量的句子都不止使用一个动词，这种"动词优势必然使汉语的表达呈现动态倾向"。因此，翻译时要注意这两种语言不同的特点，调整语言态势，使译文更符合表达习惯。

原文：The excitement，agitation and checking of instruments in these sober Dutch laboratories can only be imagined，but eventually everyone was satisfied and the superconductivity（of mercury）was published as an observed fact in 1912.

译文：在荷兰的这些实验室里，审慎的研究人员感到非常兴奋、激动不已，他们对仪器又进行了仔细的检查，具体情况我们只能想象了。但最终大家都很满意，并于 1921 年将（汞的）这种超导性作为实测结论公布于世。

该例中的 excitement、agitation 等名词都是由动词派生而来的，此处既表示动作的施事者，又保留着原来动词的内涵。译者在翻译过程中，根据具体语境，对这些抽象名词做了适当的调整，将它们译成了含有具体意义的动词，其目的是为了更加符合汉语中的"动词优势"。

思维方式转换的过程实际上也伴随着信息重组的过程，在上述几种思维方式转换的过程中，出现了顺序调整、句子重心调整、主被动调整、词性调整，这实际上也是本书后面所要论述的信息重构的内容。

5.4 计算机辅助翻译过程的特点

在人类社会的发展过程中，劳动工具的变革必然引起生产方式的变化。在传统的手工翻译条件下，译者的劳动工具是纸和笔，翻译过程中的分析理解、思维转换和组织表达在译者的头脑中完成，译稿是译者利用纸和笔将头脑中经过转换的思想表达出来的结果。在计算机辅助翻译条件下，计算机辅助翻译软件的应用，不但提高了科技翻译的效率和质量，也使得传统的手工翻译模式发生了根本性的变化。译稿的形成过程是一个人机互动的过程，翻译过程必然表现出一些与人工翻译过程明显不同的特点。

5.4.1 翻译阶段划分明显

通过不同的翻译理论学派对翻译过程认知的总结可以看出，大多数学者认为翻译过程可以分为两个阶段（理解与表达）或者三个阶段（理解、转换与表达）。尽管学者对翻译过程有这样的阶段划分，但是在实际的翻译实践活动中，每个阶段的界线并不是非常的明确，理解、转换与表达都是在译者的头脑中完成的，各个阶段并没有客观的外在表现。

在计算机辅助翻译过程中，翻译过程的不同阶段变得显性化。以句子层面的翻译为例，翻译软件的操作的第一步是基于词库对句子的自动切分。整句被切分为语言单位的过程，也是帮助译者理解原句的过程。译者根据语言单位之间的逻辑关系，充分理解原句的含义。经过译者的思维转换以后，用译入语的语言符号表达出原句的思想内容。这样，翻译过程中理解、转换与表达三个阶段表现得更加显性化。

5.4.2　词汇转换自动准确

语言单位对应的思维对象是相同的，只是不同的语言表达这些思维对象所采用的语言形式有所不同。正是基于这样共同的思维对象，保证了翻译过程中语言单位转换的可行性和必要性。不论是人工翻译过程还是计算机辅助翻译过程，在将句子切分成都独立的语言单位（或者翻译单位）之后，都存在一个语言单位的转换过程。语言单位的转换实际上也是思维转换的组成部分。

在人工翻译条件下，语言单位的转换是在译者的头脑中完成的，这种转换完全凭借译者对两种语言的词汇记忆，通过人工思维在自己的"记忆库"中搜寻相互对应的词汇。科技文体讲究描述的准确性和含义的唯一性，科技文章中包含大量具有专指性的、具有特定含义的专业术语，对于这些专业术语，译者要保证能够实现准确的转换。由于人工记忆的有限性，在语言单位转换过程中，也就是确定词汇的确切含义的过程中，译者往往需要查阅专业词典，根据专业技术背景知识，选择词义，完成语言单位准确转换。人工翻译条件下的语言单位的转换是复杂的思维活动与繁琐的人工查阅相结合的劳动过程。

在计算机辅助翻译条件下，语言单位的转换是由计算机自动完成的。对于普通词汇的转换可能并不准确，需要辅以人工修正；对于专业术语的转换，计算机能够实现准确高效的转换。在目前的技术水平条件下，计算机辅助翻译软件实现的语言单位（主要是专业术语构成的语言单位）的转换是基于术语库的对应转换。计算机的最大优势是具有庞大的记忆功能和快速准确的检索功能。只要计算机辅助翻译软件具有了专业领域的一一对应的专业术语库，就可自动实现专业术语的准确转换，为译文的组织表达提供了极大的便利，可提高翻译过程中术语的一致性。

5.4.3　译文组织便捷高效

在翻译过程中，完成了语言单位的转换和思维方式的转换后，就可进行语言体系的转换，用经过转换的语言单位，组织译文，完成对原文意义的综合表达。

在传统的人工翻译条件下，译文组织表述的过程，要靠手工的书写，或者人工打字录入来完成，翻译效率受到很大的限制，一个熟练的翻译一天的翻译量不会超过一万字。

计算机辅助翻译软件的使用使得译文组织更加便捷高效。在原句分析和切分阶段，计算机在对原句进行切分以后，已经自动给出了语言单位（或者翻译单位）的转换结果。这些经过转换的语言单位就是构成译文的语言单位。译者在进行思维转换的基础之上，根据译入语的结构规则，对经过转换的语言单位进行顺序的调整、词性的调整或者词形的调整，组成通顺的译入语语句。

5.4.4　人机协同优势互补

翻译既是一种艺术、又是一种技能。翻译过程中不仅有复杂的思维活动，也有繁琐的手工操作。计算机具有超强的计算能力和记忆能力，人具有缜密的逻辑思维能力和无限的

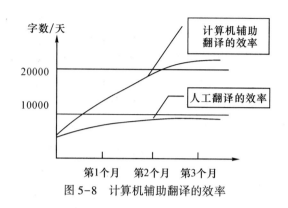

图 5-8　计算机辅助翻译的效率

创造能力。计算机辅助翻译软件使得翻译过程中人和计算机有了明确的分工，翻译过程变成了人机协同的操作过程。通过人机协同，可以最大程度发挥人和计算机的优势。计算机凭借庞大的专业词库，快速完成语言单位（主要是专业词汇）的转换，译者主要通过思维的转换，完成语言体系的转换，通过这样的人机协同，提高翻译效率。

目前的计算机辅助软件主要用于科技类文本的翻译，科技类文本中存在大量的专业术语，文本的重复率较高，计算机辅助翻译的应用效果较好。现有翻译软件的实际使用经验表明，使用翻译软件可以提高翻译效率 50%以上。计算机辅助翻译工具的使用还有利于实现翻译工作的工程化、网络化和智能化，满足社会旺盛的翻译需求。

5.5　小结

许多学者从文学、语言学、心理学、认知科学、符号学、美学、传播学、跨文化交际等不同的角度对翻译过程进行了研究，从不同的侧面揭示了翻译过程的本质。对翻译过程本质的认识有助于人们掌握翻译过程的规律。由于不同民族思维模式和语言表现形式的不同，在翻译过程中译者要进行语言单位、思维模式和语言体系的转换，所以说，翻译过程是由译者进行的一项创造性活动。思维转换是翻译的实质，语言体系的转换是翻译的最终目的，完成了语言体系的转换，才能实现信息的传递、思想的传播。本章在总结众多学者对翻译过程研究的现有成果的基础上，结合奈达与贝尔的翻译过程模式，将句子层面的翻译过程分为分析理解、思维转换和综合表达等三个阶段。这一翻译过程模式比较符合计算机辅助翻译条件下科技翻译的实际过程。计算机辅助翻译工具的使用使得翻译过程的阶段划分更加显性化，计算机凭借其强大的记忆功能和快速的检索功能在一定程度上代替了译者的手工劳动，使得译者可以更加专注于翻译过程中的思维转换过程。计算机辅助翻译在一定程度上表现为一种人机互动的信息解构与重组的过程。

第6章　科技翻译中的信息解构与重组

本章提要： 本节从信息传递的角度提出了翻译过程中进行信息解构和信息重组的原则与方法。语言的结构性和信息的颗粒性决定了信息解构的可能性；描述的多样性和思维的立体性决定了信息重组的必要性。信息解构就是提取原文的显在信息和隐含信息，需要从物理学、逻辑学、语言学和社会学等不同的维度进行解构。信息重组是信息解构的逆操作，重组时应遵守趋同性、变异性和创新性的原则。在信息重组的宏观原则指导下，通过信息单元前后位置、主次位置的调整以及虚实信息的相互转化，保证信息总量的对等性和信息流的顺畅性。

传统的翻译理论将翻译分为理解与表达两个阶段，理解就是领会原文的意思，表达就是将原文的意思用另一种语言表现出来，这样的阶段划分没有涉及人脑在翻译过程中的复杂作用。奈达从语言学角度将翻译过程分为分析、转换和重构三个阶段。分析就是理解的过程，重构就是表达的过程。由此可见，理解和表达是翻译过程中的主要阶段，也是翻译过程中的主要活动。理解或者分析就是提取原文语言符号所隐含的信息，也就是对原文进行信息解构的过程。通过对原文的信息解构，不但要提取原文语言符号所表达的字面信息，还要领会挖掘文字后面所隐含的言外之意，所以，信息解构要从不同的层面、不同的维度来进行。表达或者重构就是用另一种语言符号还原作者的思维、展现原作思想内容的过程。语言体系的转换只是翻译的外在表现，思维转换才是翻译的实质。由于语言表达的多样性，在表达或者重构阶段，要通过语言符号的重组，实现原文所表达的信息的重构。在信息重构的过程中，通过不同层次的信息重构，保证信息元的准确性、信息量的对等性和信息流的顺畅性，完整准确地传达原文的思想内容。

6.1　信息解构与重组的理论基础

语言是人们表达思想、传递信息的工具。客观世界在人脑中的反映以及人类的思维方式都是立体的，但是用语言对思维过程的表述却是线性的。线性的语言由不同的语言单元按照一定的规则组合而成，语言单元承载着信息。语言对信息的表述存在着多样性，不同的语言可以描述相同的对象；在同一种语言里，也可以采用不同的方式来描述同一个对象。语言的结构性和信息的颗粒性决定了信息解构的可能性；描述的多样性和思维的立体性决定了信息重组的必要性。

6.1.1　思维的立体性

世界的存在，世界中各种物质的存在，无一不是三维的立体存在，如果加上时间维度，就是时空四维的动态存在。在现实世界中，点线面是客观的存在，但是它们不能脱离具体的立体物而存在，它们都是立体物的组成部分或属性，离开了立体物的点线面在现实中是不存在的，而只存在于几何学的理论或概念中。[71]

人类的感觉器官和思维器官具有立体反映思维对象的生理机制。人类的感觉器官，无论是触觉、听觉或视觉，都可以做出立体的反映。人如果缺乏立体视觉，就无法准确判断物体之间的相对距离，也无法判断地面的相对高度。人类感觉器官存在的立体功能使反映到大脑中的客观世界形成相应的立体思维，得出立体的观念。人对于客观世界的认识和改造，都是通过三维的立体模型实现的。[72]

在人的思维过程中，只有立体思维是可以独立存在的，至于点式、线式、面式思维，都只能依附于立体思维而存在。在立体思维过程中，可以把点式思维、线性思维、平面思维进行综合，运用多种观察工具、多种思维形式，把思维对象的各个方面、各种因素综合为一个整体，形成立体的思考；可以在纵横分析基础上，把分析所得的各个层次、各种因素、各种规定、各个方面或各种关系，相互联系、交织成某个认识的整体。

6.1.2　语言的直线性

思想是客观世界的反映，语言是思想的结构性表达。虽然人的思维是立体的，通过立体的思维全面地反映客观的世界，但是，思维的结果通过语言的形式表达出来，表现出结构上的线性。

语言作为一种符号体系，线性结构是它最根本的特点：在口语和听觉上，体现为时间的先后性；在书面上，则体现为空间的先后性。在口语当中，音节按照线性结构相继发出，构成一个在时间上具有先后顺序的语音链。而文字作为声音的摹写，能指在时间上的线性特征被书写符号的空间线性特征所代替，文字的先后顺序真实再现了语音的先后顺序。语言就是以这种线性关系为基础的，语言要素一个挨着一个排列在言语的链条上面，沿着长度的方向进行延伸。多个语言要素结合成为句段，一个要素在句段中只是由于它跟前后两个要素相对才取得它的价值。[73]

不管是宏大的文学篇章，还是严密的科学推理，在利用语言文字描述时，都必须经过由词组句、由句成篇的线性过程。大脑中的立体思维通过线性的语言结构渐进地表现出来。读者阅读文字的过程也是一个线性接收领会的过程，将线性化的文字所描述的信息进行整合，构建完整的思想内容或形象。

6.1.3　信息的颗粒性

在物理学研究中，大的物体可以被分解为不同大小的粒子进行分析和重组。为了充分模拟人类智能和思维进行复杂系统信息处理，人们从物理学中借用了"粒"的概念，创造了"信息粒"概念引入信息科学。"信息粒"是人类认知过程中最基本的知识单元，是一些信息元素的个体通过不分明关系、相似关系、邻近关系或功能关系等关联因素形成的信息或知识块[74]。直观上讲，"粒"的大小就是知识具体和细化的程度，描述了知识的特异性。由此可见，信息与物质一样，具有颗粒的属性，可以进行分解处理。

语言是传递信息的一种工具。语言所传递的信息是可以分割的，通过分割形成细小的信息单元，可以进行深入的分析与研究；分割后的信息单元可以进行重新组合，反应信息所表达的物质对象的全貌。对信息进行分解与重组的过程也就是人们理解信息的内涵的过程。

正因为信息具有颗粒性，人们才可以使用由符号体系所组成的文字对信息进行描述与传递。语言的结构性是信息颗粒性组合的客观反映。

6.1.4　表达的多样性

表达的多样性体现在两个方面：一个是使用语言的多样性，另一个是表达方式的多样性。

基于地球上生物多样性和文化的多样性，不同地区的人们使用不同的语言反映他们对世界的理解，描述他们对客观世界的感受。目前世界上共有大约 6000 种语言，每种语言都包含有丰富的知识财富。翻译就是人们适应这种多样性的语言环境的一种方式，通过翻译的沟通，实现跨文化交流。

表达方式的多样性在任何一种语言环境中都广泛存在。例如两个人进行交谈，当说话人说的话听话人没有听懂时，说话人就会换听话人能听懂的另一种方式来进行表达；在书面写作当中，往往会涉及一些专业性的描述和用语，此时作者就会给出一些简单易懂的表述来进行解释，以便一般的读者都能够看懂。说话人和作者的这种解释说明，是为了能让自己表述的内容能够更好地被听话人和读者理解和接受。如果没有这种解释说明，就会造成听话人和读者对某些内容的一知半解，以致于不能完全地理解和接受说话人和作者所表述的内容。[75]

在表达思想观念的过程中，人们有追求表达多样性的倾向。在文学作品中，作者会追求丰富的词汇和变化的句式，避免行文的沉闷与呆板；在科技文章中，作者会使用规范的术语与简洁的句式，保证表述的准确与客观。正是基于表达方式的多样性，人们需要从多种表达方式中选择适合具体语言环境的最佳表达方式，达到最佳的沟通效果。

6.2　信息解构的方法

翻译过程中译者通过对原文的理解获取作者所要表达的思想与信息。对原文理解的过程也就是对源语言进行信息解构的过程。通过信息结构，提取语言单位的信息内核，并根据源语言单位之间的逻辑关系，充分理解源语言的思想内涵。在翻译过程中，译者的信息来源主要有源语言的词汇所表达的信息、源语言的语法结构所表达的信息以及原文的社会文化背景（对于科技翻译来讲，还包括学科只是背景）所反映出的潜在信息。对源语言的信息解构可以从不同的层面和角度来进行，常用的解构方法可分为物理学解构、逻辑学解构、语言学解构和社会学解构等。

6.2.1　物理学解构

物理学解构是依据文本的外观物理标识将文本（亦即信息）进行解构的过程。一篇完整的文章通常由若干段落组成，一个段落由若干个句子组成，而翻译过程中的核心活动是对句子的翻译。翻译活动的第一步就是要将段落解构为独立的句子，而物理学解构是翻译过程中最基本、最自然的解构过程。

在通常的人工翻译实践中，译者对原文的理解是以句子为单位进行的，然后通过句子的组合，完成整段、整篇文章的翻译。物理学解构是译者基于语言本能的一种无意识的解构过程。因为人们平时说话、写文章都是以句子为单位的，因而译者会自然而然地采用逐句翻译的方式。例如，下面的英文段落包含 4 句话，译者通常会按顺序逐句翻译处理。

①Lockheed and Northrop were both selected to work on demonstrators in the fall of 1975. | ②The program was judiciously named the Experimental Survivable Testbed （XST）. | ③Wedding survivability with aerodynamics was the first test. | ④No one really knew whether it would be a fighter, bomber or reconnaissance vehicle.

随着信息技术的发展，以计算机辅助翻译软件为主的各种辅助翻译工具在翻译行业得到了广泛的应用。计算机辅助翻译软件对原文进行处理的第一步也是对文章进行解构，形成以句子为单位的信息链。计算机辅助翻译软件对原文进行解构的方式就是基于文本外在物理标识的物理学解构。同样是上面的英文段落，经过计算机辅助翻译软件的解构处理，会形成类似如下句子列表，供下一步翻译处理。

表 6-1　计算机辅助翻译软件对原文的断句效果

Lockheed and Northrop were both selected to work on demonstrators in the fall of 1975.
The program was judiciously named the Experimental Survivable Testbed （XST）.
Wedding survivability with aerodynamics was the first test.
No one really knew whether it would be a fighter, bomber or reconnaissance vehicle.

目前市场上也有一些用于构建语料库的辅助工具，这些工具也是基于对原文和译文的物理学解构，形成双语语料库。由此可见，物理学解构是人工翻译过程中最常用的解构方式，也是各种计算机辅助翻译工具最容易实现的解构方式。

6.2.2　逻辑学解构

文章的段落与段落、句子与句子之间存在着内在的逻辑关系。在 20 世纪 70 年代，以词汇和句子结构为中心的语言和翻译研究上升到了以语篇为中心的研究阶段。语篇的界定不是从语法结构而是从语义结构的角度着眼。从语义上讲，语篇所表达的是一个连贯的、整体的意思。无论是说话还是写文章，都需要根据说话或写文章的目的把句子通过一定的手段有机地结合起来，主题连贯性是构成语篇连贯性的最基本、最有效的手段之一。语篇研究的重点就是揭示语篇中句子与句子、主句与从句之间的逻辑关系。另外，并列句和复合句也一直是翻译研究的重点。并列句的句子之间以及复合句的主句与从句之间都存在着密切的逻辑关系。逻辑学解构用于对语篇、复合句和复杂句的解构。

语言中的逻辑关系常常使用逻辑关系词（衔接词）来表示。这些逻辑关系词在文章中起着承上启下、起承转合的作用，有效充分利用逻辑关系词，可使文章语意连贯、完整、顺畅。对于常用的逻辑关系，英语和汉语都有对应关系词来表示（见表 6-2 和表 6-3）。

表 6-2　英语的常用逻辑及其关系词

逻辑关系	英语关系词
并列关系	and, and also, or, neither…nor, either…or, likewise, similarly, equally, in the same way, that is to say, as well as, same…as, …
递进关系	then, also, besides, additionally, furthermore, moreover, in addition, what is more, …

表 6-2 （续）

逻辑关系	英语关系词
因果关系	because, for, since, as, thus, hence, therefore, so, so（such）… that, consequently, accordingly, due to, thanks to, as a result, because of, in that, in response to, with, for this reason, lead to, too… to, …
转折关系	but, however, yet, on the contrary, in fact, by contrast, on the other hand, unfortunately, while, whereas, unlike, rather than, instead of, …
让步关系	although, though, even though, even if, nevertheless, despite, in spite of, …
列举关系	first-second-last of all, first-then, to begin with-to continue/next, on one hand-on the other hand, for one thing-for another thing…
举例关系	such as, for example, for instance, of these/those/them, among these/those/them, to illustrate, as an illustration, to take an example, more specifically speaking, namely, …
总结关系	in all, in brief, in short, in a word, in conclusion, altogether, to sum up, to summarize, to conclude, to generalize, to put in a word, …
条件关系	if, provided/providing that, suppose, supposing, in case（of）, in the event of, assume, presumably, so long as, unless, only if, when, …
时间关系	when, since, as, meanwhile, at the same time, …

表 6-3　汉语的常用逻辑及其关系词

逻辑关系	汉语关系词
并列关系	不仅……而且……、一边……一边……、一方面……一方面……、有时……有时……、既……又……、不是……而是……
递进关系	不但……而且……、不光……也……、不仅……还……
因果关系	因为……所以……、由于……因此……、既然……那么……、既然……就……、之所以……是因为……
转折关系	尽管……可是……、虽然……但是……、……却……、……然而……
假设关系	如果……就……、即使……也……、要是……那么……、倘若……就……、既然……就……
条件关系	只要……就……、只有……才……、无论……都……、不管……也……、即使……也……
承接关系	一……就……、首先……然后……、……才……
选择关系	不是……就是……、是……还是……、或者……或者……、要么……要么……、与其……不如……、宁可……也不……

　　不管是英语还是汉语，关系词都是复合句的重要组成单位。英语作为一种重视语法规则的形合语言，句子之间的逻辑关系能够通过关系词明确地表现出来；汉语尽管也有表示逻辑关系的关系词，但是汉语的表达形式更具灵活性和复杂性。逻辑结构就是要解读出句子与句子之间、从句与主句之间的显现的或者隐含的内在的逻辑关系，理解这种逻辑关系所表达的信息内涵。

6.2.3 语言学解构

句子是组成文章的具有完整意义的语言单位。句子的组成符合语言学规则。在语言学研究中，词分为不同的类、不同的词类在句子中具有不同的功能、句子由多种句子成分构成、不同的句子成分具有对应的逻辑关系。句子传递作者所要表达的思想信息，要理解作者的表达意图，需要对句子进行解构，剖析句子成分之间的逻辑关系，分析句子所表达的思想内涵。

在 20 世纪 80 年代，西方的翻译理论研究者提出了翻译单位的概念。对翻译单位的研究表明，翻译单位是动态的，不同译者在翻译过程中操控的翻译单位有所不同。研究发现：普通学生翻译时使用的翻译单位往往较小，大部分以词为单位；而职业译者的翻译单位均大于词，包括短语、句子和段落。但运用较大的翻译单位并不意味着该译者在翻译中不对较小的语言单位进行处理。而职业译者在以句群为翻译单位时，也注意到单句内部的局部问题；但句群的整体意思是他们解决局部问题的参照系。[76]

由上述分析可见，不管是对句子的理解，还是从翻译理论角度对翻译过程的研究，在翻译过程中都客观存在对句子的解构。虽然到目前为止理论界对于翻译单位的涵义及其本质还没有形成统一的意见，但是，从实际翻译实践来看，翻译单位可以理解为翻译过程中"解构、转换、重组"的语言符号（或者信息）单元。

翻译过程中句子层面的信息解构主要表现为语言学解构。不管是基于句法的句子成分划分，还是基于翻译操作的翻译单位划分，都要遵循于语言学法则。例如，下面的句子可以按照句子结构作如下的划分，每个片段可以看作一个翻译单位：

① All commercially funded ‖ product development projects ‖ of very high complexity ∣ share ∣ a common dilemma.

② The development ‖ of a new commercial transport aircraft ∣ is no exception to this.

∣ 表示一级解构，解构后得到较大的翻译单位，职业译者倾向于这样的划分；‖ 表示二级解构，是对翻译单位的进一步细化，普通学生在翻译操作中倾向于采用这样的划分。

6.2.4 社会学解构

人具有社会性，人对语言的使用必然反映出人所处社会的特定文化。人的思维方式与表达方式与其所处的文化背景及其具有的知识素养有着密切的关系。任何语言的表达都存在"言外之意"的现象。这种"言外之意"在很大程度上取决于作者的文化和知识背景，也就是社会学背景。翻译过程中的社会学解构就是要依据作者的社会环境及其文化和知识背景，挖掘和领会语言符号所表达的显在信息之外的隐含信息。

语词的认知意义是在语言交际中所表达出来的对客观事物的概括或反映，人们在对客观事物作出反映或概括时，始终都受到民族文化的影响，因此，这种反映和概括也自然贯穿于具体表达之中。社会和文化背景对翻译的影响在文化翻译中的表现最为明显，很多著名的文学作品都会有多种不同的翻译版本，反映了具有不同社会背景的译者对于原著所进行的不同的社会学解构，随后获得的翻译效果也会存在差异。下面以《红楼梦》中的两句话的不同的翻译版本为例：

① "世人都晓神仙好。"

译文 1：All men long to be immortals……（杨宪益）

译文 2：All men know that salvation should be won……（David Hawkes 和 John Minford）

译文 1 用"immortals"来表达"神仙"，译文 2 采用转译的方法，表达时选用了 salva-tion（拯救）这个词，这显然是由各民族的文化背景所决定的。"神仙"是中国道教的概念，成"神"成"仙"是道家的最高理想；而"拯救"是基督教的概念，从"罪孽"中得到"拯救"则是基督教徒的最高追求。[77]

②"谋事在人，成事在天。"

译文 1：Man proposes，Heaven disposes.（杨宪益）

译文 2：Men proposes，God disposes.（David Hawkes 和 John Minford）

译文 1 将"天"表达为"Heaven"，因为在封建时代的中国，人们把"天"视为自然界的主宰；译文 2 在表达时则选用了"God"一词，因为基督教徒把"上帝"视为自然界的主宰。显然，译文 1 保持了原文的道教概念，遵循了忠实的原则；译文 2 吸取了西方的基督教概念，考虑了读者的宗教背景和迎合了其接受心理。[77]

社会文化背景的影响不仅表现在文学作品中，在科技文本中，作者的表达也会受到社会文化背景的影响。在科技翻译中，也需要对原文进行社会学解构。不同专业的科技文本都具有独特的学科特点，特别是在词汇方面。广义地讲，学科背景可以纳入对原文进行社会学解构的范畴。充分了解作者的社会背景和学科背景，有利于准确地理解原文的信息内涵。下面仅举两例：

①"丁字尺"，对应的英语为"T Square"。汉语中的"丁"和英语中的"T"都使用本语言中的语言符号表示特定的形象。

②"leg"，是一个普通的英语词汇，但在不同的学科领域具有不同的含义。在飞机结构上，"leg"表示起落架支柱，例如，air-oil leg（油气式减震支柱），shock-absorber leg（减震支柱）等；在飞行航线方面，"leg"表示航线段，例如，cruising leg（巡航段），return leg（返航段）等。

6.3　信息解构的原则

信息解构就是对文本所包含的信息进行颗粒化的过程。在对文本进行信息解构时，首先必须保持各信息单元之间清晰的逻辑关系，其次要保证信息单元的独立性，体现在语言单位上就是要具有相对完整的意义。

6.3.1　单元独立

信息解构的目的是形成相对独立的信息单元。信息单元可以具有不同的粒度，一个信息单元可能只包含一个信息颗粒，也可能包含多个信息颗粒，这取决于翻译过程中信息解构或者说信息粒化的实际需要。信息解构的前提是要保证信息颗粒的独立性，也就是说，要具有完整的意义，使人能够获得一定的信息。在翻译过程中，信息解构的外在表现为对语篇或者句子的解构。为了保证解构后的语言单位具有相对完整的意义，通常的做法是将句子首先解构为以实词为核心的语义单元，例如，表示对象的名词、表示动作的动词词组、表示时间地点方式的状语从句等。例如：

Engineers had been thinking about how to counter airborne tracking radar practically since its invention.

可以解构为：Engineers | had been thinking about | how to counter airborne tracking radar practically | since its invention.

During World War II, British engineers theorized about creating a plasma field around an aircraft to obscure its radar return.

可以解构为：During World War II ‖ British engineers theorized about ‖ creating a plasma field ‖ around an aircraft ‖ to obscure its radar return.

6.3.2　逻辑关联

一篇文章的段与段、句与句、主句与从句之间存在着内在的逻辑关系。文章中常见的逻辑关系主要有 8 种：并列关系、递进关系、因果关系、转折关系、让步关系、列举关系、举例关系、总结关系等。在英语中，各种逻辑关系常用不同的逻辑关系词来表达，例如：

并列关系：It allows engineers to view the products as if they were already produced as hardware, | and also enables for trying out different variations of the design without the accompanying investment in cost and time that traditional prototyping techniques required.

递进关系：Besides the challenges arising from managing thousands of engineers and their technical work in the first place, | there is also the challenge to finish up the managerial preparations while already working on the components' design.

因果关系：Because commercial aircraft represent nations or-like in the case of Airbus-a collaborative effort of nations, | they are often used as symbols to represent these nations in a graphical way.

转折关系：A car may consist of some 7000 parts, | whereas an airplane can consist of up to 6 million parts.

让步关系：Although the aircraft concept and configuration is frozen on the aircraft level, on lower level, for example on the level of major components, | many concepts and configurations still need to be analyzed.

列举关系：First, until about 20 years ago, commercial air transport was dominated by US manufacturers, who sold their aircraft in US$. This generated an 'aviation currency' not only used for original aircraft trading, but also for second-hand transactions, maintenance, repair and overhaul works, payments of airport fees and so on. | Second, throughout the world kerosene has always been traded in US$.

举例关系：It further includes all coordinate systems necessary to position, for example, a section and it represents a single authoritative source of key data for design, production, and inter-team study work.

总结关系：In conclusion, it is worth noting that not only the complex design and development of airframes and on-board systems, about which more will be said in subsequent chapters, represent a challenge for the project's management team.

在对文本进行信息解构时，必须准确理解各信息单元之间的逻辑关系。在理解逻辑关系的基础上，才能对信息单元进行合理的解构，为此后的清晰表达做好准备。

6.4　信息重组的层次

　　信息重组或者说语言单位的重组是翻译过程的第三个阶段。信息重组的效果决定着译文的质量。信息重构是前面的信息解构的逆操作，也是翻译过程中完成思维转换的必然要求。通过信息解构，译者获得了原文句子的信息单元及其之间的逻辑关系，实现了对原文的理解。在理解的基础上，就可以对原文的信息单元进行转换，获得用目的语的语言符号表示的信息单元。此后，即可根据源语言信息单元之间的逻辑关系，用目的语的逻辑形式重组信息单元，得到与原文信息量对等的译文。译者通过思维转换和信息重组，获得对思维内容的一种新的语言表现形式，受众通过对译文的领悟恢复对描述对象的立体思维。

　　信息解构是将原文的段落分解为句子、将句子分解为句子单元、将句子单元分解为信息单元的过程。信息重构的过程正好相反，将信息单元组合成句子单元，将句子单元组合成完整的句子，再将句子组合成逻辑合理的段落。因此，翻译过程中的信息重构可在不同的层次进行，包括词汇层面的微观重构、句子层面的中观重构和篇章层面的宏观重构。

6.4.1　微观层次

　　单词是组成文章的最小语义单元。微观层次的信息重构是指单词、词组、短语一级的信息重构。微观重构是整个翻译过程中信息重构的基础。英、汉语言中词的对应关系既有相同之处，也存在许多不同之处。对于两种语言在词汇方面存在的差异，就需要进行微观重构。微观重组主要包括两种语言的用词不同、语言结构不同和表述方式不同导致的词汇层面的信息重组。

　　（1）用词不同导致的微观重构

　　英汉两种语言在描述相同的对象时，由于观察的出发点不同，描述的切入点不同，会导致两种语言在用词方面的不同。例如：

　　原文：Testing indicated that B-2s are also sensitive to extreme climates, water, and humidity—exposure to water or moisture can damage some of the low-observable enhancing surfaces on the aircraft.

　　译文：测试表明，B-2 飞机对极端气候、水以及潮湿都很敏感——暴露于水或者潮气中会破坏飞机的隐身涂层。

　　分析：B-2 飞机的表面涂有一层特殊的涂层，用于提高飞机的隐身性。原文中"the low-observable enhancing surfaces"描述的切入点是"表面"，前面的定语说明了表面所具有的特性，合起来就是"隐身性增强的表面"，但在汉语中这样的描述显得啰嗦，汉语表述可以直击要害"隐身涂层"。从字面来看，"涂层"与"surfaces"有一定的区别；从理论上来讲，"surfaces"是没有厚度的，"涂层"是有厚度的。但是，通过词汇层面的信息重组，不仅比较忠实地传达了原文的信息，也符合汉语四字词组的美学特征。

　　（2）语言结构不同导致的微观重构

　　英语中，定语包括前置定语和后置定语，而汉语的定语通常前置。对于英语中的后置定语，翻译时需要调整位置；而汉语的中心词带有多项定语时，英译时有些定语改为后置。例如：

　　原文：All commercially funded product development projects of very high complexity share a common dilemma.

译文：所有商业投资的高度复杂的产品研发项目都面临相同的两难境地。

分析：英语中的介词短语作定语时必须后置，原句中的后置定语"of very high complexity"，译为汉语时，置于所修饰的中心词之前。

原文：车间的结构应有足够的承载能力搭建一个吊装系统或者①固定于地面的②可以大修发动机的工作台系统。

译文：The shop structure should have enough loading capacity to accommodate a hoisting system or a platform system ①fixed on the ground ②for engine overhaul.

分析：汉语句子带有两个前置定语，翻译成英语时，采用分词短语作定语。在英语中，分词短语作定语，要置于被修饰词之后。另外，汉语句子中的第二个定语被处理为介词短语，在句子中作状语。

英语中单词作状语修饰形容词或其他状语时，通常放在它所修饰的形容词或状语的前面，这一点与汉语相同；单词作状语修饰动词时，一般放在动词之后，而在汉语里则放在动词之前，在这种情况下，翻译时就要进行微观重组，调整词序。例如：

原文：Complexity increases significantly（后置状语）as a result of this. This is particularly（前置状语）true for some crowded areas, such as the aircraft's nose section.

译文：这样的结果是，系统的复杂性明显（前置状语）增加。在一些拥挤的区域（比如机头段），这是特别（前置状语）正确的。

分析：英语句子中包含有2个状语，"significantly"修饰动词"increases"，可以置于动词之后，"particularly"修饰形容词"true"，需要置于形容词之前。而在汉语中，状语需要置于被修饰词之前。

（3）表述方式不同导致的微观重构

不同的语言必然存在表述方式上的差异，也需要在词汇层面进行微观重构。例如：

原文：The Spirit of Kitty Hawk at rest on the ramp of the 509th Bomb Wing on June 3, 2014, while maintenance crews work on some problems with the port landing gear.

译文：2014年6月3日，"小鹰幽灵"（Spirit of Kitty Hawk）停放在第509轰炸机联队的停机坪上，维护人员正在对左侧起落架进行维修。

分析：英语句子中使用了一个动词短语"work on some problems"，这种表述方式如果直接翻译为汉语的"对一些问题进行工作"，不符合汉语的表达习惯。"对一些问题进行工作"实际就是汉语"维修"的意思，而且这样的表述更加简洁明了。

在文学翻译中，由于文化背景的不同引起的表述方式的不同比较多。两种语言的词汇表面上无直接的对应关系，但却表达了相同的信息内涵。这种词汇层次的异化处理也可以看作微观信息重组的一种形式。例如，汉语中的"三言两语"，可以比较恰当地译为"in a few words"。在译文中找不出"三"和"两"的对应词。"三"和"两"在此并不表示具体的数值，它们只是约数，实际上表达的是"少"的意思，因此英译时要将"a few"突现出来。同样，"三弯九转"可以译为"many twists and turns"，"三"和"九"在此意味"多"的意思，英译时应该将"many"突现出来。

6.4.2 中观层次

汉语采用意合的方法组句，对事物的描述一般是按事物发展的客观顺序进行。虽然汉语的句子有时候没有使用逻辑关系词，但句子各部分之间的逻辑关系清晰明了。汉语句子的词序安排符合客观世界的时间顺序和逻辑顺序，具有一定的"保守性"。

英语采用形合的方法组句，通过词序和逻辑关系词反映句子各部分之间的逻辑关系，因此，英语句子的"动作"具有跳跃性。例如，英语中的定语从句和状语从句的应用可以打破事物发展的时间顺序，逻辑关系词的使用可以先说"果"后说"因"。英语句子的词序安排可以不符合客观世界的时间顺序和逻辑顺序，具有一定的"灵活性"。

英汉对译时，需要调整这种顺序的差异，以适应两种不同的语言体系。中观层次的信息重构是指组句过程中的信息重构。中观层次信息重构的重点是对源语言所表述的信息在排列次序、空间位置和逻辑关系上进行重构。

（1）排列次序重构

排列次序的重构就是句子层面的语序的调整与重构。

汉语不管有无表示时间先后的关系词，对于动作的描述通常按照动作发生的先后来进行；而英语使用了表示时间先后的关系词以后，动作的先后顺序不依赖于句子的词序，而主要依靠关系词来表述。例如：

原文：Removal of non-conformances must happen as soon as possible after the checkpoint milestone has taken place.

译文：检查节点完成以后，必须尽快消除不符合项。

分析：逻辑关系词表明了两个动作之间的先后顺序。英语使用逻辑关系词"after"以后，可以先描述后发生的动作，先发生的动作置于"after"之后。汉语的句子尽管使用了逻辑关系词"……以后"，依然是按动作发生的先后顺序来表述动作。

原文：The fact that interfaces can be validated with the help of the DMU（数字样机）prior to release of drawings considerably reduces the amount of rework when the actual assembly and systems installation, respectively, take place.

译文：在发图之前，利用数字样机确认系统接口，可以大大减少实际部件和系统安装时的返工量。

分析：原文句子使用了两个逻辑关系词"prior to"和"when"，表述了 3 个动作之间的时间关系。"when"尽管表示两个动作几乎同时发生，但在逻辑上依然有先后的次序。英语中先发生的动作置于"when"之后，而汉语正好相反。

汉语讲究前因后果，先说原因，后说结果；而英语"because""because of""due to"等介词（短语）引起的状语从句往往后置。例如：

原文：The commercial aircraft-developing company has to invest heavily in training because many individuals will not have sufficiently matured to do the job efficiently and effectively.

译文：因为许多员工业务不熟练，不能有效和高效地完成工作，所以商用飞机研制公司在培训方面必须进行大量的投资。

分析：原文句子表达了因果逻辑关系，英语使用了逻辑关系词"because"，先说"果"，后说"因"。汉语的习惯是按照因果的逻辑顺序来描述，翻译为汉语时需要在句子层面进行中观层面的信息重组，将原文后置的"因"置于"果"之前，顺应汉语的表达习惯，属于逻辑顺序的调整。

（2）句子重点重构

英汉句子动作顺序和逻辑顺序方面的差异导致了句子重心和重点词汇的不同。英语的句子重心在主句，词汇的重点也在主句，句子所描述的对象往往出现在主句中。如果描述的对象在从句中再次出现，则用代词代之。而在汉语句子中，描述的对象常常出现的句首；如果主句与从句的主语相同，从句的主语可省略。句子重点重构就是句子的核心信息单元在句子中相对位置的调整与改变，在翻译过程中具体表现为句子重心和重点词汇的调整。例如：

原文：The weight of a new commercial aircraft has to be known reliably very early during the design process, that is about seven to eight years before it enters service with an airline.

译文：必须在设计阶段的早期确切知道新型商用飞机的重量，也就是新飞机投入航线使用之前大约7~8个月。

分析：原文中，"before"引导一个时间状语从句，从句的主语用代词"it"，代表的是"a new commercial aircraft"，"before"引导的从句是"that"引导的定语从句的时间状语。翻译为汉语时，将"it"恢复为它所替代的描述对象"a new commercial aircraft"，突出了描述的对象。

原文：Any flying machine has to lift into the air its own weight and that of a useful payload（including crew）before it can even begin to do the job it was designed for.

译文：在执行预期的工作之前，飞行器必须首先携带有效载荷（包括机组人员）升空。

分析：原句中，"before"引导一个时间状语从句，从句的主语用代词"it"，代表的是"any flying machine"，句子描述的对象出现在主句中，是主句的主语。翻译为汉语时，从句与主句的主语相同，将从句的主语"it"省略，英语中的从句变成了汉语的介词短语，置于句子之前作状语。

（3）逻辑关系重构

英汉两种语言对于相同的逻辑关系有时可以采用不同的语言结构来描述，这时在翻译过程中就需要进行逻辑关系的重构。例如：

原文：无论电源信号及接地信号以何种方式进行组合并与速度传感器电连接器任何针脚进行连接时，均不能引起速度传感器的损坏。

译文：Any combination of power signal and ground signal and its connections to any pin of electric connector will not cause the damage of speed sensor.

分析：中文原句使用了转折关系词"无论……均……"，表示任何条件下结果或者结论都不会改变。英语中的形容词"any"用于否定句，可表示"任何……都不……"。英语句子为简单句，没有使用表示转折的关系词，从表面上改变了原句的逻辑关系，但是同样传达了原文所表述的转折关系。

6.4.3 宏观层次

宏观层次的信息重构是指语段或段落之间的信息重构。宏观层次的信息重构可以使译文在整体思想内容上与原文等效。科技英语中有大量的语段是围绕一个语段展开的，句子结构复杂，彼此存在逻辑关系，这一层次的信息重构可以使译文主次分明、概念明确、意义连贯。宏观层次的信息重构主要表现为语篇范围内信息单元位置的调整和隐性信息与显在信息的相互转化。

（1）信息单元移位

英语形合的句子结构在改为汉语意合的子结构时，可以语篇范围内进行信息单元位置的调整，将有些信息单元移位，或者将有些信息单元省略。例如：

原文 1：The Spirit of Kansas，AV - 12（89 - 0127），taxis on the Whiteman ramp the summer of 2005. Its first flight was on December 5，1994，and it was delivered to the 509th Bomb Wing on February 17，1995. It was named on May 13，1995.

译文 1：2005 年夏季，"堪萨斯幽灵"（Spirit of Kansas），AV-12（89-0127）在怀特曼空军基地的停机坪上滑行。该机在 1994 年 12 月 5 日首飞，1995 年 2 月 17 日交付给第 509 轰炸机联队，1995 年 5 月 13 日被命名为"堪萨斯幽灵"（Spirit of Kansas）。

分析：这段文字是对一幅照片的说明。原文包含 3 个句子，第一个句子是对照片的描述，第二个和第三个句子是对照片上的飞机的解释说明。翻译为汉语时，进行了语篇层次上的信息重组，将第二个和第三个句子合并，省略了第三个句子的主语，译文的句子采用并列结构，在语义上更加连贯。

原文 2：Its first flight was on July 6，1995，and it was delivered to the 509th Bomb Wing on November 14，1995，as a Block 10 B-2. It was upgraded to Block 20 status in March of 1997，and delivered back to the 509th BW as a Block 30 B-2A in 1999.

译文 2：该机在 1995 年 7 月 6 日首飞，1995 年 11 月 14 日以 10 批次的技术状态交付给第 509 轰炸机联队，1997 年 3 月升级到 20 批次的技术状态，1999 年以 30 批次的技术状态再次交付给第 509 轰炸机联队。

分析：原文 2 与原文 1 类似，也是对一幅照片的说明。原文 2 包含 2 个句子，都是对照片上的飞机的解释说明。翻译为汉语时，进行了语篇层次上的信息重组，将原文的两个句子重组为汉语的 4 个并列结构，既符合汉语的表达习惯，也使表述更加连贯。

（2）代词指代对象的还原

英语多用代词指代前面已经出现过的描述对象，代词的使用可以使句子显得简洁。在英语篇章中，由于句子的形合原则，这种指代关系非常明显。译为汉语时，由于句子结构的变化或者描述方式的改变，会使原文中的指定关系变得模糊，有时甚至产生歧义。在这种情况下，就需要对代词指代的对象进行还原。例如：

原文：Because safety is so important，safety standards have been established by airworthiness authorities worldwide. The latter monitor the design，development，production，operation，maintenance and repair of any commercial aircraft to these standards.

译文：由于安全性非常重要，世界上各适航管理机构都制订了安全标准。适航机构对民用飞机的设计、研制、生产、使用和维修进行监管，使其符合适航标准。

分析：原文中使用了两个代词。代词"the latter"作主语，指代的是上一句中提到的"airworthiness authorities"；代词"these"作定语，指的是第一句中提到的"safety standards"。翻译为汉语以后，由于第一句的句子结构发生了变化，如果第二句依然使用原文的代词"后者"，会使指代关系出现错位，因此，必须对代词指代的对象进行还原；第二句中的代词"these"虽然可以直接翻译为"这些"，不影响句子的理解，但是，"适航"与"这些"相比，表达的简洁性相同，而直接使用"适航"，表述更加明确，因此选择对代词的指代对象进行还原处理。

（3）隐含信息显化与显性信息的隐化

由于文化背景的不同，在一种文化背景中显而易见的信息，作者往往会不明确地表达出来；而在另一种文化背景中，读者往往无法领会这样的信息，翻译时需要将这种"言外之意"明确地表述出来。英语与汉语的一个明显的差别是，英语多用关系词，而汉语少用关系词，因此，翻译中就需要适当地省略或添加关系词。例如：

原文：This view of the Spirit of Nebraska is one of my favorite close-up shots of the B-2A showing all of the different shades of blue-gray. It almost looks like it is one of the camouflage patterns Keith Ferris is famous for.

译文：这张"内布拉斯加幽灵"（Spirit of Nebraska）的照片是我最喜欢的 B-2A 飞机的特写照片，展现出与众不同的蓝灰色剪影。它看起来很像著名摄影师基思·费里斯（Keith Ferris）被广为人知的一种色彩样式。

分析：基思·费里斯是美国的一名著名摄影师，拍摄了很多关于飞机的漂亮照片。基于美国读者的文化背景，读者应该能够理解原文作者这样进行描述的信息内涵。为了使中文读者能够领会这样的信息，需要点明基思·费里斯的著名摄影师的身份。这就是将原文隐含的信息进行显化处理。

原文：This is a pictorial history of Jack Northrop's dream, the B-2A Spirit, a low-observable, strategic, long-range, heavy bomber with the ability to penetrate sophisticated and dense enemy air-defense shields. It is capable of all-altitude attack missions up to 50000 feet[①], with a range of more than 6,000 nautical miles (nm) unrefueled, and over 10,000 nm with one refueling, giving it the ability to fly to any point in the world within hours. Stealth technology has rendered radar systems ineffective by greatly reducing their detection ranges. After ten years of service, the B-2A finally achieved full operational capability in December 2003. An assessment published by the USAF showed that two B-2As armed with precision weaponry could do the job of seventy-five conventional aircraft.

译文：本书以画册的形式讲述了 B-2A "幽灵"（Spirit）的发展历史——B-2A 飞机实现了诺斯罗普公司创始人杰克·诺斯罗普（Jack Northrop）的梦想，是一种重型远程战略隐身轰炸机，能够突破敌人先进、密集的防空系统，能够在 50000 英尺高度以下执行所有的攻击任务，不进行空中加油的航程超过 6000 海里，进行一次空中加油时的航程超过10000 海里，可在数小时之内到达地球上的任何地点。它所使用的隐身技术通过大大缩短雷达系统的探测距离，可使雷达系统失效。进入服役 10 年以后，B-2A 终于在 2003 年 12 月实现了全部作战能力。美国空军出版的一份评估报告指出，2 架使用精确制导武器的 B-2A 飞机的作战效能相当于 75 架常规飞机。

分析：原文第一句是个"主+系+表"结构的简单句，表语后面带有一个介词短语作定语，介词后面的三个名词（或名词短语）是同位语的关系，都是对"the B-2A Spirit"的说明。第二个句子也是对"the B-2A Spirit"的说明。译文中，按照汉语的表达习惯，对第一句和第二句做了宏观层面的信息重构，同时对隐含信息"诺斯罗普公司创始人"做

---

① 1feet≈0.305m。

了显化处理。原文第二句中的介词"with"和连词"and",在翻译时都做了隐化处理(省略)。原文最后一句中的"could do the job"在翻译时改变了表述方法,属于词汇层次的信息重构。

6.5　信息重组的原则

翻译的最终目标是追求文化背景、语言风格以及内涵信息的完整转化与顺利传递。不管是在微观层次、中观层次还是在宏观层次上,信息重构的原则主要表现为趋同性、变异性和创新性。这实际上就是要求在翻译过程中恰当处理源语言与目的语言之间的异同之处、灵活掌握传统翻译中的异化与归化原则,通过语言单位所代表的信息重组过程,实现信息的完整再现,完成翻译过程。

6.5.1　趋同性

翻译是在原文构筑的思想框架内进行信息重构的,译文的思想内容与原文保持高度的一致,此为内容的趋同性,也是翻译的标准的基本要求。为了保持原文的风格和特点,应力求在选词、造句和谋篇各个层次上反映原文的特征,这是结构的趋同性。英汉虽然属于两种不同的语言体系,但也存在许多相通或相似之处,翻译过程中的趋同性就是尽量保持语言结构的相同之处。

(1) 词汇的趋同性

词汇是组成句子的语言单位。按照词汇在句子中所起的语法功能,词汇可分为不同的类型。汉语和英语都首先将词汇分为实词和虚词两大类。实词是具有较实在的词汇意义、能够单独充当句子成分的词汇;虚词不能单独充当句子成分,只具有语法功能的意义。实词和虚词的进一步划分和具体的组成,汉语和英语之间也是大同小异(见表6-4)。

表6-4　汉语词类与英语词类对比

	汉语的词类	英语的词类
实词	名词(包括处所词、时间词、方位词)	名词
	代词	代词
	动词	动词(动名词、动词不定式在句子中类似于名词,英语的助动词的作用类似于虚词)
	形容词	形容词
	数词	数词
	量词	
虚词	副词	副词
	介词	介词
	连词	连词
		冠词

英语中没有量词的概念,直接用数字表示事物的数量;汉语中没有冠词的概念,泛指时直接用名词表示。汉语的动词没有时态的变化;英语动词不仅有时态变化,还有不定

式、动名词的形式，在句子中相当于名词的作用。其他的词类，名词、动词、形容词、副词、连词等，汉语和英语基本上是对应的。词类的这种对应关系为翻译过程中词汇的趋同性提供了基础。例如：

A modern commercial aircraft consists of many different systems, such as the airframe, flight control unit, hydraulics system, electrics and pneumatics systems, avionics systems, cabin systems, and so on. （现代民用飞机包括许多不同的系统，例如，机体、飞控系统、液压系统、电气系统、冷气系统、航电系统和座舱系统等。）

An aircraft system is also part of an even larger air transport system, which includes airports, air traffic controllers, airworthiness authorities, navigation and communication satellites, maintenance facilities and others. （飞机系统也是更大的空运系统的组成部分，空运系统包括空管系统、适航认证、导航通信卫星和维护设施等。）

在上面两个句子中，英语的词汇与译文的词汇基本上是一一对应的，英语的名词对应汉语的名词，英语的动词对应汉语的动词，英语的形容词对应汉语的形容词。

词汇（词、词组和短语）是翻译中最小的翻译单位，是翻译过程中需要转换的最底层的语言符号（信息符号）。词汇的趋同是实现语言符号转变的最直接、最简便的途径。

（2）语序的趋同性

语言是思维的工具，思维方式的不同决定了不同语言语序的差异。英语的思维习惯是：主体—行为—行为客体—行为标志，这一思维习惯所引起的语言传达模式是：主语+谓语+宾语+状语。汉语的思维习惯是：主体—行为标志—行为—行为客体，这一思维习惯所引起的语言传达模式是：主语+状语+谓语+宾语。[78]

英语和汉语都按照句子的结构模式将句子划分为不同的句型。英语语法将英语的句子分为五种基本句型；传统的汉语语法将句子分为主谓句和非主谓句。由于汉语句子的主语和谓语的结构形式多种多样，使得汉语的句法结构显得比较灵活。汉语的基本句型比英语复杂，汉语句子除了动词性谓语，还有形容词性谓语、名词性谓语以及主谓性谓语。尽管如此，从整体的句子结构来看，英语五种基本句型的主干成分语序与汉语语序基本一致，汉语中存在相应的句型（见表6-5）。

表6-5 英语句型与汉语句型的比较

英语句型	汉语句型
主语+谓语（SV）：The molecules move.	汉语的主谓句，单个动词作谓语：分子运动。
主语+系动词+表语（SVP）： A rocket is a jet propulsion device.	汉语的主谓句，述宾式动词短语作谓语： 火箭是一种喷气推进装置。
主语+谓语+宾语（SVO）： The development of commercial aircraft requires myriads of processes.	汉语的主谓句，述宾式动词短语作谓语： 研制民用飞机需要很多过程。
主语+谓语+间接宾语+直接宾语（SVoO）： The monitor gives the operator a signal.	汉语的主谓句，述宾式动词短语带有宾语： 监控器给操纵员一个信号。（句子中包含两个宾语。）
主语+谓语+宾语+补语（SVOC）： Chemists called the instrument a spectrograph.	汉语的主谓句，兼语式动词短语带有宾语： 化学家称这种仪器为摄谱仪。

语序作为句子中词汇组合的次序，也是一种重要的语法手段。语序不仅包括句子主干

的排列顺序，也包括修饰、限定词与被修饰、被限定词之间的排列顺序。定语是名词或代词的从属成分，用来修饰或者限制名词。根据修饰限制的作用，定语分为限制性定语与描写性定语。限制性定语是从数量、时间、处所、范围、领属等方面对中心语进行限制的。描写性定语是从性质、状态、特征、质料等方面对中心语加以描写的。定语的次序，在汉语和英语中有同有异。

在汉语中，形容词、名词、介词、代词、动词、数词、量词及词组都可以作定语。单个词语、短语或句子作定语时，一般置于中心词前面；多个定语的顺序通常为：时间、地点≥所有格≥指示形容词或数词≥限制性定语≥描写性定语≥表示性质或类属的定语+中心词。例如，研究院里‖一位‖有十多年工作经验的‖优秀的‖设计师。

在英语中，有前置定语和后置定语，形容词、名词、代词、动词的非谓语形式（不定式、动名词和分词）词组和从句等都可以作定语。英语的单个词作定语置于中心名词之前（称为前置定语），这与汉语相同；多个形容词修饰名词的排列顺序通常为：限定词≥一般描述性形容词≥表示大小、形状的形容词≥表示年龄、新旧、冷热的形容词≥表示色彩的形容词≥表示国籍、地区、出处的形容词≥表示物质材料的形容词≥表示用途、类别的形容词或名词+中心名词。例如，a beautiful old brown French handmade kitchen table。英语的副词、短语、从句作定语时通常后置。

由以上分析可知，在英语和汉语，单句的主干成分与语序在很多情况下存在共通之处，句子中的定语也大多前置，这为翻译过程语序的趋同性提供了语法基础。保持语序的趋同性可以简化翻译过程中的转换，是一种最经济、最简便的翻译操作。另外，语序的趋同可以保证原文所表达的信息流的连续性，实现译文语篇的惯性。例如：

原文：①石油大学是②一所直属教育部的、理工结合的全国重点大学，其前身是③1953 年成立的北京石油学院。

译文 1：①The University of Petroleum China, originally known as ③Beijing Petroleum Institute founded in 1953, is ②a key university of science and engineering directly under the State Education Commission.

译文 2：① The University of Petroleum China, ② a key university of science and engineering directly under the State Education Commission, is known originally as ③Beijing Petroleum Institute when it was founded in 1953.

从信息内容来比较，译文 1 的语篇与源语语篇是一致的，但是该语篇是围绕"石油大学的历史变迁"这一中心展开的，语义重心与源语语篇不一致，致使译文 1 的语篇缺乏连贯性。译文 2 从整个语篇的层面来看，译文与原文的语序保持基本一致，语篇语序的趋同性保证了句子所表达的信息的连续性。

英文长句的逻辑关系比较复杂，如果调整语序，会使汉语的句子组织变得更加复杂，而如果在语篇的层面保持语序的趋同性，可以减少句子中信息单元的调整，并通过关系词和其他语言符号（标点符号）的使用，明确信息单元之间的逻辑关系。例如：

原文：As a result, development of modern commercial aircraft must be regarded as a predominantly commercial venture rather than a governmentally funded one, even if both Europe and the US continue to claim each other's violation of the 1992 agreement, which incidentally was unilaterally abrogated by the US in 2004, leading to trade cases being put by both sides before the

World Trade Organisation（WTO）.

译文：因此，现代民用飞机的研制必须被看作是一项主要的商业行为而不是政府投资行为，即使欧洲与美国一直相互指责对方违背了 1992 年的协议——美国在 2004 年随意地单方面撕毁了该协议，导致双方将许多贸易争端诉诸国际贸易组织（WTO）。

原文：These simple embodiments of a leading edge flap may be made more elaborate by having a position which produces a slot, thereby emulating a slat.

译文 1：前缘襟翼的结构简单，可能实现更高的精密度，通过在其中一个位置形成开缝，由此来仿效缝翼。

译文 2：可以使前缘襟翼的简单结构稍微复杂一些，在某个位置形成一个开缝，起到前缘缝翼的作用。

分析：原文句子采用被动语态，表达的信息为："前缘襟翼的结构简单（主语）…被做得更复杂（谓语）…通过在某个位置形成一个开缝（方式状语）…起到前缘缝翼的作用（全句的结果状语）"。译文 1 没有理顺各个信息单元之间的逻辑关系，译文表述不清。译文 2 使用无主句，按照趋同性的原则，将原文的信息次序列出，表达出了动作及其结果之间的逻辑关系。

（3）逻辑关系的趋同性

逻辑是更具体的思维工具。尽管不同的语言会采用不同的语言形式和语言结构，但它们所反映的逻辑关系是相同的。在翻译过程中，需要最大程度追求语言的内在逻辑关系的趋同性。或者说，逻辑关系的趋同性是翻译的最根本的要求。

对于常见的逻辑关系，前面已经给出了英语和汉语的逻辑关系词。从前面的分析可以看出，英汉两种语言对于逻辑关系的表述在形式上有同有异。在翻译过程中，如果两种语言的逻辑表达形式相同，可以在逻辑关系趋同的前提下保证语序的趋同。例如：

原文：①Although the aircraft concept and configuration is frozen on the aircraft level，②on lower level，for example on the level of major components，many concepts and configurations still need to be analysed.

译文：①虽然在飞机层面冻结了飞机方案和构型，②但是，在较低的层面，例如，主要部件层面，仍然需要分析飞机方案和构型。

如果两种语言的逻辑表达形式存在差异，就需要进行语言表述形式的转化，也就是翻译中的语序调整，保证逻辑关系的趋同性。例如：

原文：①The cables should be grouped together to bundles②wherever possible，③ even if the cables belong to different systems.

译文：③即使电缆属于不同的系统，②只要有可能，①就应该将它们捆扎成束。

应该指出，趋同性是翻译过程中最朴素、最直接的倾向。逻辑关系的趋同是最基本的趋同；在保证逻辑关系趋同的基础上，才可追求语序的趋同；在语序趋同的前提下，力求实现词汇的趋同。

6.5.2 变异性

为求译文的通顺，对英汉语言中的不同之处，必须进行"修正"，这是信息重构变异性的表现。趋同性是变异性的基础，变异性的前提是要保持思想内容的守恒与一致。在翻译过程中，需要进行变异处理的原因有两种，一种是语言结构的不同而需要的变异，另一种情况是由于文化背景不同而需要的变异。第二种情况多出现于文学翻译中，也就是翻译过程中处理文化因素的归化策略。翻译过程中具体的变异包括词汇的变异、语序的变异和逻辑关系的变异。

（1）词汇的变异

英语与汉语的一个显著差别是，英语句子中名词与介词占优势；汉语句子中动词占优势。英语句子中的谓语动词受动词形态变化的约束，句子中只能有一个谓语动词，它是英语句子的轴心和核心，而名词和名词之间的联系却要借助介词串通，所以英语句子名词和介词占优势。

汉语动词没有什么形态变化，使用方便，且重于动态描写，所以汉语动词用得多，而且动词连用在汉语中比比皆是。汉语在表达一些复杂的思想时往往借助动词，按时间顺序、逻辑顺序，逐步交代，层层铺开，给人以舒缓明快的感觉。因此，英译汉时，很多英语名词需要按照汉语的表达习惯转换成汉语动词。[79] 例如：

原文：Its capability to penetrate air defenses and threaten effective retaliation provides a strong, effective deterrent and combat force well into the twenty-first century.

译文：B-2A 飞机能够突破防空系统，实施有效的报复，使其在 21 世纪具有强大的威慑能力和作战能力。

分析：这个句子是对美国 B-2A 隐身轰炸机的描述。原文句子的主语是 "Its capability"，助于后面带有不定式短语作定语，对飞机具体的能力进行说明。翻译时，将 "Its capability" 中代词所指代的对象明确表达出来，将名词 "capability" 转化为汉语的动词 "能够"。

英语句子的扩展、准确意义的表达，往往是通过介词实现的。英语中的很多介词有很强的动作感。介词虽然在理论上属于虚词，但在实践中常常可以表示动作行为的进展状态和程度，发挥动词的作用，因此，英语的介词可以转化为动词。[79] 例如：

原文：The US Government accused Europe of unfair subsidies for its commercial aircraft developments.

译文：美国政府指责欧洲，采取不正当的补贴，促进民用飞机的发展。

分析：上面的译文使用了三个动词，第一个动词 "指责" 来自原文的 "accused…of"，第二个动词 "采取" 是为了保证译文的通顺，根据及关系添加的，第三个动词 "促进" 是由介词 "of" 转化而来的。经过这样的处理，译文不仅符合了汉语的表达习惯，也实现了前面所讲的语序的趋同性。

翻译中的其他词汇变异还包括：英语的动词转化为汉语的名词；英语的形容词转化为汉语的名词、动词、副词等；英语的名词转化为汉语的形容词、副词；英语的副词转化为汉语的名词和形容词，等等。[79]

原文 1：This is a pictorial history of the B-2A Spirit.

译文 1：这是一本讲述 B-2A "幽灵" 历史的画册。

分析：原文中的形容词 "pictorial" 转化为译文中的名词 "画册"。

原文 2：It is capable of all-altitude attack missions up to 50,000 feet.

译文 2：它能够在 50000 英尺高度以下执行各种攻击任务。

分析：原文中的形容词 "capable" 转化为译文中的动词 "能够"。

原文 3：Where governments are themselves customers of products, they have introduced

Management disciplines like Project Management and Systems Engineering to ensure a high probability of achieving development objectives in terms of schedule, cost, quality and performance.

译文3：当政府就是产品的用户时，政府需要采用项目管理、系统工程等管理方法，保证最大可能地实现进度、成本、质量和性能等方面的研制目标。

分析：原文3中的名词"probability"转化为汉语的副词"可能"，译文3中的短语"最大可能地"修饰"实现"，作状语。

（2）语序的变异

英语和汉语的思维模式存在差异。英语倾向于直线思维和分析思维，汉语倾向于曲线思维和整体思维。直线思维是先把重点、结论性或判断性部分放在句首，然后再叙述详细情节和背景；曲线思维就是习惯从侧面说明，阐述外围环境，最后点出话语的信息中心。分析思维是从局部出发，由部分到整体，强调形式结构程式；整体思维从整体出发，由整体到部分，强调整体程式。思维方式上的差异在语言方面的表现就是定语、状语的位置和排列顺序、句子的扩展方式以及逻辑关系的表达方式，英汉语序的差异主要表现在定语、状语和补语的位置不同。

现代汉语中，状语结构比较复杂，各种功能类型的词类、短语都可以充当状语，汉语的状语位置比较固定，一般置于句首或谓语动词之前，多项状语的排列顺序一般是：表示目的或原因的短语>表示时间的短语>表示处所的短语>表示语气的短语（或副词）>表示情态的词>表示对象的短语。常见的汉语状语顺序是"主语+时间状语+地点状语+方式状语+谓语+宾语"。例如：

设计人员昨天（时间）在会议室里（地点）深入地（方式）讨论了这个问题。

英语中，副词、介词短语、不定式短语、分词短语、从句等结构都可以做状语，而且英语状语的位置比较灵活。用作状语的副词位于谓语动词之后；短语、从句作状语时通常置于句末，顺序一般为方式状语>地点状语>时间状语，假设条件状语有一部分置于句末（用 if 引导的假设状语置句首居多）；而时间状语、地点状语、原因状语、方式状语表示强调时置于句首。常见的英语状语顺序是"主语+谓语+宾语+方式状语+地点状语+时间状语"。例如：

The reaction was carried out in a vacuum（地点）yesterday（时间）.

汉语表示时间或地点序列时，喜欢由大到小，采用整体在前，部分在后的模式；英语表示时间或地点序列时，习惯由小到大，采用部分在前，整体在后的排列方式。汉语句子是按照从后向前的方向进行的，是逆线性扩展方式；而英语句子恰恰相反，即从前到后的延伸，也就是顺线性扩展方式。汉语表达习惯通常由先到后，由因到果，由假设到推论，由事实到结论，先表事后评议，从句在前主句在后；英语的屈折变化比较丰富，可以参照语法范畴（如各种时态和连接词）排列语序，语序和时序没有严格的对应关系，先发生的事可以后说，后发生的事可以先说，时序的先后多服从语法范畴的制约。在翻译中，为了符合不同语言的表达习惯，需要对这些基于英汉不同的思维习惯所导致的语序差异进行调整。

例1：中国西安阎良人民路8号航空学院（地点由大到小）

译1：Aeronautics College, Renmin Road, No. 8, Yanliang, Xi'an, China（地点由小到大）

例 2：股东大会将于 10 月 28 日上午 9 点举行。（时间由大到小）

译 2：The general meeting of shareholders will be held at 9'oclock on the morning of Oct. 28. （时间由小到大）

例 3：Can you answer me a question which I want to ask and which is puzzling me? （句子顺线性扩展）

译 3：我有一个问题弄不懂，想请教你，可以吗？（句子逆线性扩展）

例 4：Many aircraft system developments have ultimately failed because this important step was not fully explored. （结果在前，原因在后）

译 4：因为这一重要步骤没有充分展开，许多飞机系统研制项目最后都失败了。（原因在前，结果在后）

（3）逻辑关系的变异

逻辑关系反映了句子所包含的信息单元之间的内在联系。对于不同的语言，虽然句子的结构、句子单元之间的相对位置有所不同，但是信息单元之间的内在联系是相同的。在大多数情况下，信息单元之间的逻辑关系在翻译过程中不会改变。但是，由于思维方式和语言结构的差异，在一些情况下，翻译中需要进行逻辑关系的变异，才能符合目的语的表达习惯。

在英语中，"when" 是表示时间的关系词，在句子中引出时间状语从句。当主句与从句的动作同时发生时，翻译中可以将主句与从句的位置进行交换。如果依然按照原文的逻辑关系进行翻译，会不符合汉语的表述习惯。例如：

原文：The Spirit of Washington was preparing to fly a mission at Andersen AFB, Guam, when one of its four engines caught fire.

译文 1：当一台发动机着火时，"华盛顿幽灵" 正在安德森空军基地准备执行飞行任务。

译文 2："华盛顿幽灵" 在安德森空军基地准备执行飞行任务时，一台发动机着火了。

分析：原文句子的重点在主句，"when" 引起的时间状语从句指出了当时发生的一件意外事件。原文符合英语从局部到整体的逻辑关系，译文 1 严格按照原文的逻辑关系进行翻译后，明显不符合汉语从整体到局部的逻辑次序。译文 2 对原文的逻辑关系进行了调整，更符合汉语的表达习惯。

在英语中，为了表示动作发生的先后顺序，需要用关系词 "after" 引出时间状语从句，但在汉语中，"以后" 可以不出现。例如：

原文：After nearly four years and around $60 million（USD），the aircraft was restored to full mission-ready status.

译文：经过近 4 年的维修，花费了大约 6000 万美元，飞机才恢复到全任务状态。

分析：原文的时间状语译成了汉语的介词短语，按照动作发生的先后次序进行描述，原文在时间上的逻辑关系已经隐含在汉语句子之中。

英语中的 "if" 是表示条件的关系词，引出条件状语从句，"when" 是表示时间的关系词，引出时间状语从句。有些情况下，"if" 引出的条件状语从句可以翻译为汉语的 "当……时"，表示两种动作的先后顺序；而 "when" 引出的时间状语从句可以译为 "如果"，表示两种动作的因果关系。这种情况都改变了原文的逻辑关系。例如：

原文：A passenger can only be flown at highest possible standards of safety from A to Bif all systems on all levels work perfectly together.

译文：当各个级别的所有系统一起完美工作时，乘客才能最安全性地从甲地飞到乙地。

原文：People admire the elegant flying of aircraft in the sky but they also do become annoyed when they are too noisy.

译文：人们都向往在蓝天上优雅地飞行，但是如果噪声过大，人们也会感到烦恼。

英语的句子以动词为中心，只能通过对动词的否定实现对否定意义的表达，否定词"not"加在助动词的后面。汉语的句子结构比较灵活，否定形式也相对灵活，否定词"不""非"可以加在主语、谓语的前面。对于这种语言结构方面的差异，翻译中需要做适当的调整。例如：

原文：I don't think that is right.

译文：我认为那是不正确的。

原文：All work is not interesting.

译文：并非所有的工作都是有趣的。

翻译过程中对否定词的位置进行了变异。英语是对动词的否定，汉语中变为对其他词的否定，经过重构后的表达更加符合汉语的表达习惯。不过，在日益强调异化翻译的今天，"我不认为那是正确的"似乎正在得到越来越多的人的接受。

在文学翻译中，"归化"策略可以看作是变异性的一种复杂形式，它既包括词汇的变异、语序的变异，更包括逻辑关系的变异。这种情况多见于文学中成语、习语、俗语等的翻译。这种变异虽然改变了词汇、句子和逻辑关系，却能实现原文所含信息的最大程度的等价传输。例如：

原文：One boy is one boy, two boys half boy, three boys no boy.

译文：一个和尚挑水吃，两个和尚抬水吃，三个和尚没水吃。

如果只从语言本身来译，尽管句子正确无误，但读者可能印象不深，甚至会不知所云。汉语中有现成的俗语，与上句表达的思想完全一致。这样的翻译，通俗易懂。这是对文化背景的"适从"，也就是归化。从字面意思来看，两个句子的信息元是不同的，但它们的思想内涵是完全一致的，充分反映了不同民族文化的特点。

6.5.3 创新性

语言是文化的反映，而文化是有区域性的，也是不断生长的。新事物、新思想在一个社会范围内发生，然后向其同区域传播，这就要求翻译具有创新性。语言结构是相对固定的、逻辑关系的表达也是稳定的，翻译过程中的创新主要是词汇层面的创新。

20 世纪末，随着计算机技术的迅猛发展，出现了许多与计算机相关的技术新词，例如，当时媒体曾对 Virtual reality 和 Cyberspace 等词的翻译进行了广泛的讨论。现在，人们已经接受并熟悉了"虚拟现实"（Virtual reality）和"赛博空间"（Cyberspace）这样的概念。

有时候，常规的词汇组合也会变幻出翻译难题，比如"enabling technology"的翻译，目前通常直译为"使能技术"。虽然这种表述方法不符合汉语的组词规则，但这可以看作技术交流、文化融合的一种表现，也是翻译过程中创新性的体现。技术是持续发展的，新技术、新概念会不断的出现，译者在艰苦的翻译实践中会随时遇到意想不到的困难，需要有持续的创新精神，才能完成肩负的文化传播、信息传递的任务。

6.6　信息重组的方法

前面两节分别讲述了翻译过程中信息重组的层次和原则。翻译过程中的信息重组可以发生在词汇、句子和语篇三个不同的层次，每个层次的信息重组应该遵从的原则是一致的，表现为信息重组的趋同性、变异性和创新性。本节简要论述信息重组的主要方法。信息重组的方法是指翻译过程中为了实现信息重组的趋同性、变异性和创新性而对信息单元进行的具体的位置调整。从前面的论述可以看出，信息重组的方法可以分为三大类，即信息单元前后位置的调整、主次位置的变换和虚实位置的转化。

6.6.1　前后位置的调整

任何语言的句子都是由一系列的句子单元（信息单元）按照一定的规则排列起来的有序语言符号组成的。信息单元按照一定的先后次序出现在句子中，信息单元的先后位置反映了相互之间的语义联系甚至逻辑关系。信息单元前后位置的调整也就是信息时序的调整。不同语言的句子中，代表相同对象的信息单元的排列顺序也会有所不同。在翻译过程中，如果在语序趋同性的原则下无法保证翻译效果，就需要采用变异性的原则，对于语序进行调整，也就是对信息单元的前后位置进行调整。

（1）限定词与中心词前后位置的调整

英语的句子中存在后置定语或后置状语，在翻译时往往需要进行信息单元前后位置的调整。例如：

原文：The most important aspect ①of any commercial aircraft development project is to ensure operational safety ②for the future aircraft.

译文：①任何商用飞机研制项目的最重要的方面是要保证②未来飞机的使用安全性。

分析：原文有两个介词短语作后置定语，汉语的定语需要前置。翻译时，对信息单元的前后位置做了调整。

原文：For a commercial development of any product, this 10～15 per cent would come directly off the annual profit of the company.

译文：对于任何产品的商业开发，这个10%～15%的管理费直接出自公司的年度利润。

分析：原文中的副词"directly"作状语，置于所修饰的动词之后，而汉语的状语习惯前置。翻译时，对信息单元的前后位置做了调整。

（2）逻辑关系表述习惯的不同导致的前后位置调整

英汉两种语言在表述相同的逻辑关系时使用的句子形式存在差异，特别是因果、条件、转折等逻辑关系。英语中表示原因、条件的句子成分可以置于句末，而汉语则习惯于前因后果。这类句子在翻译时需要进行句子层面的前后位置调整。例如：

原文：Its reputation as a developer and producer of sound and safe aircraft will be at stake if an aircraft's accident is proven to be due to design errors or production flaws.

译文：如果飞机事故被证明是由于设计错误或者制造缺陷引起的，那么，作为健全的和安全的飞机研制者和生产者的声誉将受到影响。

分析：英文句子表示了一种假设条件，结果在前，条件在后。汉语的表述习惯是条件在前，结果在后。翻译时进行了句子层面的语序调整。

原文：Many aircraft system developments have ultimately failed because this important step was not fully explored.

译文：由于没有充分开展这一步骤，许多飞机研制项目最终失败了。

分析：英文句子表示了一种因果的逻辑关系，结果在前，原因在后。汉语的表述习惯是原因在前，结果在后。翻译时进行了句子层面的语序调整。另外，在从句的翻译时，由于进行了被动—主动转换，次序也进行了调整；在主句中，遵守了语序趋同的原则，没有改变语序。

6.6.2 主次位置的变换

英语和汉语都有代词。与汉语相比，英语中代词的使用频率更高一些。代词用于替代所描述的对象，在句子中做主语或谓语；另外，英语中的代词"it"可以代替真正的主语，置于句首做形式上的主语。从描述的效果来看，使用全称的描述对象处于凸显的主要位置；使用代词指代的描述对象处于弱化的次要位置；从信息传递的角度来看，使用全称时信息是直接传达的，使用代词时信息是间接传达的。由于英语与汉语表述习惯的不同，翻译中有时需要对代词与其指代的对象进行替换或者变换，我们将这种替换或者变换称为信息单元的主次位置的调整。这种调整可以理解为描述逻辑的调整，也就是描述的切入点的变换。

（1）描述对象与代词的相互转换

不管是英语还是汉语，都倾向于在描述对象第一次出现时使用全称，在后文中再次出现时使用代词。翻译时，由于语序的调整或者为了表述清晰，需要对代词与其指代的对象进行转换。例如：

原文：In the 1950s, there were a number of fatal accidents involving the world's first jet passenger aircraft, the Comet, which were due to error-prone design. They not only damaged the reputation of the De Havilland company but eventually resulted in the total termination of complete aircraft production by this company.

译文：20世纪50年代，世界上第一架喷气式客机"彗星号"发生了多次由于设计错误引起的人身伤亡事故。这些事故不仅损害了德·哈维兰德公司的声誉，还最终导致该公司的所有飞机完全停产。

分析：原文的第一个句子中提到了"a number of fatal accidents"，第二句是对这些事故的后果的说明，原文用代词"they"代替前文提到的"a number of fatal accidents"，使原文的表述显得简练。翻译时，将"它们"所代表的"这些事故"明确表述出来，将描述对象从次要位置提升到主要位置，使得表述直接明了。

原文：Customers can 'see' the product before they buy it.

译文：客户在购买产品之前就能"看到"它。

分析：原文的主句带有一个时间状语从句，从句中使用了两个代词，"they"和"it"分别指代主句中已经出现过的"customers"和"the product"。汉语的状语需要置于动词之前，原文的状语置前以后，就会出现"他们购买它之前"，这样进行描述时，读者无法知道代词的指代对象，因此，需要进行代词与指代对象的相互转换。

原文：Developing such projects commercially means that <u>they</u> are financed commercially.

译文：开发这样的商业项目意味着这些项目采用的是商业投资。

分析：原文中有一个宾语从句，从句的主语是代词"they"，指代的是主句中出现过的"such projects"。"such projects"是这句话描述的对象，这个描述对象完整地出现在主句中，当它再次在从句中出现时，采用代词"they"来描述。翻译为汉语时，将"这些项目"再次凸现出来，可使得表述更加明确。

（2）形式主语的转换

英语中可用"it"作形式主语，将真正的主语置于句子后部，保持句子的平衡；而汉语没有形式主语这样的句子结构。英语中，从句、不定式短语、动名词作主语的时候，需要使用形式主语"it"来组句。英语的形式主语在翻译时需要转换，要恢复真正的主语的本来位置。例如：

原文：It is absolutely essential <u>that project leaders and team members also keep very close personal ties with their supplier counterparts to ensure delivery of the items at their scheduled dates.</u>

译文：项目领导人员和团队成员也与供应商的相关人员保持的私人关系，保证零部件按期交付，是非常重要的。

分析：原句中，"that"引导的从句是句子的逻辑主语，翻译为汉语后，恢复了逻辑主语的位置和地位。

原文：It has been rumored <u>that the B-2A uses its massive landing gear doors as vertical tails during low speed flying such as on takeoff.</u>

译文：传说 B-2A 巨大的起落架舱门在低速飞行（如起飞）时能够起到垂尾的作用。

分析：原句中，形式主语"it"对应的是"that"引导的从句。原句采用被动句式，因此，"that"引导的从句实际上是原句的逻辑宾语，翻译为汉语后恢复了宾语的位置。

原文：It is the responsibility of the Program Management <u>to assure that these factors are minimized.</u>

译文：保证这些因素的最小化是项目管理部门的责任。

原文：It is worth <u>having a closer look at two technical design processes.</u>

译文：对两个技术设计过程进行仔细检查是值得的。

6.6.3　虚实信息的转化

语言与文化密切相关，任何语言都具有深刻的内涵和广泛的外延。语言的具体含义深受文化背景的影响，翻译的时候要准确领略弦外之音、话外之意。语言的词汇意义和语法结构意义仅仅表达了语言的表面意义，而社会文化意义往往是语言隐含的潜在意义。

科技文本的特点虽然是客观准确，但是也不可避免会受到不同文化背景的影响。对于科技文本来说，不同学科领域的文本也会在技术背景、用词习惯等方面表现出不同的特点。我们可以将语言符号所反映的显在信息称为实位信息，将语言符号所隐含的潜在信息称为虚位信息。翻译的时候，要依据不同的文化背景、技术背景和语言习惯，将实位信息与虚位信息作必要的转化。

虚实信息的转化一般属于宏观层面的信息重构，需要在考虑文化背景或技术背景的条件下，放在篇章层面来统筹考虑。虚实转化可以分为两种情况，即虚位信息的显化和实位信息的虚化。

（1）虚位信息的显化

由于文化、技术背景的不同，在翻译过程中仅仅通过语言符号的重组无法完全传达原文所包含的所有信息，包括显在信息和潜在信息。虚位信息的显化主要是为了弥补读者对原文的文化背景或技术背景了解的不足。在传统的翻译教材中，有增词和减词的翻译策略，增词翻译有时候就属于虚位信息的显化。另外，两种语言的词汇含义大多数情况下并不是完全对等的，字面直译有时候能完全传达原文的信息内容，这时候就需要采取解释性翻译。解释性翻译也是为了避免字面翻译导致的信息耗散，也可以看作是虚位信息的显化。

原文：This is a pictorial history of Jack Northrop's dream, the B-2A Spirit, a low-observable, strategic, long-range, heavy bomber with the ability to penetrate sophisticated and dense enemy air-defense shields.

译文：本书以画册的形式讲述了 B-2A "幽灵"（Spirit）的发展历史——B-2A 飞机实现了诺斯罗普公司创始人杰克·诺斯罗普（Jack Northrop）的梦想，是一种重型远程战略隐身轰炸机，能够突破敌人先进、密集的防空系统。

分析：原文中提到了 "Jack Northrop"，并没有对他的身份进行说明。航空行业的人士都知道他是 "诺斯罗普公司创始人"，但是一般读者可能不了解这些的背景信息。翻译时，对 "Jack Northrop" 的隐含信息 "诺斯罗普公司创始人" 做了显化处理，做到了信息的充分表达。

原文：In their sealed enclosure, these LO technicians apply new coatings to the bottom of the Spirit of Alaska in the LO maintenance hangar at Whiteman on June 3, 2014.

译文：2014 年 6 月 3 日，在怀特曼空军基地的隐身维修机库中，身着密封工作服的隐身技术人员正在给 "阿拉斯加幽灵"（the Spirit of Alaska）涂新的隐身涂层。

分析：原文中的 "new coatings" 使用定语说明这种涂层的作用，但是，了解 B-2A 飞机的读者都知道这种飞机使用的涂层就是隐身涂层。翻译时对原文隐含的信息做了显化处理，翻译为 "新的隐身涂层"，使得信息的表述更加充分。

原文：A1C Joshua Anderson waits to signal the pilot of the Spirit of Alaska to taxi the aircraft on the ramp on October 23, 2003.

译文：2003 年 10 月 23 日，空军一等兵乔舒亚·安德森（Joshua Anderson）等待向 "阿拉斯加幽灵"（Spirit of Alaska）的飞行员发出信号，引导飞机滑上停机坪。

分析：原文字面上并没有对应于 "引导" 的信息，但是 "发信号" 的目的就是引导飞机滑行，"引导" 属于原文的潜在信息。翻译时增加了 "引导"，将潜在的虚位信息进行显化处理。

原文：This mountain peak near Gersfeld in the Rhon Mountains, about 100 km north-east of Frankfurt, was, in the 1920s and 1930s, a German soaring 'Mecca', where the National gliding contest was held annually.

译文：这座山峰位于伦山的格尔斯费尔德附近，法兰克福市东北方向约 100 千米处，在 20 世纪 20 年代和 30 年代，这里曾是德国滑翔运动的 "圣地"，德国的全国滑翔竞赛每年都会在那里举行。

　　分析：原文句子使用了"Macca"一词，"Macca"是伊斯兰教的圣地，原文采用比喻的修辞手法说明了这个地方在德国滑翔运动者心中所占据的重要位置。译文中没有使用"麦加"，而是直接点明了该地的"圣地"地位，属于隐含的虚位信息的显化处理。原文中的"National gliding contest"隐含的信息是"德国的全国滑翔竞赛"，在翻译时需要将隐含的信息进行显化处理。

　　原文：Although the additional costs of program start-up，learning，supplier qualification，and others need to be factored in to a restart decision，managers of the C-5 and B-1 indicated that an enhanced curtailment program can go far in reducing the lime and cost of start-up.

　　译文：虽然重启项目需要考虑启动项目、进行听证、供应商取证以及其他因素等方面的额外费用，但是，C-5 和 B-1 项目的管理人员认为，一个增加保留的削减项目对于降低项目启动的时间和费用很有帮助。

　　分析：原文中的"an enhanced curtailment program"，如果仅仅直译为"一个增强的削减项目"，仅从中文字面来看，不好理解。"an enhanced curtailment program"表示的是"在项目削减时增强项目的存留状态"，因此，采取解释性翻译，译为"一个增加保留的削减项目"。

　　(2) 实位信息的虚化

　　英语的句子严格遵守语法规则，句子的主语不能省略，表示逻辑关系的关系词也不能省略。英语不但句子之间多用关系词来表明逻辑关系，甚至在句与句之间、段落之间也使用关系词。而汉语的组句规则灵活多变，句子没有主语也符合汉语的语法规则，所以，汉语中广泛使用无主句。另外，汉语句子的逻辑关系往往可以通过词序体现出来，而不必使用逻辑关系词，最明显的就是汉语可以使用并列的动词来表明按次序发生的动作。

　　原文：If you look closely，the Block 20 clips are visible.

　　译文：（如果）（你）顺着前缘仔细观察，20 批飞机前缘接缝处的封条清晰可见。

　　分析：原文中"If"引导的从句有自己的主语"you"，虽然句中的"you"具有泛指的意义，但是它是原句中客观存在的显在信息。汉译时，可以不省略从句的主语"你"；省略了原句中的"you"，也符合汉语的表达习惯，而且更传达出了原文所隐含的泛指的意义：不管是你我他，只要仔细观察，都能看到原文所述的结果。更进一步，原文的关系词"If"也可以省略，中文两个动作的先后顺序自然地表达出了原文所蕴含的前因后果的逻辑关系。

　　原文：He is responsible for keeping the bomber mission ready by ensuring that all required maintenance is completed for a Red Flag exercise.

　　译文：他负责（通过）完成"红旗"军演中所有必要的维护任务，保证飞机处于任务完好状态。

　　分析：原文中的介词"by"所引导的介词短语作状语，表示实现前面的动作所采取的方式。而译为汉语时，省略了介词"by"的显在意义，将两个动词短语处理为并列的关系，原句中的逻辑关系隐含在了词序之中。

　　原文：①Commercial aircraft represent huge technological achievements and therefore are quite often regarded as symbols of national pride. ②They contain a message about the technological level of a country or region and the level of the qualification of its people. ③They even carry by themselves this message around the globe.

译文：①商用飞机代表着巨大的技术成就，也被看作民族自豪感的象征。②它反映了一个国家的技术水平和人民的素质，③甚至可以在全世界展示这样的信息。

分析：原文包括 3 个句子。第二句和第三句的主语都是指示代词"they"，指代的就是第一句中出现过的"commercial aircraft"。翻译时，将第二句与第三句做了合并处理，对第三句中作主语的指示代词"they"做了虚化处理，使得汉语的表达更加简洁。

原文：①Traditionally new planes had been designed in two dimensions：drawings on paper had been used as a basis for the manufacturing process. ②But to design a plane entirely this way，with over 100000 different three-dimensional parts，and then to trust that the two-dimensional drawings had accounted for all the complexities of the three-dimensional airplane would have led to endless unpleasant discoveries at the assembly stage，as a piece designed by one designer arrived at the factory and turned out to be impossible to install because another designer had failed to leave the right amount of space. ③Furthermore，when it came down to the detail of the plane—the wiring and tubing that ran from one end to the other and required holes to be drilled or cut to allow free passage—the task of accounting for all that in two-dimensional drawings would have been impossible. ④So the drawings were backed up by what were called mock-ups—successively refined full-scale models of the plane.... ⑤But not good enough. ⑥With the inevitable imperfections and the overwhelming complexity of such a hand-crafted object，there were still unpleasant surprises on the shop floor as the first planes were assembled.

译文：①传统上新飞机是采用二维图样进行设计的：图样是制造过程的依据。②一架飞机具有 100000 多种不同的三维零件，完全采用二维图样设计并相信这些二维图样能够标明三维飞机的所有复杂性，会在装配阶段出现很多令人烦恼的问题：一个设计人员设计的零件到达工厂后会发现无法安装，因为另一个设计人员没有预留足够的空间。③对于细节设计——从一处到另一处的电缆和导管通过飞机结构时需要钻孔或开口——在二维图样上标注清楚所有的信息是不可能的。④因此，图样需要样机的支持——样机是持续细化的全尺寸模型。⑤但是，样机的作用有限。⑥手工打造的样机很复杂、不可避免地会存在缺陷，飞机在车间首次组装时依然会出现令人烦恼的意外。

分析：原文语篇包括 6 个句子，有 4 个句子都是以连接词开始的，表明了本句与上句之间的逻辑关系。翻译为汉语时，省略了 2 个连词，保留了 2 个连词。对原文显在信息的虚化处理并不影响汉语的表达，也不影响原文信息的完整性传达。

6.7 信息重组的目标

本章前面讲述的信息重组的层次、信息重组的原则和信息重组的方法从不同的维度分析了翻译过程中的信息重组。任何过程都有其预期的目标。翻译过程中的信息重组要达到什么样的目标，这是关系到翻译标准的问题。"信、达、雅"是前人对翻译标准的高度概括，在不同的时期人们对这一标准的理解都是各不相同的。如今的翻译不可能追求像严复的《天演论》那样的"雅"，人们通常将翻译标准简单地概括为"忠实"与"通顺"。"忠实"不仅仅是忠实于原文的内容，要保持原文的风格；"通顺"则要求译文语言必须通顺易懂，符合规范。

由于思维习惯和语言结构的不同，不同语言对信息的表述方式存在差异。翻译过程就是要消除这些差异，实现信息的顺畅交流。翻译过程中信息重组的目标就是追求信息单元的准确性、信息总量的对等性以及信息流的顺畅性，满足基本的翻译标准。

6.7.1 信息元的准确性

语言是人们分析信息、交流信息的工具。在交流信息的过程中，信息单元需要使用相应的语言单元来表述。在句子中，表述信息单元的语言单位就是词或者词组。信息单元的准确性，首先在选词时追求用词的准确性和规范性，避免出现歧义，其次要尽量采取直截了当的描述，缩短读者提取信息的思维路径。

（1）使用规范术语

科技文章的最大特点是大量使用专业术语。对于专业术语的翻译更要追求用词的规范性。术语是在特定学科领域用来表示概念称谓的词汇，也就是我们通常所说的科技名词，或科技术语。术语的最大特点是它具有学科领域属性。同一个名词（语言符号），在不同的专业领域会有不同的技术含义。例如，configuration 既可指飞机的布局、构型，也可指飞机的配置状态，即技术状态。在不同的场合，需要用规范的术语（也是语言单元）来准确表达原文的原始信息。

原文：Along with the development of science and technology, the modern airplane systems are becoming more and more complex. For ensuring the product quality, it's necessary to carrying out configuration management in the development process.

译文：随着科学技术的发展，现代飞机系统变得越来越复杂。为保证飞机产品的质量，必须在研制过程中进行技术状态管理。

原文：The XB-70's delta wing with front canard configuration was the main inspiration for this design.

译文：XB-70 飞机的三角翼带鸭翼的构型是这种设计最主要的创新。

（2）名词替换代词

名词和代词都可用来表示所描述的对象。与代词相比，名词传达信息更加直截了当、更加明确。英语中，指示代词用于指代前文出现过描述对象；关系代词用于引起一个定语从句，它一方面代表那个名词，另一方面又在定语从句中充当相应的句子成分。有些情况下，将指示代词和关系代词恢复为它所代替的名词，可使信息的传达更加确切。例如：

原文：①The development of a new commercial transport aircraft is no exception to this. ②It certainly is a very challenging and complex undertaking. ③In fact, in many ways it features additional complexities not found in other projects, even in most other complex projects.

译文：①新型商用运输机的研制也不例外。②研制新型飞机是一项非常具有挑战性、非常复杂的活动。③实际上，从许多方面来看，新飞机的研制比其他项目更复杂，甚至比其他复杂的项目更为复杂。

分析：原文包括 3 个句子。第二句和第三句都用代词作主语，用指示代词"it"指代"the development of a new commercial transport aircraft"。翻译为汉语时，将指示代词"it"所指代的对象直接表述出来，使得信息的传达更为直接。

原文：①According to the RFP, the aircraft must be capable of delivering precision-guided weapons from long range without an extended preparation time. ②It must be able to accomplish its mission without the support of other aircraft (fighter, reconnaissance, refueling, etc). ③There is also the need for the plane to supercruise (cruise at supersonic speed without afterburners). ④ This requirement is important because the aircraft would be able to cut travel times in half, making it much quicker in responding to crises around the world.

译文：①根据《建议请求书》的要求，这种飞机必须能够远距离投放精确制导武器而无需延长准备时间，②能够在没有其他飞机（战斗机、侦察机、加油机等）支援的情况下完成任务。③另外还要求飞机能够进行超声速巡航（在不开加力燃烧的情况下进行超声速巡航）。④超声速巡航要求非常重要，能够使飞机的航程时间减半，在世界范围内进行更快速的响应。

分析：原文包括 4 个句子。第一句的主语是 "the aircraft"，第二句的主语是指示代词 "it"，指代的是第一句中提到的 "the aircraft"。翻译时，将第一句与第二句合并，实际上相当于将第二句中的主语恢复为 "the aircraft"。原文第四句中的 "this requirement" 指代的是上句中提到的 "supercruise"，翻译时直接使用了 "超声速巡航要求"。

原文：Examples for this are the Boeing 707, which was primarily developed as a tanker aircraft for the US Air Force, as well as the Boeing 747, which was largely based on Boeing's proposition for a super military transport aircraft.

译文：这方面的例子有波音 707 和波音 747：波音 707 起初是为美国空军研制的一种加油机；波音 747 基本上是基于波音公司提出的一种超级军用运输机。

分析：原文句子中有两个关系代词 "which" 引导的定语从句，分别对 "Boeing 707" 和 "Boeing 747" 进行说明。翻译时，将两个关系代词 "which" 分别替换为它所替代的对象。

6.7.2　信息量的对等性

翻译作为一种信息传递的过程，在翻译过程中存在信息损耗是不可避免的。信息重组的一个目的就是尽量减少翻译过程中的信息损耗，最大限度地保持信息的对等性，实现信息的等量传递。传统翻译标准中的 "忠实" 有信息量对等的意味；奈达的 "动态对等" 也具有信息量对等的要求。翻译中信息量的对等不仅仅是 "忠实" 于原文的静态对等，而应该符合奈达提出的 "动态对等"。

任何语言都具有特定的文化背景，语言所传递的信息不仅包括语言符号的表面意义，也包括语言的社会文化背景所赋予的隐含意义。在特定的文化背景或者语境条件下，语言会表现出特定的言外之意，也会出现不言自明的情况。因此，一段文字所蕴含的信息量不仅包括文字的表面信息，也包括文字的隐含信息，信息总量就是这两种信息的总和。

（1）显性信息的直接对等

在一般情况下，通过语言符号的转换，两种语言所表达的显性信息基本上是对等的。与文学作品相比，科技文章更追求表述的客观性和逻辑性，语言所表述的信息基本上表现为显性信息。在这样的情况下，按照趋同性和变异性原则进行的翻译过程，基本上能够保证信息对等性。例如：

原文：Commercial aircraft development is about developing new aircraft designed for the purpose of people1 or cargo transport operating in a primarily commercial environment whereby the development is commercially managed as well.

译文：商用飞机研制是指研制一种新飞机，用于在商业环境中运输人员和物资，其研制过程也采用商业的方式进行管理。

分析：这句话的翻译在词序上用了趋同性原则，在词汇层面做了一些变异，进行了词性的转换。原文在显性信息之外并无特殊的隐含信息，在翻译中实现了显性信息的直接对等。

（2）信息转换实现对等

在翻译过程中，随着语言符号的转换，在一种社会文化背景（或技术领域）下"不言自明"的情况，在另一种社会文化背景（或技术领域）下就会变得"不言不明"。在这种情况下，只有通过对原文隐含信息的显化处理，才能保证翻译过程中信息量的等对。相反，在保证信息量对等的条件下，对原文的一些显在信息进行虚化处理，可以保证行文的简洁性。例如：

原文：The Spirit of Indiana，AV-4（82-1069），on landing approach at Barksdale AFB，LA. AV-4 had the nickname of " Christine " during early flight-test days because some crewmembers thought it was possessed. AV-4's first flight was on April 17，1992，and it was named and delivered to the Air Force on May 22，1992.

译文：AV-4（82-1069）"印第安纳幽灵"（Spirit of Indiana）在位于路易斯安那州的巴克斯代勒空军基地进场着陆。在早期的试飞期间，一些机组人员将 AV-4 称为"克里斯蒂娜"（Christine）。AV-4 于 1992 年 4 月 14 日首飞，在 1992 年 5 月 22 日被命名为"印第安纳幽灵"，并交付给美国空军。

分析：原文中只是说"delivered to the Air Force"，没有说明交付给了哪家空军，但是，交付给"美国空军"这样的信息是不言自明的，所以翻译为"交付给美国空军"。

原文：Its first flight was on February 17，1995，and it was delivered to the Air Force on June 28，1995. It was named on May 13，1995.

译文：该机在 1995 年 2 月 17 日首飞，1995 年 5 月 13 日被命名为"内布拉斯加幽灵"（Spirit of Nebraska），1995 年 6 月 28 日交付给第 509 轰炸机联队。

分析：通过信息重组，将原文的句子合并，采用汉语的并列句进行表达，尽管省略了原句中的两个指示代词"it"，但是在保证信息对等的条件下实现了表达的简洁性。

6.7.3　信息流的顺畅性

翻译的目的是为了实现信息的传递。信息重构的最终目标就是保证译文所传递的信息流的顺畅性，提高译文的可读性和信息获取的便捷性。不管是英语的"树形结构"的句子还是汉语的"拼图结构"或"流水结构"的句子，它们传递信息的方式都是一维的或者说是线性的。读者在阅读句子的过程中，将文字线性传递的信息进行综合，通过内在的思维活动，恢复为立体的思维对象。保证信息流的顺畅性可以使读者合理地、便捷地接受信息。翻译过程中追求译文的可读性实际上也是为了保证信息流的顺畅性。译文的句子结构完整、逻辑关系合理、层次推进有序是保证信息流顺畅的必要条件。

（1）句子结构完整

完整的句子结构才能传递完整的信息。句子结构的完整包括句子成分的完整以及句子成分之间的合理搭配。尽管句子成分不完整出现的情况较少，但是在译文中偶尔也会出现句子成分残缺的现象。句子成分的不合理搭配在翻译中比较容易出现，这主要是由于两种不同的语言在词汇属性上的差异引起的。在语言单位充足的过程中，要尽量避免句子成分的残缺和句子成分搭配的不合理现象。例如：

原文：①SLOB Works was given a request for proposal（RFP）to design an advanced, supercruising, deep interdiction bomber1. ②After review of the proposal, it was decided that an extensive comparative study of previous related aircraft was required. ③This would enable SLOB Works to analyze the characteristics of relevant aircraft.

初译：①SLOB 工作组给出设计先进超声速巡航并且能纵深封锁的轰炸机的征询方案。②对该方案进行评估之后，工作组肯定了之前的与飞机有关的广泛的比较研究是有必要的。③有助于 SLOB 工作组分析相应飞机的特性。

改译：①SLOB 工作组收到一份方案征询书，要求设计一种先进的超声速巡航纵深遮断轰炸机。②对方案征询书进行评估之后，工作组认为有必要对之前的相关飞机进行广泛的比较研究，③这有助于 SLOB 工作组分析这些飞机的特性。

分析：原文包括 3 个句子。原译第一句出现了错误，第三句缺失了主语。改译后，将原文中的第二句与第三句合并，使信息流更加顺畅。

原文：THE WING is the essential of flight, its means and its metaphor.

初译：机翼是飞行的本质、飞行的手段，也是对飞行的比喻说法。

改译："翼"是飞行的基本要素，也是飞行的手段，常用"翼"来比喻飞行。

分析：原文采用了并列结构，对"the wing"进行解释与说明。原译采用了趋同性的翻译原则，但是，译文存在主谓搭配不协调的问题。首先，原文中的"the wing"并非专指"机翼"，而是泛指的"翼"，另外，"机翼是飞行的本质""机翼也是对飞行的比喻说法"搭配不合理。

原文：The longitudinal static stability of an aircraft without a horizontal tail is achieved through the use of self-stabilizing reflexed airfoils, or a swept wing with a negative geometric and/or aerodynamic twist（washout）.

初译：通过使用自稳定反弯翼型或具有负几何和/或气动扭转（机翼负扭转）的后掠翼，实现了无水平尾翼飞机的纵向静态稳定性。

改译：使用自稳定反弯翼型或具有负的几何和/或气动扭转（机翼负扭转）的后掠翼，可使无水平尾翼的飞机获得纵向静态稳定性。

分析：初译实际上是采用了逻辑趋同和语序变异的翻译原则，将原句中"through"引导的状语从句置于句首；原句中的主句采用被动式，没有说出动作的实施者，译文采用汉语的无主句。初译基本上反映出了原文的意思，但在句子结构上存在问题："实现了……稳定性"动宾搭配不合理，"稳定性"是一个抽象的概念，而"实现"的对象应该是具体的。改译采用动词短语"使用自稳定反弯翼型或具有负几何和/或气动扭转（机翼负扭转）的后掠翼"作主语，兼语式动词短语"使无水平尾翼的飞机获得纵向静态稳定性"作谓语，使得译文传递的信息流更加顺畅。

（2）清晰的逻辑关系

句子成分之间的逻辑关系也是传递信息的一种方式。英语倾向于采用"曲折"的形式表达逻辑关系；汉语倾向采用"顺延"的方式表达逻辑关系。不管采用何种形式来表达，句子成分之间的逻辑关系应该是清晰明确的。在英语中，有时候并没有使用逻辑关系词，但句子却隐含着内在的逻辑关系，翻译时应将这种逻辑关系表现出来。例如：

原文：The Spirit of Pennsylvania undergoes a thorough checkout after maintenance crews replaced several critical systems.

译文：地勤人员更换了一些关键的系统后，正在对"宾夕法尼亚幽灵"（Spirit of Pennsylvania）做全面的测试。

分析：原文中，"after"引导的时间状语从句的主语是"maintenance crews"，主句的主语是"the Spirit of Pennsylvania"。而从逻辑关系上来讲，主句和从句的动作的发出者都是"maintenance crews"。翻译时做了语序上的调整和逻辑关系上的调整，译文表现出的逻辑关系更加清晰。

原文：①By almost any measure, the B-2 bomber's development was one of the largest, most technically complex, expensive and demanding programs in aerospace history.... ② Whatever resources were deemed necessary to meet national security goals, they were made available, despite the cost.

译文：①不管从哪个方面来衡量，B-2轰炸机的研制都是宇航史上体形最庞大、技术最复杂、费用最昂贵、需求最迫切的项目之一。②为了实现国家安全目标，只要是需要的资源，都会满足，不计成本。

分析：原文包括2个句子，第一句为简单句，但是句子中的定语多，翻译时将后置定语改为了前置定语。第二句为转折关系的复合句，复合句的从句带有目的状语"to meet national security goals"，翻译时对原文的逻辑关系做了调整，将从句的目的状语前置成为全句的目的状语，使得整个句子的信息流自然、顺畅。

原文：Over the last 20 years or so it has been the evolution of Information Technologies (IT), which has dramatically changed the way aircraft and many other complex products are designed, developed, built and project managed.

译文：过去的20多年里，信息技术不断发展，极大地改变了飞机和其他复杂产品的设计、制造和项目管理的方法。

分析：原文中，"which"引导的从句作"Information Technologies"的定语，但从逻辑关系上来讲，从句说明的是"信息技术发展"所导致的后果。翻译时改变了原句中定语从句的限定关系，处理为并列的动作关系，通过动作先后的顺序，表明了前因后果的逻辑关系。

（3）有序的层次推进

在一个段落或者语篇中，每个句子之间都存在着内在的逻辑关系，段落的延伸一般采取层层推进的方式。尤其是在科技文章中，这种层层推进、逐步分析、逐点说明的逻辑关系更加紧密。英语中的这种推进关系往往利用连词或者关系词来表达，而汉语的层次推进可以通过动词的排列表现出来。在语篇层面来看，翻译中多采用趋同性的翻译原则。通过对英语语篇、句子中逻辑关系的解构，解开英语句子的嵌套关系，通过动作的先后顺序展示逻辑上的推进，实现信息的顺畅流动。例如：

原文：①But a modern commercial aircraft does not only accommodate individual complex systems but is certainly a complex system on its own as everything has to interoperate smoothly without fault. ②Even more complex, a commercial aircraft is only one element out of the larger aircraft system, which also comprises elements such as the training equipment, the support equipment as well as different types of facilities. ③Hence, when performing top-level syntheses, it is necessary to synthesise the higher-level system, not the lower-level elements of it.

译文：①现代商用飞机不仅要容纳许多复杂的系统，它本身也必然是一个复杂的系统，各个系统要能够平稳地协调工作，不发生故障。②更复杂的是，商用飞机只是更大的飞机系统的组成要素，这个更大的飞机系统还包括其他一些要素，比如，培训设备、保障设备以及其他各种设施。③因此，在进行顶层综合时，必须综合更高层的系统而不是本身更低层的要素。

分析：原文的3个句子之间是层层推进的关系。第一句说明现代商用飞机的复杂程度，第二句说明它所处的复杂环境，因此才有第三句所描述的结果。翻译时，在整段上延续了原文这种层层推进的关系，每个句子翻译也体现了意思的层层推进。第一句中"as"引导的介词短语在句子中作状语，翻译时处理为递进关系。第二句中"which"引导的定语从句处理成了并列的关系。

原文：①In economics, a monopsony is a market form in which only one buyer faces many sellers. ②In this monopsony situation even the Number One aircraft manufacturer has less power over its ability to control prices or aircraft deliveries when comparing it with other industry sectors with high development costs (such as automotive, semi-conductors). ③For example, annual commercial aircraft deliveries tend to peak before the summer break because this is when airlines need aircraft the most. ④However, any peak in the delivery stream represents a challenge to stable production flows, which are required to achieve lowest possible production costs. ⑤Thus, monopsony power acts against the inherent interest of the aircraft producing company.

译文：①在经济学领域，买主垄断是指市场上一个买主面对多个卖主的情况。②在买主垄断的情况下，相对于其他费用高昂的工业领域（如汽车和半导体），即使行业排名第一的飞机制造商也没有能力控制飞机的价格和交付。③例如，商用飞机每年的交付会在暑假期间达到高峰，这时航空公司对飞机的需求最高。④但是，飞机交付的高峰会对稳定的生产流程造成影响，稳定的生产流程是实现最低生产成本的前提条件。⑤因此，买主垄断会影响飞机制造公司的固有利益。

分析：原文包括5个句子。第一句解释了"什么是买主垄断"，第二句说明了"买主垄断的后果"，第三句说明商用飞机的交付特点，第四句分析这种交付特点对生产过程的影响，第五句总结了"买主垄断"的最终影响。原文句子存在着层层递进的逻辑关系，译文采用趋同性的翻译原则，保持了逻辑上的递进关系。

6.8 小结

翻译是一种信息传递的过程。完成翻译过程需要对原文的信息进行全面的领会和对原始信息进行准确的表达。本节从信息传递的角度提出了翻译过程中进行信息解构和信息重组的原则与方法。这些原则与方法不拘泥于语言的细节分析和翻译的具体技巧，而是着眼于宏观的原则和普遍的方法。信息解构时要提取原文的所有信息，包括显在信息和隐含信息，所以要对原文从物理学、逻辑学、语言学和社会学等不同的维度进行解构。通过解构，理解语言单位之间的结构关系和逻辑关系，提取语言单位的全部信息和语言单位之间的逻辑关联信息。将原文的语言单位按照对应关系转换的译入语的语言单位以后，就可以进行译入语语言单位的重组，也就是进行翻译过程中的信息重组。信息重组是信息解构的逆操作，应遵守趋同性、变异性和创新性的原则。在信息重组的宏观原则指导下，通过信息单元前后位置、主次位置的调整以及虚实信息的相互转化，保证信息总量的对等性和信息流的顺畅性，完成翻译过程。

第7章 科技翻译过程中的
美学诉求与实现途径

本章提要：本章首先从词汇、句法和语篇三个层面分析了英语和汉语的美学特点，英语的美学特点主要体现在词汇的灵活转义、句式的完整平衡以及语篇的义形一致，而汉语的美学特点主要表现为词汇的灵活组合、句式的省缺简洁以及语篇的义形含蓄。其次分析了科技语言的美学特点，无论是汉语科技文本还是英语科技文本，都具有术语的规范性、词汇的单义性、描述的客观性和推论的逻辑性。科技翻译作为一种特殊的文体翻译，既有一般翻译的美学共性，又有其独特的美学特质。科技翻译要在保持科技语言的美学特点的前提下，实现两种语言的美学特点的转换。科技翻译应该在翻译美学理论的指导下，尽力探索原文所蕴藏的美感，并将原文的美最大程度地转换为目的语的美。本章在最后提出了在词汇、句子和语篇层面完成科技翻译的美学实现的具体方法。

追求美、感受美是人类的天性。在几千年的历史发展过程中，人类利用语言文字创造了无数的文学佳作。阅读文学名著，人们会沉浸于文字所描述的或宏大、或细微、或激烈、或柔情、或酣畅淋漓、或跌宕起伏的意境当中；朗诵诗词佳句，人们不仅会感受到文字所描绘的曼妙意境，更会感受到音韵起伏的节奏之美。语言的美体现在它的音美、形美和意美。英语和汉语作为分属不同语系的两种语言，它的音美、形美和意美具有不同的表现形式。翻译要从本质上对不同语言的美学特征进行转换，才能获得最佳的翻译效果。

文学作品是人类情感的抒发，它所具有的美学属性已为人们所共识，文学艺术的美也正是长期以来美学所研究的内容；科技文本是对客观世界的真实描述，没有抒情、没有夸张，但它也力求避免晦涩艰深、严肃沉闷。科技文本的美表现在它的规范性、严谨性和逻辑性。科技翻译既要保证科技文本内在的美学特性，又要实现不同语言的美学特征的圆满转换。本章首先概述英语和汉语的词汇、句子在形美、意美方面的主要特点，总结英语科技文本和汉语科技文本所具有的共同的美学特征，然后从翻译美学的观点出发，探讨科技翻译的美学诉求和实现途径。

7.1 英语的美学特点

英语的词汇和句子均表现出明显不同于汉语的特征。英语的词汇可以进行灵活的转义，不仅适应了不同句子成分的词性要求，也使句子的表现产生了具体的形象美。严格的语法规范和形合的造句方式使得英语的句子表现出结构的平衡美和逻辑的显现美。

7.1.1　英语的词汇之美

英语的词汇之美，主要表现在转义（connotation）和大词（Big words）。转义使得英语词汇有了灵动之美；大词使得英语词汇有了庄重之美。[80]

（1）词汇转义的形象美

现在英语词汇学将词汇的意义分为本意和转义。转义是由词汇的本意演绎而来的比喻义和联想义。在英语中，词汇转义的应用广泛存在，处处可见。既存在不同词类之间的转义，也存在具体意义与抽象意义之间的转义。

英语的词性转换相对灵活，名词转换为动词的情况，可以说是信手拈来。英语中许多表示身体部位的名词可以用作动词。例如：

We headed the boat out to sea. （我们将船驶向外海。）

He elbowed through the crowd. （他从人群中挤了过去。）

还有 finger、nose、tiptoe 等，都可转义为动词，表示动作的方向或动作的方式。

英语中，表示动物名称的名词可转义为动词，借用该动物的形象特点或性格特点，产生形象生动的描述效果。[80]例如：

Wherever I go, my little brother dogs my footsteps. （无论我上哪儿，我的小弟弟总是跟着我。）

The soldier wormed his way toward the enemy's lines. （士兵慢慢地向敌人的防线爬去。）

在汉语中，动物名词的转义现象也是存在的。在日常口语中，一些动物名词可转义用作形容词，表示描述对象的特征。例如：

那个人牛得很。

这个孩子猪得很。

那个小男孩猴得很。

英语中，表示具体形象的名词可用于表示该词所隐含的属性。例如：

Every life has its roses and thorns. 这个句子按字面意思翻译显然是不通顺的，我们可把roses（玫瑰）和thorns（刺）这两个表示具体意义的词引申为这两个词所代表的属性："甜"和"苦"，因此，此句可译为：每个人的生活都有甜和苦。（人生饱含着酸甜苦辣。）

There were times when emigration bottleneck was extremely rigid and nobody was allowed to leave the country out of his personal preference. 句中的 bottleneck 本意是"瓶颈"，根据上下文将它引申为"限制"，因此，这个句子可译为：过去有过这种情况，移民限制极为严格，任何人不许出于个人考虑而移居他国。

英语中，也可以用表示抽象概念或属性的词表示一种具体事物，属于抽象意义向具体意义的转化。例如：

The government published an order for derequisition of transportation. 政府公布一项条令，发放原被征用的车辆。句中的"transportation"本意是"运输"，表示抽象的概念，在这里可引申为"车辆"。

The traffic policeman gave him a ticket for running the red. 因为闯红灯，警察给他开了张罚单。句中的"the red"是指红色的东西，为了使译文表达得更清楚，翻译时就要将它作具体化引申，根据上下文语境，把它引申为"红灯"。[81]

在科技英语中，常常出现通过类比，将词汇的具体意义进行转移，表示另一种具体的对象。在航空领域，表示飞机各部位的很多名字，就是从词汇的基本意义转义演变而来的，例如 nose→鼻子→机头，skin→皮肤→蒙皮，wing→翅膀→机翼，rib→肋条→翼肋，web→腹部→腹板，leg→腿→起落架支柱。

英语词汇转义的应用不仅在文学描述中司空见惯，在科技文章中也时有出现。利用词汇的转义表达科学概念或技术方法，可使科技文本既具有文学语言的形象美，又具有科技语言的简洁美。例如：

In order to match the engine to an existing airframe, its thrust is scaled up or down by means of a procedure known as engine rubberizing. （为了使发动机与机体匹配，需要增大或减小发动机的推力，这种方法称为缩放法。）

In order to find the best match during the conceptual stage, basic airframe properties are varied and engine properties are scaled by rubberizing the engines. （为了在概念设计阶段获得最佳的匹配，需要改变机体特征参数，并利用缩放法调整发动机的推力。）

上面两句话中的"rubber"都用的是其转义。"rubber"的本意是"橡胶"，橡胶具有弹性，可以拉伸，可以压缩。"engine rubberizing"形象地表示了"使发动机的推力增大或减小"。

（2）英语大词的庄严美

大词是一种通俗的说法，泛指日常生活中不常用、在一定程度上体现"雅"和"贵"的词汇，这些词汇的正式程度和语域皆高出一般的普通词汇。英语使用大词的频率高于汉语，主要源自英语的发展过程。英语的词汇除了本族词汇，另一个重要的来源就是外来语。公元七世纪诺曼底人征服英国后，受诺曼法语的影响，在英国形成了一种新的英语：诺曼英语。这一次的文化交融为英国引入了大量的上流社会用语，例如，土著用于称呼动物的 ox、swine、calf、deer 等，一旦出现在上流社会的餐桌上，就要用文绉绉的法语词汇 beef、pork、veal 和 venison。普通民众常用的词汇如 hitting、striking、stealing、robbing 等，到了法庭里就要用 assault、battery、larceny 和 burglary。英语另一次大规模地借用外来语，出现在欧洲文艺复兴时期。文化艺术的繁荣和发展，使大量拉丁语和希腊语词汇涌入英语。这些拉丁语和希腊语词汇带有浓厚的书卷气息，表现出高贵典雅的贵族气质。[82]

在英语中，恰当地使用大词，可以营造出庄重、委婉、和谐、含蓄、幽默、肃穆等不同的语境效果。在葛底斯堡国家烈士公墓的落成典礼上，美国第 16 任总统亚伯拉罕·林肯做过一次著名的演讲。演讲全篇只有十句话，全部讲话不到三分钟，但却是公认的世界上最伟大的演讲之一。演讲的第一句话连续用了几个大词，体现了大词所产生的庄重的语言效果：

Four score and seven years ago our father brought forth upon this continent a new nation, conceived in liberty, and dedicated to the proposition that all men are created equal.

开头的时间状语就用了一个大词 score，确定了整篇演讲庄严肃穆的基调。接下来的几个大词 conceive、liberty、dedicate、proposition 相互联动，一气呵成，有力地传达了自由平等这一理想的崇高和神圣。

伦道夫·夸克等编著的《当代英语语法》在论述科技英语中复杂的语法现象时，就指出名词化结构，特别是动词名词化的广泛使用，是科技英语的最显著的特点之一[83]。科技英语重在叙事论断，文字简明，言之有物。科技英语广泛使用动词名词化产生的表示动

110

作的抽象名字。动词加上后缀 -ment、-sion、-xion、-ation、-anee、-ence 等，成为表示动作的名词，形容词加上后缀 -ness、-ability 等，构成表示性质的名词。例如：

Engineering Modeling and Simulation provides the tools for design tradeoff at the subsystem and system level. It supports the <u>development</u> of design specifications, as well as test and performance <u>evaluations</u>.

Engagement Modeling and Simulation determines the <u>effectiveness</u> of systems. As they interact, <u>reliability</u>, <u>survivability</u>, <u>vulnerability</u>, and <u>lethality</u> are established. The scenarios are limited to one-on-one or few-on-few entities.

科技英语中另外一种名词化结构是名词连用。名词连用是指名词中心词前可有许多不变形态的名词，作为中心词的前置形容词修饰语。这些连用的名词具有固定的搭配和确切的含义，属于具体专业领域的技术术语。前置名词在表层结构上是前置定语，可以有效地简化叙事层次和语言结构，减少使用句子或从句的频率，使行文更加直接、紧凑、简洁。例如，"surface roughness measurement" 的含义为 "to measure the roughness of the surface"。

这些专业术语和抽象名词可以归于大词的范畴，使用这样的词汇可使科技描述体现出权威性和科学性。例如，在 *Modeling and Simulation of Aerospace Vehicle Dynamics* 一书中，简单的一句话，Whereas lines are one-dimensional, planes are two-dimensional <u>manifolds</u>（直线是一维流形，平面是二维流形），专业术语 manifold 的使用就充分体现了该书的科学属性和技术特点。

7.1.2　英语的句式之美

在英语中，人称可以作主语，非人称的一切事物，无论具体的、抽象的，无论意念的、心理的，都可以用来作主语。形式主语和无灵主语使英语表现出独特的美学效果。英语的平行结构等对称句式在形式上表现出错综美，在语言上表现出音韵美与节奏美，不仅可以使语句结构严密，用字经济洗练，简洁有力，还能大大增加文章的感染力和说服力。

（1）形式主语的平衡美

按照英语的语法规则，句子必须有主语。在不定式、名词性从句、动名词短语等作主语时，为了避免句子的头重脚轻，用 it 作为形式主语，置于句首；对应的不定式、名词性从句、动名词短语等作为逻辑主语，置于句后，使得整个句子获得平衡美。例如：

It is my pleasure to address the meeting.

It so happened that the ticket were sold out.

It is no good reading in dim light.

（2）无灵主语的拟人美

人的思维客体性就成了英语语言的"无灵"倾向，因此，常使用不主动发出动作的词或无生命名词充当主语，如表示时间、地点、思想、情感、行为方式的词都可以用作主语，描述和认识比较客观。[84] 例如：

<u>Dusk</u> found him crying in the street.（傍晚时分，人们发现他在街上哭。）

<u>Sunset</u> met them halfway.（到了黄昏时分，他们才走了一半路。）

<u>The house</u> saw important meetings in the country's history.（这所房子见证了许多历史上的重大会议。）

<u>Amazement</u> stripped me of all power of speech.（我惊愕得说不出话来。）

Passion has made his face like pale ivory, and sorrow has set her seal upon his brow. （感情的折磨使他脸色苍白如象牙，忧伤的印迹也爬上了他的眉梢。）

The first light of another day still saw no end to the snow. （天亮了，雪还没有停。）

Heavy rain prevented us from setting out. （雨太大，我们无法动身。）

The warmth of stove soon brought sleep to me. （炉子暖融融的，我很快就睡着了。）

The investigation easily led us to the conclusion. （我们很快从调查中得出结论。）

从最根本的意义上来讲，谓语动词描述的是主语所发生的动作。无灵主语句实际上采用的是拟人的修辞手法，谓语动词多为"人"所发出的动作。英语无灵主语句的谓语动词主要包括：与人的视觉有关的动词，如 see、witness、look、peer 等；有人的活动有关的动词，如 greet、kiss、tell、ask、take、slip、refuse 等；导致状态变化的动词，如 give、keep、set、show、prevent 等；或使用动词的转义，如 snow、creep、obey 等。

构成无灵主语句的关键是主语名词和谓语动词。无灵主语句的美学效果更多地是从主语词汇和谓语动词的选择和搭配体现出来的。非人称主语句的修辞手段是"拟人"，利用情感、自然现象、时间等非生物名词作主语，搭配适当的谓语动词，可使英语句子形象生动，色彩鲜明，语意突出，简洁有力。

3）平行结构的错综美

英语中的 parallelism（平行结构）、antithesis（对偶）和 chiasmus（交错配列）等形式虽然无法达到汉语中的对偶那样平仄相间、平仄相对、整齐一致的效果，但却能够实现多种平行，体现出英语句型的错综美。

Parallelism 是指由结构和意义相似的语言单位构成的句子或片段。英语中的平行结构是一种常见的修辞格，与汉语中的"排比""对偶"修辞格类似。结构相同、语气一致的词组或句子排列成串，不但使语言获得整饬美，也可以有效增强语势，提高表达效果。平行结构一般在排列上采用高潮顺序，意义由轻到重，逐渐加强语气，把最重要的思想置于平行结构的末尾，通过对比深化思想情感。为了使平行结构具有美感，平行的部分一般具有相同的语法功能。英语中的平行结构，有词的平行排列、短语的平行排列、从句的平行排列、句子的平行排列和语段的平行排列。例如：

Government of the people, by the people, for the people shall not perish from the earth.. （介词短语平行）

With this faith we will be able to work together, to pay together, to struggle together, to go to jail together, to stand up for freedom together, knowing that we will be free one day. （不定式短语平行）

Galileo studied, taught and experimented. （动词平行）

When he was a little boy, Mark Twain would walk along the piers, watch the river boats, swim and fish in the Mississippi. （动词短语平行）

These are the days which I want to hold on to forever but which seem to slip out my grasp. （定语从句平行）

We are caught in war, wanting peace. We are torn by division, wanting unity. （句子平行）

英语中的"antithesis"类似于汉语修辞的"对偶"，但也并不完全相同。"对偶"是用对称的结构来表达两个相似、相反或者相对的意思；"antithesis"是用并列或者对称的结构来表现两种相反的意思，以达到强调或者对比的意思。例如：

Knowledge makes humble; ignorance makes proud.

Few words and many deeds.

英语中的 chiasmus 指的是位置的前后交换，即句子中的两个类似结构，排列形式从 A+B 转换成 B+A，例如：

The absence of evidence is not the evidence of absence.

Your manuscript is both good and original; but the part that is good is not original, and the part that is original is not good. （Samuel Johnson）

7.1.3　英语的逻辑之美

语言的发展与哲学思想密切相关。西方哲学的逻辑性和客观性导致了英语的逻辑之美。英语句子的时态、语态和形合是构筑英语逻辑美的主要手段。

（1）时态语态的义形一致美

英语通过动词形态配合助动词、系动词显式地表达动词时态。英语的时态使动词所描述的动作有了明确的时间概念，体现出时间逻辑的准确性。英语句子中必须保持动词形态和句子所要表达时态的统一。[85] 例如：

I played basketball yesterday. （我昨天打篮球了。）

I was playing basketball just now. （我刚才正在打篮球。）

I have played basketball today. （我今天已经打过篮球了。）

I am playing basketball. （我正在打篮球。）

He plays basketball every day. （他每天都打篮球。）

英语的语态也是通过动词的形式来体现的，反映了主语与谓语之间的施受关系。如果主语是动作的执行者，谓语用主动语态；如果主语是动作的承受者，则谓语用被动语态。

英语的被动语态主要用于以下几种情况：说话人为突出事件本身，强调对事件本身的关注；说话人不知道动作的实施者，或者不愿意说出动作的实施者；说话人为了强调动作的实施者，通过附加 by+动作实施者进行表述。例如：

The solution is weakened by the addition of more water. （加水会将溶液稀释。）

Condensation is caused by the passage of a particle through the vapor. （微粒通过蒸汽会引起凝结。）

An improvement of its performance can be achieved by the use of superheated steam. （利用过热蒸汽可以实现性能的提升。）

（2）形合构造的逻辑显现美

英语是一种更为形式化的语言，这主要表现在形合（hypotaxi）上，强调句子的形式化、逻辑化。英语句子以空间搭架的形式，以主谓结构为主干，以谓语动词为中心，通过大量反映形式关系的关联词，把分句与分句之间或短语与短语之间的关系明确地表达出来，呈现出由中心向外扩展的树型构造，外加动词形式多样但却结构严谨的变化形式，使整个句子组织严谨，层次井然有序，其句法功能一目了然。复合句是英文行文的主要特色，关系代词、关系副词、连词等在英语的句子中发挥着重要的作用，这些连接词承上启下，使表达合乎逻辑，同时结构严谨，文章紧凑。例如：

There are many wonderful experiences to tell about the places I visited and different kinds of people I met during the last summer vacation. （去年夏天，我游玩了很多地方，也遇到了各种各样的人。我可以和大家分享我美好的度假经历。）

The isolation of the remote areas because of distance and lack of transport facilities is compounded by the difficult access to information media. （边远地区距离远，交通不便，使得其与外界隔绝，而信息的不通畅使得这种隔绝更加严重。）

7.2 汉语的美学特点

从语言结构本身看，汉语在语音、词汇、语法、语义等方面都具有对称、均衡的美学特点。从词汇上看，汉语词汇的构成体现了均衡、整齐的特点，汉语中使用最多的是双音节，其中的双声、叠韵等形式的词语，强化了双音节词之间的和谐与平衡。在句子的使用上，汉语将简单的和谐、对称上升到一种哲学的高度，最具美学特征的就是汉语中的对偶与排比，普通的句子也讲究长短结合、整散结合，构成言语表达的和谐之美。[86]

7.2.1 汉语的词汇之美

吕叔湘先生认为：词的组合变化乃语言魅力所在。如果说英语中词汇的转义体现了词的变化的魅力，那么汉语中词的合成体现了组合的魅力。汉语语素合成的方式灵活多变，形成了丰富多彩的汉语词汇。同样，汉语更是有着悠久的历史，深厚的文化积淀，独具特色的四字成语，是汉语词汇库中的瑰宝。

（1）词汇合成的灵活美

任何语言的结构都是从简单发展为复杂，词汇的构成也是从单音词发展为多音词。除语言发展初期"音义相生"形成的一些单音词外，运用语素合成的方式衍生的词语是汉语词汇的主体。语素合成是汉语词汇形成的基本方式，也是汉语词汇构造最突出、最鲜明的特点。

意义相近的语素结合起来往往更加具有表现力。例如杀戮、攻击、聆听、排挤、提携、酝酿、饥饿、缔结、呻吟、声音、更改、缠绕、追逐、反复、谈论、议论、逃亡、谨慎等。

许多常用的语素借助这种方法顿时衍生了大量的新词。例如以"水"为第一个语素，和另一个语素组合，可以构成很多新词：水位、水印、水平、水田、水痘、水果、水灵、水井、水流、水利、水表、水泥、水牛、水泡、水产、水库、水草、水域、水面、水里、水雷、水乳、水球、水源。

语素合成复合词的方式主要有并列、偏正、动宾、动补、主谓等方式。例如途径、美好；汉语、同学；知己、董事；提高、记住；地震、山崩等。

现代汉语中，三音节词的数量也不断增长。像"性"作为后缀的三音词，有相当多的词，成了一个词族。如逻辑性、代表性、敏锐性、可行性、盲目性、科学性、原则性、系统性、决定性等。类似"性"这样的后缀，还有化、家、员、者、派、生、素、论、式、品、纲、度、法等，在它们充任不自由语素时，意义已经虚化了。

汉语的多音节词发展到了四音节就不再向更多的音节发展。一些专有名词或科学术语甚至一般用语，常用两个双音节词再行组合，构成四音节词，如：精神文明、物质文明、遗传工程、边缘科学、运载火箭、机器翻译等。

（2）古典成语的寓意美

早在先秦时期，汉语中就出现不少成语，世代相传、经久不衰。这些成语内容上经过提炼，意义完整；形式上经过修剪，朗朗上口，可谓言简意赅，生动活泼，所以受到广泛欢迎，大量进入日常口语，成为汉语词汇库中的瑰宝。例如：唇亡齿寒、充耳不闻、塞翁失马、道听途说、夜以继日、势不两立等。

近代以来，汉语也创造了一些四字格成语，但与以前的成语相比较，内容没有那么浓缩，语言表现则比较口语化。例如一呼百应、一应俱全、五颜六色、五花八门 、五彩缤纷、六亲不认、七拼八凑、八面玲珑、八仙过海、十万火急、百年大计、千年树人、千秋万代、千姿百态、万事亨通、万象更新等。[87]

7.2.2　汉语的句式之美

汉语思维的主体性导致了汉语的无主句；汉语没有严格意义上的形态变化，词类与句子成分不是一一对应的关系，导致了汉语主语词汇和谓语词汇的多样性；汉语音节和语调可以构成平仄相间、整齐一致的对偶句、排比句，表现出汉语特有的形式美。

（1）无主句的简洁美

中国古代哲学讲究天人合一，形成了以人为中心来思考一切事物的方法。汉语注重思维形式上的主体性，认为任何行为都只可能是人这个行为主体完成的。由于思维模式上的主体性，汉语常用人称作主语，而且汉语的主语不像英语的主语那样与全句有全面而又密切的关系，当行为主体"尽在不言之中"时，就形成无主句。

最常见的无主句所失却的主语通常是泛指自然现象的、时间性或空间性的，或者一般人类社会的。例如"刮风了""下雨了""出太阳了"等。

无主句可视为汉语的一大优势，用在诗歌中给汉诗带来一种朦胧游弋的意境。例如：

"孤帆远影碧空尽，惟见长江天际流。"

汉语的无主句不是把主语省略了，而是根本上没有主语或者不需要主语，但是，却能表达完整而明确的意思。无主句的作用在于动作、变化等情况，而不在于叙述"谁"进行这一动作或者"什么"发生这个变化。例如：

"以建设社会治安综合治理先进省为载体，从建设平安市县区着手，使社会治安明显改善，防止发生重大刑事案件。"

受汉语思维习惯的影响，在科技文章中，也常常出现无主句。例如：

"由于前期对冷却机构难度认识不足，论证工作不充分，且国内外没有同类产品可供设计借鉴，元件选用受限，轴承选择困难；由于APU未提供进、回油路，只能选择脂润滑轴承。"

（2）主语词性的多样美

英语是主语凸显的语言，而汉语是主题凸显的语言。汉语句子的主语是句子中的陈述对象，常常由名词、代词、名词性短语充当，这一点与英语语法有些类似。但是，在汉语中，形容词、动词、谓语性短语和主谓短语也可充当主语，这就形成了汉语中主语词性的多样性，丰富了汉语的美学表现。例如：

冰雪融化了，草儿绿了，春天来了。（名词作主语）

他们终于登上了山峰。（代词作主语）

每个人的学习方法都不同。（名词性短语作主语）

学开车是很不容易的。(动宾短语作主语)

人多了很危险。(主谓短语作主语)

逃避不能解决问题。(动词作主语)

坚强是一种宝贵的品质。(形容词作主语)

汉语不像英语那样有词形的变化,所以不同词性的词与句子成分之间的对应关系错综复杂。汉语中没有动名词、不定式短语的概念,实际上,动词、形容词可以直接作主语。

(3)对偶排比的均齐美

对偶是用字数相等、句法相似的语句表达相反或相关的意思。"对"指的是成对,"偶"指的是成双。对偶是用一对句子来表达两个相似、相关、相反内容的一种表达方式。对偶在客观上源于自然界的对称,在主观上源于心理学的"联想作用"和美学的"对比""平衡""匀称"的原理。[88]如:

春蚕到死丝方尽,蜡炬成灰泪始干。

排比是用三个以上相近或相关,结构相同或相似,语气一致的句子或句子成分排列成串的修辞格。美的形式原理表明,同一事物的不断反复能产生一种无限与壮大的情趣,排比句之所以能形成磅礴气势,正是运用了这一美学原理的缘故。[89]如:

富贵不能淫,贫贱不能移,威武不能屈。

虽然英语的平行结构与汉语的对偶排比具有相似之处,但两者不能划等号,具有各自不同的美学优势。汉语中的对偶排比具有平仄相间、平仄相对、整齐一致的效果,能够表现出独特的均齐美。

7.2.3 汉语的模糊之美

在汉语中,不同的表述方式可以表示相同的意思,而相同的语法结构却可以传递不同的语义信息,句子各部分之间的关系比较松散,不像英语那样需要使用连接词。可以说,汉语外在的形式与内在的含义之间存在着模糊的对应关系。

(1)结构关系的义形差异美

汉语句子受句法的限制很小,主语与全句的关系也比较松懈。汉语中有一类句子,主语与宾语的位置可以互换,利用不同的词序表现出相同的意义。这类句子的特点是,不增减或者改变任何词语,主语与宾语直接易位,虽然变化前后的话题或者表述重点有所不同,但是变换前后的句子都是成立的,基本语义关系也没有改变。例如:

花晒不到太阳。——太阳晒不到花。

乌云布满天空。——天空布满乌云。

一股香味飘出厨房。——厨房飘出一股香味。

汉语句子的结构关系具有包容性,相同的语法结构可以传递不同的语义信息,这与其他语言相比是非常独特的。[90]从语法关系上划分,结构相同的短语或句子,语义会不同。例如:

吃苹果　由动词加受事"苹果"(动作的承受者)构成;

吃食堂　宾语"食堂"表示处所或方式,表示在食堂吃饭;

吃大碗　宾语"大碗"表示工具,用大碗吃饭;

吃利息　宾语"利息"表示凭借,靠利息来生活的意思。

以上4个短语,虽都由动宾关系组成,却具有不同的语义。

（2）意合营造的意境含蓄美

意合指词语或语句间的连接主要凭借语义或语句间的逻辑关系来实现。虽然用意合法构成的汉语句式缺乏表达句子内部语法关系的词汇，但是中国人凭借整体性思维习惯，能够迅速抓住句子的要义，把语句与前后语境中的外围语义成分融会贯通，进而凭借经验补足语句的整体内容，从而理解句子所表达的确切内涵。因此，中国人对潜藏在字里行间的真实意义，凭借着对事物的整体把握，很善于心领神会。汉语采用意合的方式很容易营造或浪漫、或宁静、或伤感的意境。例如马致远的《天净沙·秋思》：

枯藤老树昏鸦。小桥流水人家。古道西风瘦马。夕阳西下，断肠人在天涯。

这首词以语言凝炼、色彩鲜明著称，尤其是其前三句，以九个并列的实词，把多种不同的意象融人一个画面里，虽然没有任何衔接词，但却渲染出萧瑟凄凉的晚秋气氛，空旷冷落之感从这些巧妙并置的意象中凸现而出，羁旅哀愁油然而生，生动具体地刻画出漂泊者的心境。[91]

汉语意合特点的突出表现是分句与分句之间或短语与短语之间意思上有联系，但却很少用关联词，只是以时间顺序为逻辑语序，横向铺叙，层层推进，形成"流水型"的句式结构，不太注重句子结构形式上的完整，只要语句意义上连贯，无须使用诸如连词等衔接手段。

7.3 科技翻译中的美学诉求

翻译和美学的紧密关系由来已久。翻译是一种跨文化的交际活动，美学则属于文化范畴，所以，翻译是一种美学交流行动、是一种美质转化行为。翻译美学是20世纪70—80年代开始兴起的一个翻译研究方向。作为译学的边缘学科，翻译美学运用美学和语言学、文化学的基本原理来探讨翻译中的语际转换的美学问题。科技翻译作为一种特殊的翻译活动，既有一般翻译活动的通性，也有科技翻译的特性，科技翻译活动中依然应该追求美的转换和体现。

7.3.1 翻译美学的发展

在国外早期的翻译理论中，都把哲学中的美学思想作为主要的理论支撑。18世纪的英国翻译家泰特勒（A. F. Tytler）、19世纪的英国译论家马修·阿诺德（Matthew Arnold）都强调翻译时要发现原作之美，认为原作之美存在于原作的推理和情节安排、原作的语音、原作展现的真理之中，成功的译作就该把原作的美学信息用通顺的目标语文字表达出来，让读者体会到原作从语言到意境之美。较早以"翻译美学"命名并从理论上对这一学科进行系统描述和研究的著作是赵雪丽（Shirley Chew）和阿利斯泰尔·斯泰德（Alistair Stead）编著的*Translating Life：Studies in Translational Aesthetics*（1999年）。

在我国的传统译论中，支谦的"文质说"、严复的"信、达、雅"、钱钟书的"化境说"、林语堂的"美学论"、朱光潜的"艺术论"、傅雷的"神似说"以及许渊冲的"三美论"都蕴含着丰富的美学思想。国内学者中最早创作翻译美学论著的是傅仲选的《实用翻译美学》，而后是刘宓庆的《翻译美学导论》，二者构建起翻译美学的理论框架；奚永吉的《文学翻译比较美学》和毛荣贵的《翻译美学》进一步拓展和丰富了美学思想。[92]

刘宓庆运用美学心理学的原理，把审美心理结构概括为四个层次：感知、想象、理解和再现。从这一角度来讲，翻译的过程实际上就是美的表现（源语）、美的审视（译者）、美的再现（目的语）的辩证统一的过程。基于翻译美学的基本理论，翻译是译者对原文的美感体验的一种美感凝结，然后用另一种语言表达出来的过程。用美学指导翻译是使译文与原文达到同等效果的有效手段，翻译的过程即为美学取向的过程。翻译既要忠实于原文的语言风格，也要考虑美的传达与表现，要尽可能地发挥译文的优势，用最优美的语言形式去再现原作的思想内容。例如：

Spring visited us. The mountain greened in company with its verdant trees，bursting flowers，flitting tits and sprightly streaming brooks.

逐字翻译可译成：春天来看望我们，山变得一片青绿，树木郁郁葱葱，花儿在盛开，山雀来回飞着，山泉欢快地流淌。这样直译显得结构松散，冗长呆板，语气不连贯，而且没有把原文中的"bursting flowers，flitting tits and sprightly streaming brooks"三个平行结构转译成汉语中相应的排比句式，若仔细思考汉语的表达方式，运用汉语中的排比句便可译成：春天到了，山青了，树绿了，花开了，山雀飞来飞去，山泉也跳动了起来。这样就显得语气一致，音律铿锵，气势贯通，给人明洁轻快、一气呵成之感。

翻译美学理论不仅能够帮助译者树立正确的审美意识与观点，还能使译者提高语言鉴赏力，增强科技译文的表达效果和接受效果。译者在进行翻译时，不应仅满足于文从字顺，还应对原文进行审美加工处理，极力探索原文所蕴藏的美感，将自己经过识别、转化、加工的审美体验再现于译文的遣词造句、布局谋篇中，尽可能地让译文在语义上、情态上、功能上具备与原文同等的审美效果。

7.3.2 科技翻译的美学取向

长期以来，人们对于科技英语的翻译存在着一些误解，认为科技英语的翻译不必像文学翻译那样讲究翻译的美感，这其实是一种错误的观点。科技英语的译文固然不像文学类文章的译文那样语言优美，富有美的感染力，但并不是毫无美感可言。科技英语译文也必须符合一般的审美标准，具有美学功能。[93]

在国内，美学与翻译结合之初，大多数学者都是专注于文学翻译，特别是诗歌翻译中的美学研究。他们把翻译美学理论与诗歌翻译案例实践进行分析，研究原文中的意境及语言之美及转换这些美到目标语中的策略、标准等。2000 年左右，有学者开始研究科技翻译、广告商标翻译等体现出的美学信息。这些研究涉及的领域有：翻译客体即原文中文字层面、作者创造的意境展现出来的美学信息；翻译主体译者的审美经验、创造能力；读者的期待视野、接受能力；以及美学信息在目标语中的再现策略等。[94]

科技翻译作为一种特殊的文体翻译，既有翻译美的共性，又有其独特的美学特质。在从事科技英语翻译时，译者必须运用美学思考，在准确了解原文的基础上，忠实地再现原文的思想内容和审美品质，使科技译文在形式、内容以及审美价值、审美情趣、审美情感等方面最大限度地对等于原文。为此，译者须注重培养自身的英语和汉语素养，学习丰富的科技专业知识，从而增强科技译文的可读性和美学欣赏价值。[95]例如：

This is what $2.2 billion dollars look like after a loss of control due to mechanical problems with moisture in the static ports.（静压孔中的湿气引起的机械故障导致飞机失控，价值 22 亿美元的飞机变成了一堆残骸。）

原文充分体现了英语的形合美，译文省略了"after"，采用汉语意合的形式，同时使用了汉语常用的四字结构"机械故障""飞机失控""一堆残骸",体现了汉语的节奏美。

7.4　科技翻译中的美学实现

英语文化的思维特点是分析的、抽象的,同时又是具体的;汉语文化的思维特点则是综合的、形象的,同时又是整体的。科技语言的最大特点在于其客观性、准确性和逻辑性。英汉科技翻译要在保持科技语言的美学特点的前提下,实现英汉两种语言的美学特点的转换。科技文本作为现代科学技术的载体,主要用于述说事理,描写现象,推导公式,论证规律。但这并不意味着科技文本就缺乏美感。[96]事实上,科技文本的美充分体现在具体规范的遣词造句、准确客观的表达方式以及严谨逻辑的篇章结构等方面。本节主要论述科技翻译过程中美学实现的主要途径,也就是说,如何在科技翻译中充分展示汉语的美,同时用汉语展现科技的美。

7.4.1　词汇层面的美学实现

英文科技文本多用抽象名词表示动作,翻译时将这些名词化结构还原为汉语中的动词,才能体现汉语的句型特点。现代汉语词汇以单音节语素为基本构词单位,通过不同的构词方式,可以构成丰富的复合词。汉语的词汇以双音节词、四音节词的使用居多,三音节词汇有增多的趋势。通过多用双音节复合词、巧用四字词组、构建三字词汇,可以在词汇层面充分体现汉语的美学特征。

(1) 名词性"动作"的还原

名词化结构是英文科技文体的一个重要特征。抽象程度较高的名词或名词化短语的使用,不仅使叙述客观、内容确切,而且使句子的表达更为精炼,文体更为正式。英语中的这些名词化结构还原为汉语中的动词,才能体现汉语的句型特点。[101]例如:

Television is the transmission and reception of images of moving objects by radio waves. (电视是通过电波发送和接收活动物体的图像的装置。)

The flow of electrons is from the negative zinc plate to the positive copper plate. (电子从负的锌板流向正的铜板。)

Rockets have found application for the exploration of the universe. (火箭已经用来探索宇宙。)

(2) 多用复合词

在汉语中,单音节语素通过联合、动宾、主谓、偏正等方式,可以构成丰富的双音节复合词。汉语虽然以单音节词为基本单位,但复合词在数量上占绝对优势。汉语的复合词以双音词为主体,在很大程度上增强了汉语词汇表义的准确性和概括性。[97]

在科技翻译中,除了规范使用名词、术语之外,多用汉语中的双音节复合词,可以充分展示汉语的词汇美。例如:

Demodulation,由前缀 de-与词 modulation 组成,表示对 modulation 的"反操作"。Modulation 是一个物理概念,意为"调制",是指"就是用基带信号去控制载波信号的某个或几个参量的变化,将信息加载在载波信号上进行传输"。Demodulation 是"调制"反过程,译为"解调",符合汉语的构词规律。

Download,由"down"与"load"构成的合成词,是"upload"的反义词,按照汉语的构词规律，译为"下载"。

UFO（Unidentified Flying Object）是英语缩略词，现在通常直译为"不明飞行物"，而我国台湾地区译为"幽浮"，这种译法近乎音译，而且更符合汉语的组词方式。

在英汉科技翻译中，有意识地使用汉语的双音节复合词，可以增加汉语描述的简洁性。例如：

In case of leakage of mercury, a defective appearance and inaccurate readout will be created, so the regular checks and maintenance is imperative. （如果水银泄漏，就会损伤外观，影响读出，因此，应注意进行定期检修。）[98]

上句中，leakage 译为汉语的联合复合词"泄漏"，regular 译为偏正复合词"定期"，体现了汉语的词汇特点，而 checks and maintenance 译为"检修"，使得汉语的表述更为简洁。

（3）巧用四字词组

汉语中的四字组包括两类：一类是由历史典故发展而成的四字成语，另一类是语言发展过程中形成的四字成语。著名语言学家吕叔湘认为，"四音节好像一直都是汉语使用者非常爱好的语音段落。最早的诗集《诗经》里诗以四言为主。启蒙的课本《千字文》《百家姓》《李氏蒙求》《龙文鞭影》等都是四言。亭台楼阁常常有四言的横额。品评诗文和人物也多用四个字（或八个字）的评语。流传最广的成语也是四言为多"。

四字成语是书面语中最具有文化含量的精华，也最具有经济性的表现形式；四字成语以其工整对称的词汇结构、平仄起伏的语音节奏，是汉语词汇特有的美学特征。在科技翻译中巧用四字成语，可以达到表达的简约性和形象性。[99]例如：

It is important to note that the ejection seats worked as designed and the crew ejected safely. （重要的是，在这次事故中，弹射座椅工作正常，机组人员成功弹射。）

句中的 worked as designed 意为"按照设计的（方式）工作"，译为四字词组"工作正常"；ejected safely 意为"安全地弹射"，译为四字词组"成功弹射"。

In this photo, the Block 20 Leading Edge clips are very visible. （照片中 20 批飞机前缘处的封条清晰可见。）

句中的 are very visible 意为"是很容易看到的"，译为四字词组"清晰可见"。

（4）构建三字词组

在现代汉语的新生词汇中，三音节词语的比重越来越大。在科技文本中，会用"××性"表示物体的某种能力或者性质，例如，飞机的"操纵性""稳定性""隐身性"等；用"××形"表示物体的形状，例如，"三角形""正方形""长方形"等；用"××率"表示物理量的变化或大小，例如，"分辨率""收缩率""转化率"等。在科技翻译中，根据具体的语境，构建三字词组，可以使得表达更为准确、简洁。

Prior to being named the Spirit of Texas, it was known as the "Pirate Ship" and was leased back to Northrop Grumman for electromagnetic compatibility and emission security testing. （该机最初被称为"海盗船"，由诺斯罗普·格鲁门公司回租用于进行电磁兼容性和辐射安全性试验，后来被命名为"德克萨斯幽灵"。）

Since it first arrived at Whiteman AFB in July 1996, its stealthiness and massive firepower have been used in missions around the world. （1996 年 7 月到达怀特曼空军基地以后，其隐

身性和强大的火力在世界各地的多次任务中发挥了作用。）

7.4.2 句法层面的美学实现

科技文本强调描述的客观性。英语的客观性体现在动作的名词化表示和被动句的使用，而汉语的客观性常常通过无主语的形式来体现。

（1）被动句的转换

在科技英语文体中，被动语态使用范围很广。这种语态能更客观、准确地描述事物的发展和变化。在英译汉时，一般来说，大部分英语被动语态要译成汉语主动句、无主句、判断句，有时也译成被动语态，尤其是原文表示强调时。[100] 例如：

Attention must be paid to the working temperature of the machine. （应当注意机器的工作温度。）

A detailed examination was made of energy partition in an impacted sold propellant. （对固体推进剂受撞击后的内部能量分布情况进行了详尽的研究。）

（2）树形句子与拼图句子的转化

在科技英语中，为了明确陈述有关事物的内在特性和相互联系，常采用包含许多子句的复合句，或包含许多附加成分（如定语、状语、主语补足语、宾语补足语等）的简单句。英语句子以主谓、主从结构为主，虽然语句较长，但结构严谨，层次分明，逻辑严密。英语的句子结构比较紧凑，主干可能很短，起修饰作用的短语、从句附于其后，复杂的长句表现出"树形结构"的特征。例如：

Automation is a concept through which a machine system is caused to operate with maximum efficiency by means of adequate measurement, observation, and control of its behavior.

汉语科技文章中也有许多长句，但是，汉语的行文基本上是以并列结构为基础，语言比较简洁，概括性较强，句子之间关系主要由上下文的语义来衔接，句子结构显得比较松散，表现出"拼图结构"的特征。例如：

由于前期对冷却机构难度认识不足，论证工作不充分，且国内外没有同类产品可供设计借鉴，元件选用受限，轴承选择困难，由于 APU 未提供进、回油路，只能选择脂润滑轴承。

由于额定转速为 12200 转/分，对于脂润滑轴承来说，转速偏高，经过调研，在国内没有适用的轴承，而国外采购受控制，而且研制进度非常紧张，为后期出现多起故障埋下隐患。

翻译科技英语长句时，应认清主干，理顺旁枝，分析句子的基本成分，抓住主干部分，然后逐步分析各自意思以及相互间的逻辑语法关系，在充分理解原文的基础上打破原文的结构框架，然后用汉语简单的句子、以"拼图"的方式将原文的意思完整地表现出来。例如：

The fans are often fitted with movable shutters to their air intakes which open and close automatically under the control of thermostats to keep the cylinder temperatures as even as possible, admitting more air when the engine is working hard and less when it is idling.

首先将"树形结构"的句子进行分解：The fans are often fitted with movable shutters to their air intakes——which open and close automatically under the control of thermostats——to keep the cylinder temperatures as even as possible——admitting more air when the engine is working hard——and less when it is idling.

可以形成几个短句：通风机的进气口通常装有活动叶片——叶片在恒温器的控制下可以自动开关——保证汽缸里的温度尽可能稳定——在发动机重载工作时让更多的空气进入——在发动机空转时减少空气的进入。

翻译时，恢复了"which"所代表的"叶片"，将不定式短语"to keep"处理为汉语句子中的并列动词，用汉语的冒号"："体现了分词短语"admitting…"的方式状语的作用。通过这样的处理，从形式上完全分解了原句的树形结构。此后，按照汉语句子的意合模式，重新"拼图"，形成如下译文：

通风机的进气口常装有活动叶片，叶片在恒温器的控制下可以自动开关，保证汽缸里的温度尽可能稳定；在发动机重载工作时让更多的空气进入，而在发动机空转时减少空气的进入。

7.4.3 语篇层面的美学实现

语篇由句子组合而成。因此，译者只有在理解句间、段间的语义关系的基础上对连贯的语义做整体把握，必要的时候进行语篇结构的转换和调整，才能传意达旨，符合目的语的美学特征。

（1）合理调整语篇结构

在科技英语翻译中应该注意到汉英语篇的差异，适当调整语篇结构，使译文更具可接受性。例如：

①Extracting pure water from the salt solution can be done in a number of ways. ②One is done by distillation, which involves heating the solution until the water evaporates, and then condensing the vapor. ③Extracting can also be done by partially freezing the salt solution. ④When this is done, the water freezes first, leaving the salts in the remaining unfrozen solution. （①从盐水中提取纯水的方法有若干种。②一种是加热蒸馏法，另一种是局部冷冻法。③加热蒸馏法是将盐水加热，使水分蒸发，然后再使蒸气冷凝成水。④局部冷冻法是使盐水部分冷冻，这时先行冷冻的是水，盐则留在未曾冻结的液体中。）

原文讲述了两种提取纯水的方法，英语采用非限定性定语从句，对每种方法进行了说明，发挥了英语的语言优势，体现了英语的美学特征。汉语译文经过调整，重新组合，条理更加清晰，逻辑性更强，也更加符合汉语的文体特征。[102]

（2）关系词的省略与添加

科技英语中复合句较多，英语的复合句必须使用关系词表明相互之间的逻辑关系。英语不仅仅在句子中多用关系词，在篇章的句子之间也多用关系词，表示句子之间的逻辑关系。由于表达习惯和语言结构的不同，翻译时需要对关系词做适当的省略或添加处理。

例1：①Because safety is so important, safety standards have been established by airworthiness authorities worldwide. ② The latter monitor the design, development, production, operation, maintenance and repair of any commercial aircraft to these standards. ③As there are two major authorities in the world, the US Federal Aviation Administration (FAA) and the European Aviation Safety Agency (EASA) in Europe, it may well be that aircraft manufacturers have to comply with both of their certification requirements, which can differ from each other. ④While being absolutely mandatory, these safety standards for design clearly lead to increased product complexity.（①由于安全性非常重要，世界上各适航管理机构都制订了安全标准。②适航机构对民用飞机的设计、研制、生产、使用和维修进行监管，使其符合适航标准。③世界上有两大适航管理机构，美国的联邦航空管理局（FAA）和欧洲的欧洲航空安全局（EASA），这两个机构的适航标准有所不同，飞机制造商可以选择遵守其中一家的适航标准。④这些安全性标准是强制性的，在设计中遵守这些标准会明显增加设计的复杂性。）

　　原文由 4 个句子构成，其中 3 个句子都使用了逻辑关系词。翻译为汉语时，只保留了第一句的关系词"由于"，后面两句中的关系词"as"和"while"都做了省略处理，使得汉语的表达更趋简洁。

　　例 2：①However, what remains challenging is the management of tolerances of large assemblies in the DMU. ②A digital component model can, of course, be attributed with data describing acceptable tolerances to be respected by Manufacturing. ③But in the case of larger assemblies components may clash because of（cumulated）tolerance overlaps. ④On the shop floor, clashes could occur despite individual components being manufactured within their respective tolerance bands. ⑤In these cases DMUs still are not able to provide a warning signal to the design engineers. ⑥As aircraft are composed of large assemblies, this is a particular problem for the development of aircraft compared to smaller products.（然而，在数字样机中对大量部件的公差进行管理依然是一项挑战。虽然部件的数字模型带有制造必须遵守的允许公差，但是大量部件的公差积累可能会造成部件之间的干涉。尽管单个部件的误差都在公差范围之内，但是在组装过程中依然会出现干涉。在这些情况下，数字样机无法向设计师提出警示。由于飞机的组件多，与小型产品相比，飞机研制中这种问题更加突出。）

　　段首的"however"表示了本段与上段在内容上的转折关系。②和③存在逻辑上的转折关系，翻译时将两句合并，使用了汉语的转折关系词"虽然……但是……"。

7.5　小结

　　英语和汉语属于不同的语系，在词汇、句子和语篇层面具有明显不同的美学特征。翻译美学提出了运用美学和语言学、文化学的基本原理来探讨翻译中语句转换的美学问题。科技翻译作为一种特殊的文体翻译，既有翻译美学的共性，又有其独特的美学特质。科技语言的最大特点在于其客观性、准确性和逻辑性。英汉科技翻译要在保持科技语言的美学特点的前提下，实现英汉两种语言的美学特点的转换。翻译美学理论不仅能够帮助译者树立正确的审美意识与观点，还能使译者提高语言鉴赏力，增强科技译文的表达效果和接受效果。在科技翻译过程中，译者应尽力探索原文所蕴藏的美感，并将原文的美最大程度地转换为目的语的美。在具体的英汉科技翻译实践中，翻译的美学实现体现于译文的遣词造句、布局谋篇中，译者可以在词汇层面、句子层面和语篇层面紧扣目的语的美学特点，把原文的美、科技的美，用目的语充分地表现出来，实现译文的审美效果，给读者带来愉悦的阅读体现。

第8章 翻译疑难问题解决策略

本章提要：科技翻译中常常遇到的问题就是词汇词义的准确选择以及长句、难句的正确理解。同义词、近义词丰富了语言的表达方式，但有时候也造成理解的困难；科技语言追求逻辑严密，会形成结构复杂的长句、难句；科技翻译所涉及的技术内容有时也会构成疑难问题。对于翻译疑难问题，本章提出了从词义辨析、语法关系分析、学科理论推理和旁证参考借鉴等四个途径进行分析的解决途径。

语言是动态的，一直处于发展变化之中。人类为了表达丰富的思想，创造了丰富的词汇。任何语言都存在大量的同义词、近义词，这些词汇之间存在着词义或者情感上的微妙差异，能够产生细致入微的描写效果。虽然科技语言不像文学语言那样新颖与多样，但是科技语言中依然存在大量的同义词、近义词。这些词汇丰富了语言的表达方式，但有时候也造成理解的困难。英语和汉语属于不同的语系，语法差异较大，两种语言的语法差异也会造成理解困难。另外，科技翻译必然涉及相应的学科专业知识，扎实的学科知识有利于科技翻译疑难问题的解决。做好科技翻译，不仅需要丰富的翻译理论知识，更需要强大的翻译实践能力。翻译实践能力就是在具体的翻译活动中解决翻译疑难问题的能力。对于科技翻译中遇到的疑难问题，可以根据具体情况，从词义辨析、语法关系分析、学科理论推理和旁证参考借鉴四个角度来解决。选择好解决问题的角度，可以起到事半功倍的效果。

8.1 准确辨析词义

准确辨析词义是正确理解原文的第一步。任何语言中都存在大量词义相近的同义词，准确把握词义的具体内涵，有助于对原文的准确理解。英语和汉语在词汇方面的差异是英语的名词有单复数之分。在具体的语言环境中，需要准确把握名词单复数的所表达的准确含义。

8.1.1 词义辨析

词汇是组成语言的基本单位。越是丰富的语言，它所具有的同义词就越多，这种语言的表现能力也就越强。同义词在一方面提高了语言的丰富性，另一方面也提升了语言理解的难度。准确辨析同义词，区分同义词的微妙差异，有助于译文的准确表达。[103]

- **aircraft，airplane**

aircraft——飞机，航空器，指一切设计飞行于大气中的装置、交通工具，通过自身产生的浮力来支撑飞行，或者由其表面的空气动力作用提供飞行支撑力，包括飞机、滑翔机、直升机、气球等，但不包括依靠空气对地面的反作用力提供升力的气垫船。国际民航组织（ICAO）对航空器的定义为"除依靠空气对地面反作用力之外的一切依靠空气反作用力提供支撑的大气层飞行装置"。美国联邦航空局的《航空信息手册》（AIM）中对航空器的定义为"在大气中飞行的装置，用于空中交通管制术语时可能包括飞行机组在内"。

airplane——飞机，有动力、重于空气的航空器，依靠特定飞行状态中固定不动的气动表面提供飞行所需的升力。不包括滑翔机和旋翼机，但包括垂直起落飞机和推力换向式飞机。

- **type，model**

type——型号，指具有相同设计的一类飞行器，比如 DC-7 和 DC-7C，就是相同型号的飞机。任何飞机投入使用之前，必须获得适航管理部门颁发的 type certificate（型号合格证），获得型号合格证的过程，称为 type certification（型号合格审定）。

model——型，型别。可用于表示一种设计样式，意思类似于 type，例如，the recent airplane models（最新的飞机型号）；也可表示一种型号中不同的型别，意思类似于 version，例如 all-passenger model（全客运型）、extended range model（增程型）。

- **derivative，version，variant**

derivative——（飞机等的）改型，是在原有设计方案的基础上通过设计更改实现的，通常伴随着飞机功能的改变或者飞机性能的提高，包括 variant（改型）和 version（改型），例如 derivative aircraft（改进改型飞机）、land-based derivative（陆基改型或陆基型）。

version——型（原始设计方案所具有的多种设计形式中的一种设计形式），例如，美国的 F-35 飞机设计之初就具有三种形式：conventional takeoff and landing version（常规起降型）、short takeoff / vertical landing version（短距起飞/垂直降落型）、carrier-based version（舰载型）；改型（通过更改或者改进获得的一种设计形式），与 variant 同义，例如 cargo version（货运型）、elongated version（加长型）。

variant——变型（原始设计方案所具有的几种不同的形式，强调各自的不同），例如美国的 F-35 飞机的三种机型，也可以表示为 conventional takeoff and landing variant（常规起降型）、short takeoff / vertical landing variant（短距起飞/垂直降落型）、carrier-based variant（舰载型）；改型（原始设计通过更改得到的新形式，强调更改和改进），例如，civil variant（军机的）民用型、freighter variant（客机的）货运型。

- **cabin，compartment**

cabin——指用材料或者结构围成的小房、小屋、小室、小间；可指飞机上的座舱、客舱、货舱、驾驶舱等。Cabin 表达的出发点在于一个相对封闭的空间，在表达"舱"的概念时，是把"舱"看作一个独立的空间。

compartment——指在一个整体中分割出来的间隔、间段、部分；可指舱、室、间、格、层等。Compartment 表达的出发点在于整体中的一部分，在表达"舱"的概念时，是把"舱"看作飞机结构中分割开来的一部分。

- **cockpit，flight deck**

cockpit——源自比利时语，它原意是指斗鸡场，后来用以形容经历多次战争的战场，尤指欧洲境内的比利时。比利时国土面积虽小，但历史上许多重大战役都在这里进行，所以一直有"比利时是欧洲的斗鸡场"的说法。第一次世界大战期间，飞机开始用于作战。当时的飞机飞行速度很慢，飞行员坐在敞开的座舱里，伤亡率非常高，被形容为空中的斗鸡场，久而久之，cockpit 就被用于表示战斗机的座舱。

flight deck——原指航空母舰的起飞甲板，后来也指航天器的驾驶舱，用于表示大型飞机驾驶舱的时候，偏重于表示驾驶舱地板之上的空间、结构和设备。

- **validation，verification**

validation——确认，确定对产品的要求是完全正确并完整的过程。

verification——验证，对产品的所有需求的实施情况进行评估，已确定这些需求得到满足。

- **need，requirement**

need——出于自身的"需求""需要"，这种"需求""需要"是潜在的，不是正式的。

requirement——由外界对某人或某事提出的具体的"要求"，这种"要求"是正式的、明确的，必须满足的。例如：

The Agency tends to respond to military needs，rather than formal requirements.（该机构倾向于对军事需求而不是正式要求作出响应。）

In the context of product development，requirements represent an essential means of communication between an issuing and a receiving organizational party. The issuing party establishes requirements to describe its needs. The receiving party demonstrates its possibilities and capabilities by accepting requirements.（在产品研制过程中，要求是提出要求的组织与接受要求的组织之间沟通的基本方法。发出方确定要求，描述需求。接收方通过接受要求，表明它满足要求的可能性和能力。）

在飞机设计实践中，有时也将"requirement"译作"需求"，有"需求管理"（Requirements Management）的概念。例如：

According the civil aircraft development needs，the effect and importance of the implementation of requirements management in civil aircraft development are depicted. The requirements management process definition，requirements management strategy，requirement validation and verification etc. in civil aircraft development are introduced.（结合大型客机的设计研制特点，阐述了在大型客机设计中开展需求管理工作的作用及其重要性，介绍了民用飞机研制过程中的需求管理流程定义、需求管理策略、需求确认与验证等内容。）

- **project，program**

project——项目，为创造某一独特产品、服务或者结果所作的一次性努力。

program——项目群或者大型项目，是以协同的方式获取单独管理所无法获取的效益的一组项目。

注：美国人对 project 和 program 的认定并不统一。在 DARPA，project 属于计划层次，包含一组 program，可以称其为项目群；在 NASA，情况正好相反，NASA 的计划或项目群是 program，具体的项目是 project。

- **landing gear，undercarriage**

landing gear——"起落架"，飞机在地面以及在起飞和着陆过程中用来支撑飞机的结构。起落架可以是固定的，或者是可收放式的。可收放起落架一般由收放装置、减震装置和机轮（或浮筒、或滑橇）组成。

undercarriage——"起落架"，在陆地或水面为飞机提供支撑，并在着陆过程中吸收震动。Undercarriage 多用于描述大型飞机上的多轮多支柱起落架。

● **fuselage，body，airframe**

fuselage——"机身"，飞机上用来装载人员、货物、武器、机上设备等的构件，机身上安装有机翼、水平尾翼、垂直尾翼和其他操纵面。Fuselage 是从结构的角度而言的"机身"，通常有"桁架式机身"（truss fuselage）、"硬壳式机身"（monocoque fuselage）、"半硬壳式机身"（emimonocoque fuselage）等。

body——"机身"，相对于机翼、尾翼而言的飞机的主要部分。Body 是从飞机的部件划分而言的"机身"，例如，"翼身融合构型"（blend-wing-body configuration）。

airframe——"机体"，是飞机机身、吊舱、发动机舱、整流罩、各种翼面（不包括螺旋桨）和起落架等部件以及它们的附件和控制元件的总称。简言之，就是不包括发动机在内但包括发动机安装件在内的完整飞机。

● **tail，stabilizer，empennage**

tail——"尾翼"，飞机、火箭等的尾翼。Tail 是从位置的角度对"尾翼"进行描述，它包括升降舵和方向舵。

stabilizer——"安定面"，飞机尾部固定的翼面，在其后缘铰接了升降舵或方向舵。Stabilizer 是从功能的角度对"尾翼"进行描述，它不包括升降舵和方向舵。

empennage——"尾翼"，飞机的尾端部分或整个尾部单元。尾翼能够稳定飞行中的飞行器，并能使飞行器绕它的横轴和竖轴转动，它包括升降舵和方向舵。Empennage 一词来自法语单词"empenner"，意思为"to feather the arrow"，由此可见，empennage 是从位置和功能两方面对"尾翼"进行描述的。

● **handbook，manual**

handbook——"手册"，侧重于何物（what）一类的信息，如数据、事实等。如《世界飞机手册》译为*World Aircraft Handbook*。

manual——"手册"，侧重于如何（how-to）之类的问题，如《飞行手册》译为*Flight Manual*。

● **height，altitude**

height——"高"，"高度"。从底到顶的具体高度，也就是相对高度。

altitude——"高空"，"海拔高度"。从海平面算起的高度，也就是绝对高度。

8.1.2　名词单复数辨析

汉语的名词没有单复数的概念。英语中，名词的复数具有一定的语义功能，在翻译过程中，只有把名词复数的这种语义表达出来，才能准确反映原文的含义。

原文 1：In the next decades, the aeronautical industry will be faced with considerable new environmental challenges.

译文 1：在以后的几十年里，航空航天工业将面临很多新的环境挑战。

分析：英文单词 decade 表示"十年"，其复数形式 decades 表示"多个十年""数十年"。在翻译时，需要将英语中"词形"所表达的语义用"词汇"表现出来。

原文 2：A modern commercial aircraft does not only accommodate individual complex systems but is certainly a complex system on its own as everything has to interoperate smoothly without fault.

译文 2：一架现代商用飞机不仅包含了许多独立的复杂系统，它本身也是一个复杂的系统，因为每个零部件都要相互协调，运转平顺，无故障。

分析：句子中，individual complex systems 采用复数形式，表示"许多独立的复杂系统"；a complex system 为单数形式，表示"一个复杂的系统"。前后两个"system"不是同一层次的系统。

原文 3：Even if fasteners are not included in the counting of parts，there are many hundreds of thousands of individually-shaped pieces of different types of material on a modern commercial aircraft.

译文 3：在计算零件数量时，即使不包括紧固件，一架现代商用飞机也有数十万个不同材料、不同形状的零件。

分析：句子中的多数名词都采用了复数的形式，hundreds of thousands 表示数量的"多"，individually-shaped pieces 表示形状的"不同"，different types of material 表示材料的"不同"。

8.2 语法关系分析

翻译活动的处理对象是语言，翻译中遇到疑难问题，首先可以从句子的语法关系去分析。准确辨析时态语态、代词的照应关系，正确分析英文句子的句子成分，有助于疑难句子的理解。

8.2.1 动词的时态语态

英语的时态和语态表达了一定的逻辑关系和语义内涵，从时态、语态的切入点进行分析，可以把握原文的语义内涵。

原文：Europe claimed that the US was using unfair subsidy practices by applying technologies，methods，processes and tools to its commercial airliners，which were developed for and funded by the US Department of Defense，and under contracts from NASA. This was and is called indirect support.

译文：欧洲指出，美国一直采取不正当的补贴措施，将在 NASA 授予的合同中由国防部出资开发的技术、方法、工艺和工装用于民用客机。这种行为被称为间接支持。

分析：原文使用过去进行时"was using"表示过去"一直采取……"，使用一般过去式的被动形式"were developed"表示这些"技术、方法、工艺和工装"是过去已经开发出来的，使用了一般过去式与一般现在时的并列"was and is called"，表示这种行为"在过去和现在"都被称作"间接支持"。

8.2.2 替代（或省略）的对应关系

根据语言使用的经济原则，人们在会话中或语篇中会尽可能地避免重复，使表达简洁、紧凑，但同时又不失清晰、不致歧义，并且使上下文衔接连贯。在这种情况下，最常用的语法衔接手段就是替代和省略。英语中常用的替代方式就是使用代词以及 one、do、so、thus、ones、the same 等这些替代形式去指代前面已经出现过的句子成分；省略则是指上文已提到的、在后续行文中不用提及而不影响交际效果的句子成分。在英语中，如果句子成分出现并列，往往会采用省略的表达方式。替代和省略可使行文避免重复，使表述显得简洁。替代和省略可以分为名词性、动词性和分句性 3 种类型。英语中最常使用的替代方式就是使用代词，厘清代词之间的照应关系是准确理解原文的前提。[104]

原文：①All commercially funded product development projects of very high complexity share a common dilemma. ②Being complex, it is not sufficient to apply standard project management techniques to manage them and to keep them under control. ③Instead, they need a much wider management approach which is perfectly adapted to their complex nature. ④this, however, may generate additional cost.

译文：①一切通过商业渠道融资的高度复杂产品研发项目都面临一个两难的境地。②由于它们十分复杂，所以应用标准的项目管理技术进行管理并使其保持在受控状态已显不足。③反过来，这样的项目需要一种范围扩大了许多、完全适应于它们的复杂特点的管理方式。④但是，这后一种方式有可能产生额外费用。

分析：第一句中的名词性短语"product development projects"作主语，它本身带有前置定语和后置定语。第二句中的两个代词"them"指代的是第一句中的"product development projects"，翻译是，将前一个"them"省略，第二个"them"译为汉语的代词"其"。第三句中的代词"they"指代的还是第一句中的"product development projects"，汉语中如果使用代词"它们"会出现指代不清的情况，而是译为"这样的项目"，与前文形成照应关系。第四句中的代词"this"指代的是上一句中提到的方法，译为"这后一种方式"，与前一句形成照应关系。

原文：Pressure pulsations have little influence on the seal effectiveness and reliability of the joint, as long as the compression of the elastomeric ring is not eliminated or in any other way affected.

译文：只要弹性圈的压缩状态没有消失或受到其他方式的影响，接头的密封作用和可靠性几乎不受压力脉动的影响。

分析：原文句子中出现了动词"eliminated"和"affected"的并列，否定形式"is not"既否定了"eliminated"也否定了"affected"。可以认为第二个动词"eliminated"前面省略了"is not"。

8.2.3　句子成分分析

由于英语重结构、讲形合的特点，在科技英语中常常出现结构复杂的长句。英语长句往往依次推进、层层嵌套，在翻译中容易导致理解方面的偏差。进行正确的语法分析是准确理解英语长句的基本方法。

原文：There is a way out of this dilemma：by concentrating on the essential elements of such disciplines—to keep their principal strengths-and combining them in an intelligent and pragmatic way, cost reductions can be achieved.

译文：走出这种两难处境的办法是：关注这些管理学科的核心要素，发挥其主要优势，并将其结合起来，形成灵活有效的管理方法，实现降低费用的目的。

分析：原文句子的主句结构比较简单，是英语的"there be"句型，而作为同位语的从句结构比较复杂。表示方式的介词短语"by concentrating on…and combining…"本身为并列结构，还含有一个表示目的的不定式短语"to keep…"。分析清楚了原句的语法关系，就可以理解句子成分之间的相互关系，从而用汉语意合的方式将它表达出来。

原文：This is why the management of commercial aircraft must be performed on the basis of affordable essentials taken from state-of-the-art Management disciplines combined with a fully integrated approach.

译文：这就是为什么我们必须从现代管理技术中抽取其中的最基本的我们能够负担得起的部分，以一种完全综合的方法实现这些部分的有机结合，以此为基础对商用飞机研发计划进行管理。

分析：原文句子体现了英语句子的典型特征，主句结构简单，从句结构复杂。从句的主体结构为被动式，从句中的介词短语"on the basis of affordable essentials"作状语，表示动作的方式；介词短语"on the basis of affordable essentials"的中心词又带有两个作定语的分词短语"taken from state-of-the-art Management disciplines"和"combined with a fully integrated approach"。

8.3　学科理论推理

科技英语用于科技知识、科技信息的记录与传递。语言是它的表现形式，学科知识是它的信息内涵。科技英语在词汇与语法结构上都具有明显的特点。掌握足够的学科知识和理论，有助于在翻译中选择准确的词义，也有助于英语长句难句的理解。

8.3.1　根据专业领域选择词义

科技英语中，同一个词汇会有多种意义，分别适用于不同的学科和专业，这是各行各业都尽量利用常用词汇去表达各自的专业概念形成的。在翻译活动中，需要辨别多义词的一般意义和专业意义，根据专业选择对应的词义，最好选择国家技术标准中采用的术语或专家名著中所应用的术语，否则就会出现词不达意的现象，违背译文的准确性原则。例如，body 一词在日常英语中表示"身体"，但是在不同的专业中，要根据专业特点，译为相应的"……体"。[105]

原文 1：The sun is the central body of the solar system.

译文 1：太阳是太阳系的中心天体。（天文学）

原文 2：The speed of a plane is associated with the shape of its body and wings.

译文 2：飞机的速度与机身及机翼的形状有关。（航空）

原文 3：The body needs special exercise in a space ship to suit the weightless conditions.

译文 3：人体需要在宇宙飞船中进行专门训练才能适应失重状态。（航天）

8.3.2　根据学科知识理解句子

科技英语大量使用复合结构及各种限定性修饰短语，这使得科技英语的表面结构往往对应多个深层结构，在理解时会造成歧义。在这些情况下，仅靠语法分析无法获得正确的理解，需要利用具体的学科知识进行推理分析。

原文 1：Massless particles, including photons, the quanta of electromagnetic radiation, and others, were mentioned in Section 8-8.

译文 1：没有质量的粒子，包括光子（即电磁辐射的量子）等，已在 8-8 节有所论述。

分析：在光学理论中，光子，又称光量子，就是电磁辐射的量子。因此，原文中的"the quanta of electromagnetic radiation"应是"photons"的同位语，而不是它的并列成分。

原文 2：They saw the problem of flight as being one of banking the aircraft to turn it. In so doing, it was necessary to invent the vertical tail and three-axis control. This is the same thing most aeronautical engineers do today to design aircraft. But with the Wrights doing this, the flight of birds was left behind as the ideal model for flight.

译文 2：他们认为飞行问题之一是使飞机倾斜转弯。为了实现这一目的，发明垂直尾翼和三轴控制系统是十分必要的。这也正是如今大多数航空工程师在设计飞机时所做的事情。但是，在采取这样的方式解决飞行问题时，莱特兄弟依然认为鸟类的飞行是理想的飞行方式。

分析：原文最后一句中的"left behind"是"留下"的意思，但是，如果将最后一句译为"莱特兄弟将鸟类飞行方式作为理想的飞行模态保留了下来"并没有清楚地表达原文的意思。根据飞机的飞行原理可知，飞机是采用"垂直尾翼和三轴控制系统实现转弯的"，飞机的飞行方式不同于鸟的飞行方式，因此，最后一句话的意思是：尽管当时的飞机没有采用鸟类的飞行方式，但是，他们依然认为鸟类的飞行是理想的飞行方式。

原文 3：An airplane is said to exhibit positive static longitudinal stability if the initial tendency following a disturbance in pitch from equilibrium flight is a return to trim condition.

译文 3：如果飞机在平衡飞行状态受到俯仰扰动后的初始趋势是返回配平状态，就说飞机具有正的纵向静稳定性。

分析：原文句子中"if"引起的条件状语从句的结构比较复杂，其中，"following"引起的分词短语中又含有两个介词短语。但是，原文句子是对飞机纵向静稳定性的定义，根据相关航空理论知识，可以给出通顺的译文。

8.4 旁证参考借鉴

熟悉翻译活动的人都知道，"好的翻译是查出来的"，而在网络时代，"好的翻译是搜出来的"。解决翻译疑难问题，不仅考验的是翻译人员的思维辩证能力，也考验翻译人员的动手能力。旁证参考是解决翻译疑难问题的有效途径，翻译人员要具有类似资料印证和网络资源参考的能力。

8.4.1 类似资料印证

对于国内外同种类型的飞机来讲，有时会存在一些类似的结构和系统，而由于中外表达习惯的不同，对于这些结构和系统会给予不同的名称。通过同类资料的对比印证，可以将中外文中对相同结构和系统的不同命名对应起来，形成准确的译文。

句子 1：Two hydraulically-actuated stabilizer struts are installed at the rear end of the sponsons, whose function is to support and stabilize the aircraft during loading/unloading operations.

句子 2：尾撑液压控制系统用于在地面向左、右尾撑提供足够流量和压力的液压能源，以完成其收放和伸缩等各种预定功能。

分析：句子1出自英文资料A400M *Technical review*，其中的"stabilizer struts"位于机身后部两侧，用于在货物装卸过程中保持飞机的稳定；句子2出自中文资料，其中的"尾撑"指的也是大型运输机机身后部用于在地面保持机身稳定的支柱。通过对比可知，"stabilizer struts"与"尾撑"指的是同类机型上的相同装置，因此，可以将"stabilizer struts"与"尾撑"对应起来。句子1中的"stabilizer struts"可以直译为"稳定支柱"，也可以意译为"尾撑"；而句子2中的"尾撑"可以翻译为"stabilizer struts"，但绝对不能翻译为直升机上的结构"tail boom"（尾撑）。

句子3：Side panels of rear fuselage, by ramp, hinge outward to improve access on ground but do not need to open for airdrop operations in view of width of ramp.（Jane's *All the World's Aircraft* 1983-1984 对 C-5 飞机的描述。）

句子4：尾部货桥两侧机身壁板可向外打开，以加大地面装载货物时尾舱口尺寸。（2011 版《世界飞机手册》对 C-5 飞机的描述。）

句子5：Main access to cargo hold is via rear-loading ramp, which is itself capable of supporting 18145kg of cargo.（Jane's *All the World's Aircraft* 1983-1984 对 C-17A 飞机的描述。）

句子6：机尾舱门向下打开即可用作装货斜板，各种被空运的车辆可通过它直接开入仓内。（2011 版《世界飞机手册》对 C-130 飞机的描述。）

句子7：Hydraulically operated main loading door and ramp at rear cabin.（Jane's *All the World's Aircraft* 1983-1984 对 C-130 飞机的描述。）

句子8：主舱门和可作为货桥使用的尾舱门均为液压驱动。（2011 版《世界飞机手册》对 C-130 飞机的描述。）

句子9：货舱门用于货物通道装卸，分为左侧舱门、右侧舱门、中舱门、斜台及气密门。（中文资料对某大型运输机货舱门的描述。）

分析：句子3~9分别为英文或中文资料对大型运输机后部货舱门的描述。飞机在地面时，后部货舱门可以放下，轮式和履带式车辆可以通过放下的货舱门直接开进货仓。英文资料中，这一部件被称为"ramp"，有"斜台""坡道"的意思；中文资料中，这一部件在不同的资料中分别被称为"货桥""斜板""斜台"等。通过对比印证可知，"ramp"="货桥"="斜板"="斜台"。在汉语中，将后部货舱门的这一部件称为"货桥"，重在表意；将其称为"斜板"或"斜台"，重在表形。将"ramp"译为"货桥"属于意译；将"ramp"译为"斜板"或"斜台"属于直译。

8.4.2　网络资源参考

在传统的翻译时代，科技翻译人员主要依靠专业词典进行翻译，不仅消耗脑力，还要消耗体力，翻译劳动量巨大。在信息化的网络时代，网络给科技人员提供了海量的可供借鉴的信息资源。在科技翻译中，一些适用于文学翻译的翻译策略会失效，网络资源无疑有很高的参考价值。熟练使用网络资源，已经成为科技翻译人员必备的能力。

目前，在科技翻译中可用的网络资源主要有三类。第一类是搜索引擎，按工作方式，搜索引擎可分为三类：全文搜索引擎、目录索引类搜索引擎与元搜索引擎。翻译人员最常用的搜索引擎（谷歌、百度、必应等）都属于全文搜索引擎。[106] 在这种搜索引擎的数据库中保存着每个网页的全部内容。用户在搜索框中输入关键词后，搜索引擎便可沿着网址逐一检索所有与关键词相关的网页和字段，并最终反馈至搜索界面。第二类是在线翻译工具，主要包括在线词典（如《有道词典》《金山词霸》《术语在线》等）和在线翻译软件（如百度翻译、谷歌翻译等）。第三类是文献数据库，如《中国知网》，文献数据库收录了相关专业的已发表的文献数据，从中可以检索到与翻译文章相关的参考文献和专业术语。网络资源的作用主要体现在两个方面：确定专业术语的译法和获得相似的译文。

科技文章的主要特点是含有大量的专业术语，专业术语是用特定的词汇表达特定的含义，在翻译过程中必须务求规范，不能随意翻译。例如，论文《大型运输机前起轮胎溅水规律参数化研究》提到的"溅水"属于专业术语，表示飞机地面滑行时轮胎溅起的水。英语中有两个单词都有"溅水"的意思：splash 和 spray，这两个词都是既可作名词又可作动词，词义比较相近。splash 有"飞溅"（动词）、"溅起"（动词）、"溅泼"（名词）等意思；spray 有"喷洒"（动词）、"喷射"（动词）、"飞沫"（名词）等意思。如何选词才能符合专业习惯，可以通过查询《中国知网》来确定。《中国知网》收录的论文大多数都有英文题目和英文摘要，这些论文都由正规刊物发表，用词专业，表述规范。用"溅水"在《中国知网》进行检索，获得多篇关于"飞机轮胎溅水"的论文：

标题 1：机场污染跑道飞机轮胎的溅水问题（Water sprays Produced by Aircraft Tyres Running in Contaminated Runway）

标题 2：积水跑道飞机翻边轮胎溅水机理研究（Mechanism of Water Spray Generated by Aircraft Chine Tire Running on Wet Runway）

标题 3：机轮溅水特性及对进气道吸水的影响（Characteristic of Airplane Wheel Water Spray and its Effect on Water Ingestion of Engine Inlet）

通过检索和分析可知，英文中"溅水"的专业表述为"water spray"。为了进一步确认这一表述的专业性，在互联网上对"water spray"进行检索，获得巴西航空工业公司官网上的一篇新闻报道，其中提到：The Embraer E195E2 completed water spray tests with flying colors last month。由此印证，"溅水"译为"water spray"符合专业习惯。

由于历史的原因，中国的科技水平与西方发达国家存在较大的差距，这就决定了中国的科技技术一直采取追随和赶超的发展模式。这种发展模式在国内的科技文献中有明显的表现。[107]国内的一些标准、规范都是在国外相关的标准和规范的基础上编写出来的，比如，中国民用航空规章第 25 部《运输类飞机适航标准》就是依据美国联邦航空管理局颁布的 *PART 25—AIRWORTHINESS STANDARDS：TRANSPORT CATEGORY AIRPLANES* 编写的，其中 25.21 的规定分别如下：

第 25.21 条 证明符合性的若干规定

（a）本分部的每项要求，在申请审定的载重状态范围内，对重量和重心的每种相应组合，均必须得到满足，证实时必须按下列规定：

（1）用申请合格审定的该型号飞机进行试验，或根据试验结果进行与试验同样准确的计算；

（2）如果由所检查的各种组合不能合理地推断其符合性，则应对重量与重心的每种预期的组合进行系统的检查。

§ 25. 21 Proof of compliance.

(a) Each requirement of this subpart must be met at each appropriate combination of weight and center of gravity within the range of loading conditions for which certification is requested. This must be shown—

(1) By tests upon an airplane of the type for which certification is requested, or by calculations based on, and equal in accuracy to, the results of testing; and

(2) By systematic investigation of each probable combination of weight and center of gravity, if compliance cannot be reasonably inferred from combinations investigated.

通过对比可以看出，两段文字表述的内容完全相同。如果要将中国民用航空规章第 25 部《运输类飞机适航标准》的内容向国外介绍，就必然涉及条款内容的翻译。在目前的网络环境下，可以方便地从网上获取各种标准、规范的原始文本。在这种情况下，参考美国联邦航空管理局的 AIRWORTHINESS STANDARDS：TRANSPORT CATEGORY AIRPLANES 不仅可以获得规范的表述，而且可以大大提高翻译效率。

8.5　小结

科技翻译中常常遇到的问题就是词汇词义的准确选择以及长句、难句的正确理解。对于科技翻译中遇到的疑难问题，可以从词义辨析、语法关系分析、学科理论推理和旁证参考借鉴等四个途径进行分析。在词义选择时，要准确把握同义词词义之间的细微差异，要注意英语名词单复数所表达的不同含义；在分析句子时，要准确理解英语动词的时态和语态所表达的逻辑关系；在分析原文句子的逻辑关系时，可以借助相关的学科知识进行推理；在目前网络资源异常丰富的条件下，也可以方便地搜索类似的资料获取旁证参考。在具体的翻译实践中，可以从某一途径或者多个途径相结合的方式，实现对疑难句子的理解，获得准确的译文。

第9章　航空科技翻译常见错误及原因分析

本章提要：本章以翻译过程中的功能对等和信息对等为判断依据，以翻译实践中积累的错误样本为研究对象，对科技翻译中经常出现的典型错误的类型及其原因从不同层次和不同维度进行了分析。在词汇层面，各种词汇都会出现翻译错误，汉语没有冠词的概念，所以冠词在翻译中容易出错；英语句子中代词的使用频率高于汉语，代词的指代关系容易出错；英语的连词和介词往往具有多种含义，也是翻译中容易出错的词类；在科技翻译中，对科技术语如果判断不准，就容易出现把科技术语当作普通词汇来处理的错误，或者出现不同专业领域科技术语的混淆。在短语层面，对于名词性短语而言，主要的错误在于对限定词与中心词之间的层次和关系的判断；对于介词短语和不定式短语，主要的错误表现为对短语的语法作用的判断错误。在句子层面，常见的翻译错误主要表现为几个维度的错误：语言体系的差异引起的错误、句子逻辑关系理解错误、逻辑重组与转换不到位、缺乏专业知识或背景知识引起的错误等。

翻译过程是一种思维转换与信息重组的过程。奈达的功能对等理论指的是在翻译过程中要在两种语言之间达成功能上的对等。翻译从本质上来讲也是一个信息传递的过程，需要保持译文与原文所传递的信息量的对等。信息对等是内在本质，功能对等是外在表现；信息对等是前提，功能对等是结果。评判译文是否准确的最根本标准应该是译文与原文所传达的信息量和所实现的交际功能的对等。本节从不同的层次、不同的维度来分析科技翻译中常见的错误，以及产生这些错误的原因。科技翻译中的错误可能出现在词汇、短语、整个句子等不同的层面，产生错误的原因主要包括语言体系存在差异、逻辑关系转换不到位、缺乏相关学科知识或者背景知识等。

9.1　普通词汇错误

词汇是组成句子的最小语义单元。句子中的词汇除了具有词义外，还具有语法意义。普通词汇的翻译错误主要表现为对词义的理解错误和对词汇语法作用的理解错误。对词义的理解错误多出现于实词；对词汇语法作用的理解错误多出现于虚词，例如连词和介词。

9.1.1　冠词

冠词是英语中一种特殊的词类，而汉语没有冠词的概念。英语的冠词包括不定冠词"a"／"an"和定冠词"the"。对英语冠词的不正确理解会引起翻译的错误。

（1）不定冠词"a"／"an"

不定冠词"a"／"an"主要有三种用法：表示数量"一""某一个"和"一类"人

或物。[108]如果不能正确区分不定冠词在句子中的具体作用，就会引起译文表述的错误。

例1：The second phase would down-select to a single contractor to perform engineering development under a cost-plus-fixed-fee contract. [110]

原译：第二阶段是进一步选择每个承包商，按照成本加固定利润合同进行工程研制。

改译：在第二阶段将选定一个承包商，签订成本加固定利润合同，进行工程研制。

分析：原文句子中，"down-select to a single contractor"中的不定冠词"a"表示的是"某一个"，原译译为"每个承包商"是错误的。另外，原文句子使用了一个合成动词"down-select"，表示的是"向下选择""缩小选择范围"。由此可以推断，原文句子的意思是"从数个承包商中选择一个"。

例2：In order to achieve a "very good" rating, NASA expects the contractor to exceed many of the criteria used for evaluation and meet, in the aggregate, the contract's overall cost, schedule, and performance requirements. [110]

原译：为了达到一个"非常好"的评级，美国国家航空航天局预计承包商将超出许多用于评估的标准，并在总体上满足合同的总成本、进度和业绩表现要求。

改译：要想获得"非常好"的评级，美国国家航空航天局希望承包商超出许多评价标准，并在总体上满足合同的总成本、进度和绩效要求。

分析：不定冠词可以和名词一起来代表一类人或者东西，此时，不定冠词"a"/"an"没有"一"的概念。"In order to achieve a 'very good' rating"中的不定冠词就是这种用法，翻译时冠词"a"需要虚化处理，不必翻译成"一个"。另外，句子中的"In order to"表示目的，"the criteria used for evaluation"带有后置定语，表示"用于评价的标准"，可简化为"评价标准"。

例3：However, exceeding the amount of a contracting officer's warrant represents significant internal control weaknesses in the Marshall Office of Procurement and the SLS Program that bypassed required procurement policy and legal reviews. [110]

原译：然而，超出一名订约方代表的授权权限，意味着马歇尔采购办公室和SLS项目有重大的内部控制缺陷，这绕开了所要求的采购政策和法律审查。

改译：然而，超出订约方代表的授权权限，意味着马歇尔航天飞行中心采购办公室和SLS项目存在重大的内部控制缺陷，这绕开了所要求的采购政策和法律审查。

分析：原句中的"a contracting officer"指的是"合同官员"或"订约方代表"一类人，翻译时不必强调"一名"。

（2）定冠词"the"

在英语中，定冠词"the"具有特指的作用，指某个或某些特定的人或者物。[108]在行文中，定冠词"the"常用指上文已经提到的人或者物。汉语没有这样的词汇，只能通过增加词汇来实现这种特指的作用，常用的方法是使用"该""其"等。

例1：The objective is to calculate the takeoff weight and center of gravity location of an aircraft as accurately as possible so as to ensure safe operation. [110]

原译：目的在于能够尽可能准确地计算起飞重量和重心位置，以确保操纵安全。

改译：其目的在于尽可能准确地计算起飞重量和重心位置，确保飞行安全。

分析：原文句子中，名词"objective"前带有定冠词"the"。"the objective"指的是

"特定的目的"，也就是上文提到的行为的目的。原译直接省掉了定冠词，失去了原文的特指意义。

例2：The aircraft level function is "decelerate aircraft on ground" and the system is the braking system.

原译：飞机级功能为"飞机地面减速"，并且系统为制动系统。

改译：飞机级功能为"飞机地面减速"，对应的系统为制动系统。

分析：原文句子为并列句，其中的连词"and"起到"弱连接"的作用，可以省略不译。第二个分句的主语"the system"前面带有定冠词"the"，表示特指。原译没有表现出这种特指的关系，改译用"对应的系统"既表明了特指，又与前一个分句实现了连贯。

在英语中，为了实现行文的简洁或者增加表述的多样性，有时会用一个名词的上位词前面加定冠词的方法来替代原来的名词。由于定冠词"the"的限定作用，限定了上位词的范围，获得特指的效果。

例3：When Boeing realized that it needed a larger workforce to build the Core Stage, the contractor had difficulty attracting qualified technical and support employees, preventing it from quickly adding additional personnel. [110]

原译：当波音公司意识到它需要更多的劳动力来制造芯级时，承包商难以吸引到合格的技术和支持人员，从而无法迅速增加另外的人员。

改译：当波音公司意识到需要更多的劳动力来制造芯级时，它却难以吸引到合格的技术人员和支持人员，无法迅速增加人员。

分析：原文句子带有时间状语从句，从句在前，从句中提到了"Boeing"（波音公司），主句的主语为"the contractor"。通过分析可知，主句中的"the contractor"指的就是从句中提到的"Boeing"。由于汉语中没有起特指作用的定冠词，将"the contractor"译为"承包商"就是去了原文中的特指关系，容易引起误解，所以，应该将"the contractor"的隐含意义进行显化处理，用指定关系更清晰的代词来替代。

9.1.2　代词

英语中代词的使用频率要比汉语多得多，而且英语代词的种类繁多。由于英语具有"形合"的特点，句子成分之间的逻辑关系比较明确，所以代词的指代关系比较清晰。在翻译中，代词的翻译出现错误的原因主要表现在两个方面，一种情况是对代词所指代的对象理解错误，另一种情况是翻译成汉语以后原来的指代关系变得不明确，出现表述不明确，或者容易引起歧义。

（1）对指代对象的理解出现错误

英语中，代词的用法很多，尤其是人称代词"it"。"It"除了用作人称代词外，还可用于表示时间、天气、距离等，用作形式主语代替不定式短语、动名词短语或者从句等。代词翻译出现错误的一种情况是搞错了代词所指代的对象。

例1：In 2014, the Government Accountability Office (GAO) cautioned NASA about the nearly 2 years it took to develop the details to finalize the contract given that NASA's policy is to try to complete such actions within 6 months.

原译：在2014年，考虑到美国国家航空航天局（NASA）的政策是试图在6个月内完成这样的任务，美国政府问责局（GAO）提醒美国国家航空航天局，注意近2年时间以来他们采取行动，制订了最终敲定合同的细节。

改译：在 2014 年，考虑到美国国家航空航天局（NASA）的政策是试图在 6 个月内完成这样的任务，美国政府问责局（GAO）提醒美国国家航空航天局，细化条款并确定合同大约需要两年的时间。

分析：原文的主句使用了动词的固定搭配"caution+名词+about+名词"，"about"引导的介词短语结构复杂。在介词短语"about the nearly 2 years it took to develop the details to finalize the contract"中，"it"是形式主语，代表的是"to develop the details to finalize the contract"。原译对"it"的理解是错误的。

例 2：By flying fast and low, it was unlikely that radar would detect the aircraft until it was too late to do much about it.

原译：由于该飞机能在低空快速飞行，因此在其执行更多的任务之前很难被雷达发现。

改译：这种飞机能在低空快速飞行，雷达很难探测到它，等到发现时就为时已晚了。

分析：原文句子前部有一个介词短语引导的原因状语从句"by flying fast and low"，句子后部有一个从属连词引导的时间状语从句"until it was too late to do much about it"。原文句子使用了 3 个代词"it"，每个"it"的指代对象都不同。"it was unlikely that…"中的"it"是形式主语，它指代的是后面的"that"引导的主语从句；"it was too late to……"中的"it"表示的是"时间"；"do much about it"中的"it"指的是前面提到的"the aircraft"。原译对"do much about it"的理解出现错误。

例 3：This produced a heating rate that was at the outer edge of what an aluminum structure could withstand, so in some areas the use of other materials, primarily titanium alloys, was specified.

原译：这样，产生了铝合金结构的外缘可以承受的加热速率，因此，在一些区域利用其它材料，主要是钛合金。

改译：这样产生的加热率达到了铝合金所能承受的极限，因此在这些区域必须使用其他材料，主要是钛合金。

分析：原文句子中，"what an aluminum structure could withstand"表示"铝合金结构所能承受的（温度范围）"，关系代词"what"指代的就是"温度范围"。"the outer edge of what…"说的是"温度范围的外边界"，可以意译为"极限"。原译没有理解关系代词"what"的指代对象。

（2）指代关系还原不到位

代词翻译出现错误的另一种原因是译文中代词的指代关系表达不明确，需要将代词所指代的对象还原，才能使译文表达明确。

例 1：The drag is usually made dimensionless by forming its ratio with the product of the dynamic pressure of the free stream and some reference area, typically S, the planform area of the wing.

原译：通过使用自由流的动压力与某个参考面积（通常为机翼的平面形面积 S）的乘积，得出比值，使阻力无量纲。

改译：求出阻力与自由流的动压力和某个参考面积（通常为机翼的平面面积 S）的乘

积的比值，可使阻力无量纲化。

分析：原文主句采用被动语态，后面带有一个介词短语，表示方式。介词短语"forming its ratio with …"的物主代词指代的是"drag"。原译对"its"的理解出现错误，导致原文信息丢失。

例2：The cabin forward and aft of the wing root is maintained as an essentially circular cross-section, and any stretching to be done to the fuselage will require the plugs to be added in these regions.

原译：翼根的客舱前部和后部则基本上维持圆形截面，凡需要加长机身时，就需要将柱塞加装在这些区域。

改译：翼根前后部位的机身基本上保持圆形截面，当机身需要加长时，只需在翼根前后部位加入加长段。

分析：原文句子中的介词短语"in these regions"使用了指示代词"these"，指代的是"forward and aft of the wing root"。原译对指示代词所指代的对象还原不到位，使得译文的信息传达不确切。

例3：（The engine selection process for turbofan engines is followed by a similar analysis specialized to turboprop-powered airliners.）These aircraft are likely to be the pre-dominant type used for regional service as regional jets are phased out because of relatively poor fuel economy with little added time saving over short ranges.

原译：随着支线喷气式飞机因其燃油经济性相对较差、且在短航程内省时效果差而渐遭淘汰，这些飞机可能会成为支线服务用机的主导机型。

改译：由于燃油经济性相对较差、且在短航程内省时效果差，支线喷气式飞机会渐遭淘汰，涡桨飞机可能会成为支线服务的主导机型。

分析：原文句子的主语"these aircraft"使用了指示代词，根据上下文可以判断，"these aircraft"指的就是上句中出现过的"turboprop-powered airliners"。原译将"these aircraft"直译为"这些飞机"，这样的指代关系不明确。

例4：The use of a leading edge device alone increases the angle of attack for maximum lift coefficient while a trailing edge flap reduces it.

原译：单独使用前缘装置增加了最大升力系数时的迎角，而后缘襟翼减少了迎角。

改译：单独使用前缘装置增加了最大升力系数时的迎角，而使用后缘襟翼会减小最大升力系数时的迎角。

分析：原文句子中，代词"it"指代的是"the angle of attack for maximum lift coefficient"。原译对代词"it"所表述的信息还原不到位。

例5：Curves for the correction factors are presented for a number of specific taper and aspect ratios along with the general method for calculating these effects for other wing geometry.

原译：对于许多尖根比和展弦比，给出了修正系数曲线，还给出了对于其他机翼平面形状计算这些效应的通用方法。

改译：对于许多尖根比和展弦比，给出了修正系数曲线，还给出了对于其他机翼平面形状计算扭转效应和后掠效应的通用方法。

分析：在汉语中，代词的使用不像英语那么普遍，原译用"这些效应"来直译

"these effects"，使得译文缺乏直观性。为了保证描述的直观性和准确性，应该将代词指代的对象进行还原。根据上下文可知，原文句子中的代词"these"指代的是上文提到的"twist and sweep-back"。

例 6：（Engines mounted on the aft fuselage have much smaller yawing moments when an engine must be shut down because the effective moment arm for the thrust force is much smaller than for wing-mounted engines. This is an attractive safety feature of fuselage-mounted engines.）In addition，because of <u>their</u> naturally greater ground clearance <u>they</u> better avoid foreign object damage due to ingestion by the engine inlet.

原译：另外，由于它们较大的离地净高，它们可以更好地避免发动机进气道吸入外物造成损伤。

改译：另外，由于机翼下安装发动机的地面间隙更大，它们可以更好地避免发动机进气道吸入外来物造成的损伤。

分析：从上文可以看出，代词"they"（"their"）指代的是"engines mounted on the aft fuselage"。原译将代词直译，使得译文表述不明确。改译将代词的指代对象进行还原，表述清晰明确，信息传达到位。

9.1.3 连词

在汉语里，可以把两个或者两个以上的句子连接起来而不用连词；而在英语里，句子的连接大多需要使用连词。英语使用连词的机会比汉语多得多，英语连词不仅可以用来表示并列关系，还可以表示因果、原因、条件等逻辑关系。由于英汉两种语言的结构性差异，英语连词的理解与翻译也比较容易出错。

（1）并列连词

并列连词主要用来连接平行的词、词组或分句。并列连词除了表示并列之外，还可表示转折或因果关系。更特殊的情况是，有的并列连词既可表示并联关系，也可表示因果关系。在这种情况下，如果不能正确判断并列连词的作用，就会出现理解与翻译错误。比如，并列连词"and"既可以表示并列关系，也可表示连续进行的动作，还可表示因果关系等；并列连词"while"既可表示并列关系，也可表示转折关系。

例 1：At that speed the decision is made either to abort <u>and</u> x_{stop} is the distance required to decelerate the aircraft to a safe stop on the ground or to continue the takeoff <u>and</u> $x_{cto, leo}$ is the distance required to accelerate the aircraft to the takeoff speed, lift off, <u>and</u> clear the 35ft obstacle.

原译：达到该速度时，须决定中断起飞，x_{stop} 是使飞行减速直至安全停止在地面上所需的距离，或者继续起飞，$x_{cto, leo}$ 是使飞机加速至起飞速度，升空，然后清除 35 英尺的障碍物所需的距离。

改译：达到该速度时，需决定是中断起飞还是继续起飞，x_{stop} 是中断起飞后使飞行减速直至安全停止在地面上所需的距离，$x_{cto, leo}$ 是继续起飞时使飞机加速至起飞速度、升空、达到 35 英尺高度所需的距离。

分析：原文句子使用了三个连词"and"，前两个"and"是出于行文需要使用的连词，第三个"and"用于表示三个连续的动作。文中三个"and"仅起连接的作用，词汇意义不强，属于弱连接。在这种情况下，连词"and"在翻译时完全可以省略。

例 2：Because the cruise thrust is generated at the cruise altitude <u>and</u> the static thrust is generated at low altitude, typically close to sea level, we must correct for the altitude difference.

原译：因为在巡航高度上才会产生巡航推力，而且静推力产生于低高度，通常接近海平面，因此必须修正高度差值。

改译：因为巡航推力产生在巡航高度，而静推力产生于低高度，通常接近海平面，所以，必须根据高度差对推力进行修正。

分析：原文句子中，连词 "and" 前后并列了两种不同的情况，表示两种情况的对比，具有转折的意味，可以译为 "而"。原译译为 "而且" 不恰当。

例 3：After installing a component in the engine section, workers at Michoud were notified by Boeing that a part that controls the movement of the RS-25 engines had failed qualification testing and would need to be replaced.

原译：在发动机部分安装了一个部件后，波音公司通知米丘德（Michoud）的工人，控制 RS-25 发动机移动的零件没有通过资质测试，并需要进行更换。

改译：在发动机段安装了一个部件后，波音公司通知米丘德（Michoud）的工人，控制 RS-25 发动机运动的一个零件没有通过质量检测，（因此）需要进行更换。

分析：原句中的 "qualification testing" 是针对 "a part" 而言的，指的是零件的 "质量检测"。原译使用的 "资质" 一般是对人而言的，指人具有某方面的资格，属于用词不当。原句中，"a part … had failed … and would need …" 形式上为并列结构，但实际上存在内在的因果关系，前面 "had failed" 的事实导致了后面需要实施的动作 "would need"。用 "and" 并列结构表示具有因果关系的动作，是英语中常见的一种表达方式。这种表达方式再翻译为中文时，可以使用 "因此" 来表示因果关系，也可以省略连接词，体现中文的 "意合" 优势。

例 4：The V/STOL concept in particular was not deemed feasible for an aircraft with the heavy gross weight required for an intercontinental bomber, and was eliminated from further consideration.

原译：认为 V/STOL 方案不具备重型洲际轰炸机总重的需求，而且从长远考虑会被淘汰。

改译：对于洲际轰炸机这样总重很大的飞机，垂直/短距起落（V/STOL）被认为是行不通的，因此不作进一步的考虑。

分析：原文句子采用了被动式，且为并列结构。原译对句子中 "further consideration" 的理解存在错误。原句中的 "was not deemed feasible" 与 "was eliminated …" 之间用 "and" 连接，形式上为并列结构，实际上存在前因后果的关系。这样的 "and" 译为 "而且" 并不合适，应该用汉语的 "因此" 将原句隐含的因果关系显现出来。

例 5：The inboard Krueger flaps seal to the upper surface while the outboard ones have a clearly visible slot.

原译：舷内克鲁格襟翼封住上表面，同时舷外襟翼有清晰可见的翼缝。

改译：内侧克鲁格襟翼紧贴上表面，而外侧襟翼形成清晰可见的翼缝。

分析：原文句子中，并列连词 "while" 表示的是转折的关系，而不是并列的关系。

（2）从属连词

从属连词用于引起时间状语从句、原因状语从句、条件状语从句等。有的从属连词既

141

可引起时间状语从句，也可引起原因状语从句，在这种情况下，对从属连词的理解就容易出现错误。

例 1：The EUS work and related costs will continue to at least 2024 as NASA plans to use the EUS on the first SLS Block 1B launch.

原译：随着 NASA 计划在第一个 SLS Block1B 发射中使用 EUS，该 EUS 的工作和相关成本将至少持续到 2024 年。

改译：因为 NASA 计划在第一次 SLS Block1B 的发射中使用 EUS，该 EUS 的工作和相关成本将至少将持续到 2024 年。

分析：原句中使用了从属连词"as"。从属连词"as"既可以引起时间状语从句，也可以引起原因状语从句。原句的从属连词"as"引起的是原因状语从句，原译对此理解有误。

例 2：The pressurized volume is about 20% greater than the free volume until the aircraft is large enough that the (circular) cross-sectional area is sufficiently large to permit use of pressurized above-and below-floor space for other uses besides passenger accommodation.

原译：增压容积一般比自由容积大 20% 左右，当飞机大到一定程度后，机身（圆形）横截面已经足够大，这样就可以将增压的地板上空间或地板下空间用于承载乘客之外的用途。

改译：当飞机大到一定程度后，机身（圆形）横截面已经足够大，就可以将增压的地板上空间或地板下空间用于承载乘客之外的用途。在此之前，每位乘客的增压容积一般比自由容积大 20% 左右。

分析：原文句子使用了从属连词"until"，它表示动作状态的持续，意为"直到（另一动作）之前"。原译没有表达出主句与从句之间的前后次序关系。

9.1.4　介词

介词是英语中最活跃的词类之一，特别是一些常用的介词，搭配能力特别强，可以用来表示很多不同的意思。介词短语既可以作定语，又可以作状语。介词也是最容易出现翻译错误的词汇，出错的主要原因是对介词词义和在句子中的作用把握不准。下面仅举数例，以示说明。

（1）at

介词"at"可表示"在（某个地点）"，也可表示"在（某个时间）"，一个是作地点状语，一个是作时间状语。[108]

例 1：The maximum static main gear strut load occurs at maximum gross weight and farthest aft center of gravity.

原译：主起落架支柱的最大静载荷出现在最大总重量和最后重心位置处。

改译：主起落架支柱的最大静载荷出现在最大总重量和最后重心位置时。

分析：原文句子中，介词短语"at maximum gross weight and farthest aft center of gravity"作时间状语。

（2）between

介词"between"最常用的词义就是表示"两者之间"，但它还有一个不常用的词义是"（两人或两人以上）协力、共有"。

例 1：A total of 50000 pounds of weapons could be carried <u>between</u> the three weapons bays on rotary launchers.

原译：重达 50000 磅的武器装载在旋转发射装置上的三个武器舱<u>之间</u>。

改译：三个武器舱内的旋转发射架上<u>总共</u>可以装载 50000 磅的武器。

分析：原文句子有两个介词短语作宾语。"between the three weapons bays" 中的介词 "between" 不是 "两者之间" 的意思，而是表示 "三者共有" 的意思。

（3）beyond

介词 "beyond" 可表示在 "某个界限的另一边"，或者 "超出某个界限"。

例 1：The maximum lift coefficient of an airfoil appears to be insensitive to Reynolds number if the boundary layer over the airfoil is turbulent everywhere beyond the immediate region of the leading edge.

原译：如果翼型上的边界层在<u>超出</u>前缘区域的其他地方出现湍流，那么翼型最大升力系数似乎对雷诺数并不敏感。

改译：如果翼型最前缘区域<u>之后</u>的边界层全部为湍流，那么翼型的最大升力系数对雷诺数不敏感。

分析：原文句子中，介词 "beyond" 表示 "机翼最前缘以外的区域"，在机翼上，指的就是 "机翼最前缘之后的区域"。

（4）for

介词 "for" 既可以表示原因，又可以表示目的。它所引导的介词短语既可以作定语，又可以作状语。

例 1：In addition to the SLS Program Office, Marshall is home to SLS software testing and materials laboratories and test stands <u>for evaluating the Core Stage structures</u>.

原译：除了 SLS 项目办公室以外，马歇尔（Marshall）还有 SLS 的软件测试和材料实验室和火箭静止试验支架，<u>用以评估芯级的结构</u>。

改译：在马歇尔航天飞行中心，除了 SLS 项目办公室以外，还有 SLS 的软件测试实验室和材料实验室，以及用于评定芯级结构的试验台架。

分析：英语词汇 "home" 的意义要比汉语词汇 "家" 的意义更加广泛。原句中，"Marshall" 是个地名，指代的是 "马歇尔航天飞行中心"；"home" 表示 "Marshall" 是一些机构或者设施的 "所在地"；"software testing and materials laboratories" 为省略结构，表示的是两类实验室，应为 "software testing laboratory and materials laboratory"；介词短语 "for evaluating the Core Stage structures" 做 "test stands" 的后置定语。原译将 "for evaluating the Core Stage structures" 译作目的状语，表述不当。

例 2：We introduce the following definitions <u>for</u> the weight fractions of the various components：

原译：我们引入下列定义，<u>以便说明</u>各组件的重量分量。

改译：我们对各种重量的重量比定义如下：

分析：原文句子中，介词短语 "for the weight fractions of the various components" 作 "definitions" 的后置定语，"for" 的意思是 "对于……"。原译将 "for" 理解为 "为了……"，以为介词短语是作状语的，这种理解是错误的。

例 3：This multi-prong fee structure also includes additional award fees for system integration of the Core Stage with other SLS components, such as the RS-25 engines.

原译：这种多渠道支付费用结构还包括系统的额外奖励费用，以及其他 SLS 组件（如 RS-25 发动机）芯级的系统集成的额外奖励费用。

改译：这种多渠道支付费用结构还包括其他奖励费，即芯级与其他 SLS 组件（如 RS-25 发动机）集成的奖励费。

分析：原句中，"additional award fees" 后置的介词短语作定语，"for" 引导的介词短语本身结构复杂，原译将这一介词短语处理为并列结构，这样的翻译存在错误。原句的后置定语结构复杂，如果翻译时处理成汉语的前置定语，会显得句子的结构失衡。同位语的作用是对前面出现的名词进行进一步的解释，因此，后置定语可以处理为汉语中的同位语。

（5）over

介词 "over" 的意思很多，可表示"时间""位置""数量"等方面的"超过"。

例 1：It is seen that the two leading edge devices give about the same increment in maximum lift coefficient over that produced by the airfoil alone — about a 10% improvement.

原译：我们可以发现，两个前缘装置与单独翼型产生的最大升力系数的增量几乎一样大，大约有 10% 改进。

改译：我们可以发现，两个前缘装置产生的最大升力系数的增量几乎一样大，与单独翼型的最大升力系数相比，大约有 10% 的提高。

分析：在这个句子中，"over" 表示的意思是"数量上超过……"，它提供了一个比较的基准。

（6）through

介词 "through" 含有"从一点到另一点的过程"或者"遍布整个范围"的意思，具有"动态"或者"运动"的意味。

例 1：As of the September 30, 2017, NASA had paid Boeing nearly \$323 million in award and incentive fees (\$265 million and \$58 million, respectively) for work performed, or about 90 percent of nearly \$359 million in award and incentive fees (\$297 million and \$62 million, respectively) available through the end of the most recently completed performance period.

原译：截至 2017 年 9 月 30 日，美国国家航空航天局已经向波音公司支付了近 3.23 亿美元，用于对已经完成工作的奖励费和激励费（分别为 2.65 亿美元和 5800 万美元）的情况下，占近 3.59 亿美元的奖励费和奖励费（分别为 2.97 亿美元和 6200 万美元）中的 90%，可在最近完成的执行期结束时使用。

改译：截至 2017 年 9 月 30 日，美国国家航空航天局已经向波音公司支付了近 3.23 亿美元，作为对已经完成工作的奖励费和激励费（分别为 2.65 亿美元和 5800 万美元），占近期工作完成后可用的 3.59 亿美元的奖励费和奖励费（分别为 2.97 亿美元和 6200 万美元）的 90%。

分析：原文句子的直接宾语为连词 "or" 连接的并列结构。"nearly \$323 million" 后的介词短语 "in award and incentive fees" 作定语，介词短语 "for work performed" 作状语；"about 90 percent of nearly \$359 million" 后面的介词短语 "in award and incentive fees" 作

定语，而它本身有带有作后置定语的形容词 "available"，介词短语 "through the end of the most recently completed performance period" 作状语。原译对介词短语 "through the end of the most recently completed performance period" 的理解出现错误。

（7）up to

"up to" 表示向上所能达到的位置或者状态，往往表示的是一个范围。

例 1： For ranges of up to 500 or 600 miles[①] the turbo-prop can deliver its good fuel economy.

原译：航程为 500 或 600 英里时，涡桨发动机飞机就能体现其燃油经济性的优势。

改译：航程不超过 500 或 600 英里时，涡桨飞机才能体现出良好的燃油经济性。

分析：介词 "up to" 表示的是一个范围的上限，而不是一个具体的（时间、距离）的点。

（8）with

介词 "with" 的词义很多，在翻译中需要仔细把握，才能避免出错。

例 1： Boeing is contracted to build two Core Stages and is also responsible for integrating and testing the Core Stage with the four RS-25 engines and government-provided flight control software.

原译：波音公司订立合同，是为了制造两个芯级，并负责集成和测试配备 4 台 RS-25 发动机和政府提供的飞行控制软件的芯级。

改译：波音公司被授予合同，制造两个芯级，并负责芯级与 4 台 RS-25 发动机和政府提供的飞行控制软件的集成和测试。

分析："is contracted"（被签订合同）汉语中无对应的表达方式。原文采用被动式，是典型的英语表达方式，省略了动作的发出者 "NASA"，表示 "（NASA）与波音公司签订了合同" "波音公司被授予合同"。签订合同的目的是为了 "制造两个芯级"，但是这种目的在汉语中没有必要用 "是为了" 显性地表达出来。介词短语 "with the four RS-25 engines and government-provided flight control software" 表示 "integrating and testing the Core Stage" 的状态，"芯级" 是与 "发动机" 和 "飞控软件" 集成在一起并进行测试的。

9.1.5　副词

副词的翻译错误可主要分为三类，第一类是对词义的把握不够准确，第二类是对副词的功用理解错误，第三类是对词汇的类型判断错误。

（1）基本词义理解错误

基本词义的错误主要源于对原文语境的理解不够充分。

例 1： To conduct all design tasks serially stretches the work out unacceptably and generally leads to missing completion deadlines.

原译：连续进行所有设计任务会将工作无限延长，且通常会导致达不到完工期限的要求。

改译：串行进行设计任务会使工作周期延长到无法接受的程度，通常会导致无法保证完工期限。

----

① 1mile≈1.609km。

分析：原文句子使用了多个副词，副词"serially"表示"连续地""串列地"；副词"unacceptably"表示"不可接受地"。在工程上，工作的进行方式有两种："串行"和"并行"。原译将"serially"译为"连续"，虽然无错，但是不符合专业习惯，译为"串行"更符合专业习惯；将"unacceptably"译为"无限"是错误的。

例2：It must be noted that the results discussed in some detail here are intended to demonstrate that the effects of leading and trailing edges on wing performance are <u>not necessarily</u> additive.

原译：必须注意的是，这里详细讨论的结果意在证明，前后缘对机翼性能的影响<u>没必要增加</u>。

改译：必须注意的是，这里对结果的详细讨论意在证明，前后缘对机翼性能的影响<u>未必是叠加的</u>。

分析：副词"necessarily"用于否定句时，表示"未必是……"。原译将"not necessarily"译为"没有必要"是错误的。

（2）副词功用理解错误

副词在句子中用来作状语，可以用来修饰动词、形容词、副词或者整个句子。在英语中，常将副词置于句首，用于修饰整个句子。

例1：<u>Ideally</u>, a way would be found to allow supersonic speeds at low altitudes, further enhancing the aircraft's survivability.

原译：<u>从理论上</u>寻找一种使飞机在低空达到超声速的方法，进一步提高飞机的生存力。

改译：<u>理想的情况是</u>，应该设法使飞机在低空实现超声速飞行，进一步提高飞机的生存力。

分析：英语中的副词"ideally"通常用于修饰整个句子，原译对"ideally"的理解有误。原句中，分词短语"further enhancing the aircraft's survivability"作状语。

例2：<u>Historically</u>, Marshall has served as NASA's lead Center for space transportation design, development, and manufacturing.

原译：马歇尔（Marshall）<u>历史上</u>曾是美国国家航空航天局太空运输的设计、研发和制造的领导中心。

改译：<u>历史上</u>，马歇尔（Marshall）曾是美国国家航空航天局太空运输的设计、研发和制造的领导中心。

分析：原文句子中，位于句首的副词"historically"用于修饰整个句子。

（3）词类理解错误

英语中，有的词汇具有多种词性，有的词既可以作副词又可以作连词，而有的词既可以作副词又可以作介词。对于具有多种词性的词汇，如果不能正确判断它在句子中的词性，就会对它的作用产生误解，引起翻译错误。

例1：Moreover, as identified in previous reporting, the integration and testing phases of a space flight program are historically <u>when</u> problems are discovered.

原译：另外，正如以前的报告所指出的，从历史上看，<u>当发现问题时</u>，就是航天飞行计划的整合和测试阶段。

改译：另外，正如以前的报告所指出的，从历史上看，航天飞行计划的集成阶段和测试阶段正是发现问题的时候。

分析：原句的主体结构为英语的"主系表"结构，"when"引导的是表语从句。"when"在句子中是连接副词（……的时候）而不是从属连词（当……的时候）。原译将"when"译为从属连词（当……时），存在理解错误。

例 2：The design and production of the initial B-1A prototypes was too far along to alter their escape systems, but the Air Force intended to evaluate the results of the study before deciding upon a production configuration.

原译：最初的 B-1A 原型机的设计和生产也是在后来改进逃离系统，但是空军打算在决定生产型之前评估研究结果。

改译：最初的 B-1A 原型机的设计和生产进度较快，改进逃离系统已经来不及，但是，空军希望在确定生产构型之前对研究结果进行评估。

分析：原文句子使用了"be too+形容词+to do"。如果是"was too far to alter…"就容易理解，表示"……太远了以致不能改变……"。句子中的形容词"far"后面跟了一个单词"along"，"along"不仅可以作介词，还可以作副词，表示"向前"。"along"在句子中作副词，修饰"far"。原译没有理解"too far along"的含义，译文出现信息丢失，没有表达出"太向前"的意思。

9.1.6　数词

英语表示大数字和倍数的习惯与汉语有所不同，翻译时需要进行适当的换算。不经换算的直译不符合汉语习惯，而如果换算过程中不仔细也可能出现换算错误。

（1）大数字的换算

在英语和汉语中，表示数字有两种方法，一种方法是用阿拉怕数字，还有一种方法是使用单词或词组。英语中，表示较大的数字的单词有"million"（百万）和"billion"（十亿）；汉语中，表示较大的数字的词有"万"和"亿"。对于较大的数字，两种语言都倾向于利用"数字+单词"的表示方式，例如，英语中，常用"150 million"，而汉语中常用"1.5 亿"。由于表达习惯的不同，翻译中需要对数字进行适当的换算。[109]

例 1：Between June 2014 and August 2018, Boeing spent over $600 million more than planned on developing Core Stages 1 and 2, and NASA officials have confirmed that in FY 2018 alone Boeing expended $226 million more than planned.

原译：从 2014 年 6 月到 2018 年 8 月，波音公司在芯级 1 和芯级 2 的研发上比计划多支出了超过 600 百万美元，而且美国国家航空航天局（NASA）的官员已经证实，仅 2018 财政年度，波音公司就比原计划多支出了 226 百万美元。

改译：从 2014 年 6 月到 2018 年 8 月，波音公司在芯级 1 和芯级 2 的研发上比计划多支出了超过 6 亿美元，而且美国国家航空航天局（NASA）的官员已经证实，仅 2018 财政年度，波音公司就比原计划多支出了 2.26 亿美元。

分析：原文句子中，表示数字用了"$600 million"和"$226 million"。汉语中表示大数字习惯用"××万"或者"××亿"，这样的表述可使读者对大数字产生直接的"量"的感觉。因为单词（相当于数字后面带的单位）表示的数字的大小不同，需要对单词前面的数字进行适当的转换。

例2：At takeoff the Reynolds number varies linearly from <u>18 million</u> at the root to <u>9 million</u> at the tip.

原译：起飞期间，雷诺数线性变化，从翼根处的 <u>1800 万</u>减小到翼尖处的 <u>900 万</u>。

改译：起飞期间，雷诺数线性变化，从翼根处的 <u>1.8×10^7</u>减小到翼尖处的 <u>9×10^6</u>。

分析：在科技文章中，对于单纯的理论上的大数字，还可采用科学计数法来表示，这样的表示更加简洁。

（2）倍数的换算

英语中，不管是增加还是减小，都可用"多少倍"（by a factor of）来表示；而汉语中，只能说增加"多少倍"或者"减少到……"。由于这种表达方式上的差异，翻译过程中需要进行仔细的转换。[109]

例1：Since the arm of the trimming forces on a tailless aircraft is considerably less than that of a conventional tail, a greater downward force must be generated to reach an equal margin of static stability, thus reducing the total lift. For tailless aircraft, this results in <u>a reduction of the lift coefficient by a factor of around one and a half</u> compared to a conventional aircraft. On the other hand, the flying wing promises only half the drag coefficient of a conventional aircraft, so, in theory, the lift-to-drag ratio is better for the all-wing by a factor of 1.3. The American flying wing pioneer, John Knudsen Northrop, believed that the power required to propel a flying wing at the same speed as a conventional aircraft could be reduced by as much as 40 percent and the range increased by 66 percent.

原译：由于无尾飞机上配平力的力臂明显小于常规尾翼的力臂，因此必须产生一个更大的向下力以达到相同静稳定裕度，从而减少总升力。与常规飞机相比，这导致无尾飞机的升力系数减少了大约1.5倍。另一方面，飞翼的阻力系数有可能仅为常规飞机阻力系数的一半，因此，理论上，全翼机的升阻比是常规飞机的1.3倍。美国的飞翼先驱约翰·纳的森·诺斯罗普认为在以常规飞机的速度来推进飞翼时所需的动力可减少高达40%，且航程可增加66%。

改译：无尾飞机上配平力的力臂明显小于常规尾翼的力臂，必须产生更大的向下的力才能获得相同的静稳定性裕度，这样就减小了总升力。与常规飞机相比，无尾飞机的升力系数减小大约33%。另一方面，飞翼的阻力系数仅为常规飞机阻力系数的一半左右，因此，理论上，全翼机的升阻比是常规飞机的1.3倍。美国的飞翼先驱约翰·纳的森·诺斯罗普认为，达到与常规飞机相同的速度，推进飞翼所需的动力可减少高达40%，航程可增加66%。

分析：原文句子中，"a reduction of the lift coefficient by a factor of around one and a half"表示"升力系数以1.5的系数减小"，原译译为"减小1.5倍"，不符合汉语习惯。英语的这种表达方式，在翻译时需要进行换算。原文表达的意思是"原来的升力系数是减小后的升力系数的1.5倍"，相当于"减小后的升力系数是原来的升力系数的67%"，也就是说，升力系数减小了33%。

9.1.7 形容词

形容词翻译出错的情况表现为两种：一种是形容词与修饰对象的搭配出现错误；另一种是对形容词词义的理解错误。

（1）形容词与修饰对象的搭配错误

形容词与名词的搭配，汉语的习惯与英语的习惯存在差异。如果对形容词进行直译，有时会出现译文中形容词与名词的搭配错误。

例 1：Theoretical airfoil design is hampered by the existence of viscous effects in the form of a "boundary layer" of low-energy air between the airfoil surface and the outer flow within which friction is important and outside of which friction is negligible.

原译：黏滞效应以翼型表面和外流之间低能耗空气的边界层形式存在，这限制了理论翼型设计，边界层内部的摩擦力比较重要，边界层外部的摩擦力可忽略。

改译：黏性效应的存在限制了理论翼型设计，它表现为翼型表面与外层自由流之间的低能空气"边界层"，边界层之内摩擦力比较大，边界层之外摩擦力可以忽略不计。

分析：原文句子中的形容词"important"本意是"重要的"，在句子中表示的是"摩擦力"的"大"，不能说"摩擦力比较重要"。

例 2：Sweepback is unnecessary in this speed range so aspect ratios can be high（≥10）.

原译：在此速度范围中，后掠角不需要，所以展弦比可以较高（≥10）。

改译：在此速度范围中，机翼不需要后掠角，所以展弦可以比较大（≥10）。

分析：原文句子中，形容词"high"表示数据的"大"。汉语中，数据通常说"大小"而不说"高低"。

（2）形容词词义选择错误

英语中一些常用的形容词往往具有多种词义，需要根据修饰对象正确选择词义。另外，形容词的翻译也需要注意科技英语的语体特征，例如，"interesting"是英语中最常用、也最简单的一个形容词，初学英语的人都知道它的含义是"有意思的""有趣的"，但是，在科技英语中，有时候将"interesting"译为"有趣的"并不贴切。

例 1：Harper and Maki（1964）show that the method described for predicting maximum lift of swept wings of widely varying planform and profile geometries is consistently conservative by around 20%.

原译：哈珀和马基（1964）表示，前面所述的用于预测不断变化的平面形状和剖面几何图形的后掠翼的最大升力的方法，始终存在20%左右的保守性。

改译：哈珀和马基（1964）的研究表明，前面所述的用于预测不同平面形状和剖面形状的后掠翼最大升力的方法，始终存在20%左右的保守性。

分析：英语的形容词"varying"由动词"vary"演变而来，实际上可以看作是动词"vary"的现在分词。"vary"有两种含义：①变化、变更；②不同、相异。对应地，"varying"可表示两种意思：①变化的；②不同的。原文句子中，现在分词"varying"作"planform and profile geometries"的前置定语，此处"varying"表示"不同"。原译将其理解为"变化的"，是错误的。

例 2：Trailing edge flaps have to share trailing edge space with low-speed（outboard）and possibly high-speed（inboard）ailerons as well as being clear of hot jet exhaust from wing-mounted engines.

原译：后缘襟翼必须与低速（外侧）和高速（内侧）副翼共享后缘空间，并且清除装于翼上的发动机的热喷气废气。

改译：后缘襟翼必须与低速（外侧）副翼、可能还有高速（内侧）副翼共享后缘空间，同时远离翼装发动机的高温喷气。

分析：英语中，形容词"clear"的词义很多，"clear of"表示"没有……的、清除了……的"。原译将"clear of"译为"清除"，是不正确的。

例 3：The wide range of alterations to the outboard tenth of wings of <u>operational aircraft</u> illustrates the variety of design choices possible.

原译：对作战飞机机翼外侧十分之一翼段的大幅修改说明了设计选择多样化的可能性。

改译：对<u>使用中的飞机的</u>机翼外侧十分之一翼段做了多种修改，展示了设计选择的多样性。

分析：英语形容词"operational"具有多种含义：①操作上的；②能使用的；③作战的。原文句子讲的是民用飞机，因此，"operational aircraft"指的是"使用中的飞机"，而不是"作战飞机"。

例 4：Aboulafia（2012）presents an <u>interesting</u> forecast of the airline business based on the changes brought by the operational and structural improvements forced by intense competition over the last decade.

原译：过去十年里，激烈的竞争导致运营和结构变革发生了巨大的变化，基于这一点，Aboulafia（2012）对航空业务进行了<u>有趣</u>的预测。

改译：过去十年里，激烈的竞争促使航空公司对运营和结构进行了改进，这些改进又引起了许多变化，基于这些变化，阿布拉菲亚（2012）对航空业务进行了<u>有意义</u>的预测。

分析：原文句子中，形容词"interesting"作"forecast"的前置定语。原译译为"有趣的预测"，不符合上下文的语境。在科技英语中，"interesting"的含义应该是"有意义的""有益的"。

9.1.8 动词

用来表示动作的实意动词往往具有多种意思，而且用法灵活。动词翻译出现错误的原因主要有两个，一个是选择的动词词义在译文中不符合上下文的语境，另一个是由于英汉两种语言表达习惯的不同，没有对动词的词义进行适当的转化。

（1）词义选择错误

有的实意动词词义较多，翻译时需要根据上下文的语境，选择合适恰当的词义，才能准确反映原文所要表达的信息。另外，英语的情态动词的翻译也要结合语境，否则也会出错。

例 1：Because the vertical acceleration of the aircraft during the airborne phase of the takeoff is negligible with respect to the gravitational acceleration, the aircraft may be considered to be in equilibrium with its weight <u>balanced</u> by its lift.

原译：起飞的机载阶段飞机的垂直加速度可忽略不计，可以认为飞机处于平衡状态，其自身重量由自身产生的升力<u>抵消</u>。

改译：在起飞空中段，飞机的垂直加速度可忽略不计，可以认为飞机处于平衡状态，其重量与自身产生的升力<u>相等</u>。

分析：介词短语"with its weight balanced by its lift"中的动词"balance"是"平衡"

"相等"的意思。原译使用动词"抵消"不符合原文意思。

例 2：One advantage of having three or four engines instead of two is that the thrust level is not as severely <u>compromised</u> as it is for twin-engine aircraft.

原译：采用三至四台发动机的一个优点就是发动机额定推力不会像在双发飞机情况下那样严重<u>削弱</u>。

改译：采用三或四台发动机的一个优点是，单发失效时发动机的推力<u>降低</u>不像在双发情况下那样严重。

分析：原文句子表示发动机推力的减小使用了动词"compromised"。"compromised"作及物动词时，本身的词义是"损害""牺牲"。原译将"compromised"译为"削弱"，构成"推力削弱"，动词词义选择不当。

例 3：The planform views discussed thus far <u>cannot illustrate</u> another common wing characteristic, dihedral.

原译：迄今为止讨论的机翼平面图<u>仍无法解释</u>机翼另一个常见的特征，上反角。

改译：本书到目前为止讨论的机翼平面图<u>还没有说明</u>机翼的另一个常见特征，上反角。

分析：动词"illustrate"的意思是"（用图、实例）说明"，将"cannot illustrate"译为"无法解释"不符合上下文意思。

例 4：Note that the square of the velocity <u>is plotted</u> since this quantity is proportional to the pressure; the difference between the upper and lower surface curves is basically the net pressure force.

原译：须注意的是，由于此物理量与压力成比例，所以它与速度的平方<u>呈函数关系</u>；上下表面曲线之间的压力差基本上就是净压力。

改译：须注意的是，因为速度平方与压力成比例，所以图中给出的是速度平方在<u>翼展方向的变化曲线</u>；上下表面曲线之间的差值基本上就是净压力。

分析：原文句子使用了被动语态"is plotted"，动词"plot"表示画出两个变量之间的曲线图。根据上下文的表述和所给出的曲线图，可知"图中给出的是速度平方在翼展方向的变化曲线"。

例 5：Therefore setting the wing on the fuselage at this stage <u>must</u> be considered to be provisional.

原译：因此，在这一阶段将机翼部署在机身上必须被视为临时做法。

改译：因此，在这一阶段确定的机翼位置只能是临时位置。

分析：情态动词"must"表示：①必须……；②一定是，必然。原译译为"必须……"，不符合语境。改译表述为"只能是……"。

（2）词义转化错误

英语具有使用"无灵主语"的倾向，常使用不主动发出动作的词或无生命名词作主语。在科技英语中，为了体现描述的客观性，使用"无灵主语"的情况更多。翻译"无灵主语"句子时，需要对谓语动词的词义进行适当的转化，从而形成通顺的译文。

例 1：The equivalence in frontal area <u>provides</u> for both fuselage shapes to have approximately equivalent pressure drag.

原译：正面面积的当量保证了两种机身形状具有大致相当的压力阻力。

改译：由于正面面积相当，两种形状机身具有大致相当的压差阻力。

分析：原文句子使用拟人的修辞手段，采用了"无灵主语"。"无灵主语"并不能发出动作，翻译时，一种方式是对主语进行转化，另一种方式是对谓语动词进行转化。原译采用的是对谓语动词进行转化的方式，但译文不符合汉语习惯；改译采用对主语进行转化的方式，随着主语的改变，谓语动词也要作适当的转化。

例 2：The maximum headroom ranges from about 6 ft in the regional jets to about 7 ft in the mid-size single-aisle, and this value occurs only in the aisles.

原译：最大净空高度不一，支线喷气式飞机约为 6 英尺，中型单走道型约为 7 英尺，该值仅会发生在走道中。

改译：各类飞机的最大客舱高度有所不同，支线喷气客机约为 6 英尺，中型单通道飞机约为 7 英尺，该值一般指通道处的高度。

分析：将原文句子中的"this value occurs only in the aisles"直译为"该值仅会发生在走道中"不符合汉语习惯，需要对动词进行适当的转换。

例 3：The sweepback of any location n, as a fraction of the chord, may be found from the known sweepback at some other position m, also as a fraction of chord.

原译：根据已知的某个位置（用弦长的几分之一表示）的后掠角可以找到其他任一位置（也是用弦长的几分之一表示）的后掠角。

改译：根据已知的某个位置（用弦长的几分之一表示）的后掠角可以求出其他任一位置（也是用弦长的几分之一表示）的后掠角。

分析：原文句子使用了常用的英语动词"find"，其基本意思是"发现""找到"。这类普通词汇在科技文本中需要根据上下文语境，选择符合汉语表述习惯的词汇来表达。原文句子讲述的是一个数值的推算过程，汉语中常用的表述方式为"求出""得出"等。

9.1.9 名词

名词用来表示具体事物或者抽象概念的名称，英语中有很多从动词转化而来的抽象名词，用来表示动作。名词翻译错误主要源于对原文的理解不够透彻，导致词义选择错误。

例 1：As eventually installed on the first three B-1As, the crew escape system generally resembled the F-111's crew module, which had been hailed as a major advancement in aircraft design.

原译：安装在前三架 B-1A 原型机上的机组逃离系统与 F-111 相似，该系统在飞机设计过程中做了主要改进。

改译：安装在前三架 B-1A 上的机组逃离系统与 F-111 的相似，该系统被看作飞机设计中的一个重大进步。

分析：原文句子带有前置的时间状语从句，主句中的"crew module"后面有一个非限定性定语从句，对"crew module"进行说明。原译将前置的时间状语从句处理为定语，符合汉语表达习惯，但是，对"which"引导的非限定性定语从句中名词"advancement"的理解存在错误。

例 2：NASA launched a concerted effort to develop new airfoil sections that would have improved performance at high subsonic Mach numbers and thereby improve the performance of the newly introduced turbojet airliners.

原译：NASA 不断齐心协力地开发新翼剖面，来提升高亚声速马赫数性能，并由此提高了新引进的涡轮喷气飞机的性能。

改译：NASA 启动了一个合作研究项目，开发新翼型，这些翼型改进了高亚声速马赫数性能，由此提高了新研制的涡轮喷气客机的性能。

分析：原文句子的宾语为 "a concerted effort"，"effort" 的常用意思是 "努力" "工作成绩" 等，但在科技文章中，也可指 "（工作）项目" "（研究）计划"。

例 3：Note that the action of the winglet is tied to properly exploiting the induced whirling flow generated by the finite wing so a winglet may be employed above the wing, below the wing, or both.

原译：注意，小翼的动作与合理利用有限机翼产生的诱导涡流有关，所以小翼可设置在机翼上方，或下方，或上下皆有。

改译：注意，小翼的作用与合理利用有限机翼产生的诱导涡流有关，所以小翼可设置在机翼上方，或下方，或上下皆有。

分析：名词 "action" 有 "作用" "动作" 等意思。原文句子中，"the action of the winglet" 表示 "小翼的作用"，而不是 "小翼的动作"。

9.2　词组短语错误

短语是由词汇组成的小于句子的语言片段，它的组成方式灵活多变，在句子中可充当不同的句子成分。本节主要分析名词短语、动词短语、不定式短语以及介词短语的常见错误和出错的原因。分词短语和动名词短语在翻译实践中出错的情况比较少，在此不作详细讨论。

9.2.1　名词短语

名词性短语由中心名词与前置定语和（或）后置定语构成。当名词性结构带有多重定语时，容易出现定语排列或者组合错误。

（1）定语的排列错误

名词带有多重定语时，英汉两种语言对于不同定语的排列习惯不同。在翻译时，需要根据不同的语言习惯调整定语的排列顺序。

例 1：This book grew out of a handbook originally prepared to support a one-semester senior undergraduate course devoted to airplane design.

原译：本书的雏形源自于原先为飞机设计相关的一学期高年级大学生课程而编制的手册。

改译：本书源自起初为飞机设计专业高年级大学生的一学期课程而编制的一份手册。

分析：原译用名词 "雏形" 和动词 "源自" 对原文中的 "grew out of" 做了重复表达；原文中的 "a one-semester senior undergraduate course devoted to airplane design" 带有两个前置定语和一个后置定语，原译将后置定语前置，符合汉语的表达习惯，但是，两个前置定语的语序没做调整，不符合汉语的表达习惯。改译删除了语义重复的词汇，并将两个前置定语的语序做了调整，译文更加符合汉语的表达习惯。

例 2：The fuselage was of conventional semimonocoque skin-frame-longeron construction made primarily of aluminum alloy.

原译：传统半硬壳式机身蒙皮框架桁梁主要由铝合金构成。

改译：机身采用蒙皮-隔框-桁梁组成的传统半硬壳式结构，主要由铝合金制造。

分析：原文句子中，介词短语的结构比较复杂，其中的名词 "construction" 带有三个并列的前置定语，还带有一个后置定语。原译对前置定语的处理不合适，并且改变了原句的逻辑重点。

（2）定语的组合错误

名词带有多重定语时，每个定语与中心词之间的关系的紧密程度不同，各个定语之间也存在一定的层次关系。在翻译时，需要仔细分析各个定语之间的层次关系，进行恰当的组合，才能获得准确的翻译。

例1：The assumed丨 （cruise value‖ of the specific fuel consumption）should be as low as possible.

原译：耗油率的丨 （假定‖巡航值）应尽可能要低。

改译：假定的丨 （巡航‖耗油率）应尽可能低。

分析：原文句子中，主语 "value" 带有两个前置定语 "assumed" 和 "cruise"，还带有一个做后置定语的介词短语 "of the specific fuel consumption"。原文的重点讲的是 "耗油率"，主语的核心应该是 "value of the specific fuel consumption"（耗油率（的值）），两个前置定语起到两层限定作用，一层意思是 "assumed" （假定的），另一层意思是 "cruise"（巡航的）。原译对定语的排列不符合汉语的习惯。

例2：（Empty weights丨 as a function of takeoff weight）‖ for 50 commercial airliners.

原译：空机重量丨 与 （50种商用客机‖起飞重量）丨 的函数关系。

改译：50种商用客机的‖ （空机重量丨 与起飞重量之间丨 的函数关系）。

分析：原文为一个名词性结构，中心词为 "empty weights"，后面带有介词短语 "as a function of takeoff weight" 作中心词的定语，最后的介词短语 "for 50 commercial airliners" 作前面整个结构的定语。这种修饰关系可以表述为 "（（A）B）C"。原译对两个介词短语的逻辑层次的理解出现错误。

例3：（The main 丨 parameters ） 丨 of importance are shown in the figure.

原译：主要的丨 （重要‖参数） 如图所示。

改译：图中给出了一些具有重要意义的丨 （主要‖参数）。

分析：名词短语 "the main parameters of importance" 中，形容词 "main" 修饰中心词 "parameters"，介词短语 "of importance" 修饰 "main parameters"。原译颠倒了原文中前置定语与后置定语的层次关系，也没有表达出名词 "parameters" 的复数意义。改译理顺了定语之间的层次关系。

9.2.2 动词短语

在英语中，以动词为中心词，后面跟介词，构成动词短语。这些动词短语一般具有固定的搭配关系，表达动作的方式或者方向。在动词短语中，动词与介词在句子中是连续的，也可以是分离的。如果不熟悉动词短语中动词与介词的搭配关系，就会出现理解与表达的错误。

例1：Finally, the SLS Block 2 configuration willreplace the solid rocket boosters from

Blocks 1 and 1B <u>with</u> advanced boosters that will provide the capability to lift 130 metric tons to low Earth orbit and 37 metric tons to Mars.

原译：最后，SLS Block 2 配型将取代固体火箭助推器从 Block 1 和带有先进的助推器的 Block 1B，具有携带 130 吨的有效载荷到近地轨道的、以及携带 37 吨的有效载荷到火星的能力。

改译：最终，第 2 批次的航天发射系统（SLS）将用先进助推器取代 1 批和 1B 批的固体火箭助推器，可以发射 130 吨有效载荷到近地轨道，发射 37 吨有效载荷到火星。

分析：原句的主体结构为 "the SLS Block 2 configuration will replace the solid rocket boosters（from…）with advanced boosters（that…）"，意为 "用……取代……"。原译对固定搭配 "replace…with…" 理解错误，导致断句错误，译文不通顺。

例 2： It is important to keep in mind that drag coefficients for conventional aircraft are always referred to the wing planform area S, while base drag coefficients are typically <u>referred to</u> the maximum-cross-sectional, or frontal, area of the body, S_{front}.

原译：需要记住的一点是，传统飞机的阻力系数总是指代于机翼平面面积 S，而底部阻力系数则通常指代机体最大横截面或正面面积 S_{front}。

改译：需要记住的一点是，传统飞机的阻力系数总是相对于机翼平面面积 S 而言的，而底部阻力系数则通常是<u>相对于</u>机体最大横截面或正面面积 S_{front} 而言的。

分析：原文使用了动词词组 "refer to"，意思为 "相对于……而言"，原译译为 "指代" 不正确。

例 3： They <u>compared</u> the results obtained for all approaches <u>with</u> the measured relative thickness for 29 jet transport wings using the following definition for relative thickness suggested by Jenkinson, Simpkin, and Rhodes（1999）.

原译：他们对比了通过所有方法获得的结果，利用詹金森、辛普金和罗德（1999）建议的对相对厚度的以下定义测出 29 喷气式运输机机翼的相对厚度。

改译：他们将各种方法获得的结果与利用詹金森、辛普金和罗德（1999）建议的相对厚度的定义对 29 种喷气式运输机机翼的测量结果进行了对比。

分析：原文句子使用了动词的固定搭配 "compared…with…"，表示两个对象之间的对比。原译对动词短语 "compared…with…" 理解错误，没有正确表达出两个相互对比的对象。

9.2.3　不定式短语

在英语句子中，动词不定式（短语）可以作主语、宾语、表语、定语、状语等多种句子成分。动词不定式短语作状语时，常用于表示目的、结果或原因。在具体的语言环境中，动词不定式到底是表示 "目的" 还是表示 "结果" 或者 "原因"，有时候不容易区别。不定式短语的翻译错误通常表现为对不定式短语的 "目的性" 把握不准或者 "结果" 与 "目的" 的混淆。

（1）"强调性目的" 与 "一般性目的" 的混淆

不定式短语表示目的时，有强调性目的和一般性目的之分。强调性 "目的" 有突出的目的意味，有时候用 "in order to" 来表示强调，这时候的译文也需要对这种目的性进行强调。一般性目的只表示了形式上的 "目的"，有时可以看作两个前后连续的动作，这样的不定式短语没有必要强调其"目的性",在翻译时不需要使用汉语"为了……""才能……"等强调"目的"的词汇。

例1：Consequently, several executed contracts and contract modifications are considered unauthorized commitments and must be ratified <u>in order to</u> constitute valid government obligations.

原译：因此,若干已签署的合同和合同变更被认为是未经授权的承诺,必须予以批准认可,<u>以构成有效的政府义务</u>。

改译：因此,一些已经执行的合同和合同变更被认为是未经授权的承诺,必须经过批准才能构成有效的政府义务。

分析："in order to"表示强调性的"目的"。原译"必须予以批准认可,以构成有效的政府义务"没有表达出原文句子的强调意味。

例2：The original AMPSS contracts were modified <u>to include</u> studies by all three contractors into the AMSA concept.

原译：<u>为了使三家承包商都加入到</u>"先进有人驾驶战略飞机"(AMSA)方案的研究中,空军修改了最初的"先进有人驾驶精确打击系统"(AMPSS)合同。

改译：对最初的"先进有人驾驶精确打击系统"(AMPSS)合同作了修改,<u>将3个承包商的研究纳入</u>"先进有人驾驶战略飞机"(AMSA)方案之中。

分析：原文句子采用被动式,并带有不定式短语作状语,句子的重点是"contracts were modified"。原译虽无文字和逻辑错误,但是改变了原文所表述的重点。在翻译过程中,遵守信息重构的趋同性原则,将"were modified"与"to include"处理为并列关系,通过"意合"表达原文的"目的"。

例3：For future applications, more comprehensive changes to the landing gear configuration may be needed <u>to reduce noise</u>.

原译：进一步使用还需对起落架结构进行更全面的改进才能<u>降低噪声</u>。

改译：为了未来的使用,还需对起落架构型进行全面更改,<u>降低噪声</u>。

分析：原文句子中,不定式短语"to reduce noise"作状语,表示实施前一个动作的"目的",这样的目的状语可以用汉语中前后连续的动作来表示,不需要强调不定式短语的"目的性"。

(2)"目的"与"结果"的混淆

动词不定式作状语时,既可以表示"目的",又可以表示"结果"。如果对不定式短语的作用判别不清,混淆"结果"与"目的",就会引起翻译的错误。

例1：This location will be determined subsequently by requiring the CG of the entire aircraft to be properly located with respect to the aerodynamic center of the airplane <u>so as to ensure adequate longitudinal static stability</u>.

原译：通过确定整机重心相对于飞机气动中心的合理位置,随后确定机翼重心的纵向位置,<u>这样可以确保充分的纵向静稳定性</u>。

改译：机翼重心的纵向位置要使飞机的重心与飞机的气动力中心具有合适的相对位置,<u>以保证足够的纵向静稳定性</u>。

分析：原文句子中,不定式短语"so as to ensure adequate longitudinal static stability"表示前面的动作的目的。原译使用"这样可以",表示的是"结果"。

例 2： In the attempt to curtail fuel consumption，serious attention is being paid to mounting electric motors on the landing gear to drive the wheels during taxiing operations.

原译：为了降低飞机的燃油消耗，人们正在认真考虑在起落架上安装电动机，从而在滑行过程中驱动机轮。

改译：为了降低飞机的燃油消耗，人们正在认真考虑在起落架上安装电动机，用于在滑行过程中驱动机轮。

分析：原文句子中，不定式短语 "to drive the wheels during taxiing operations" 表示前一个动作 "mounting electric motors on the landing gear" 的目的。汉语连词 "从而" 表示的是 "结果"。

例 3： A circular cylinder can more easily accommodate growth in NP in terms of manufacturing since cylindrical sections，called plugs，can be readily added to an existing fuselage to create a so-called stretched version of a given aircraft.

原译：在制造方面，圆柱体更易于满足随着乘客数量的增加而增大的需求，这是因为圆柱段，又叫柱塞，能很容易地被加入现有机体，以便构成所谓的飞机加长版。

改译：在制造方面，圆柱体更易于满足随着乘客数量增加的需要，这是因为，在现有的机身上可以方便地增加圆柱段（又叫插入段），构成所谓的加长型。

分析：原文句子中，不定式短语 "to create a so-called stretched version of a given aircraft" 表示前一个动作所形成的结果。原译使用汉语的连词 "以便"，表示的是 "目的"。

9.2.4　介词短语

介词是英语中比较活跃的词汇，介词与名词构成介词短语，在句子中作状语、定语和表语。介词短语的错误通常表现为对介词短语的意义理解错误和对介词短语的作用判断错误。

（1）对介词短语的意义理解错误

介词具有一定的词汇意义。如果对介词的词汇意义把握不准，就会导致对介词短语的理解错误。

例 1： During takeoff，the wide-body aircraft would be more vulnerable to SLBM attacks than any of the other designs，because transports would fly more slowly out to a safe distance and would be more difficult to harden against nuclear blast effects.

原译：在起飞过程中，宽机身飞机比其他的方案易受潜射弹道导道的攻击，因为运输机在安全距离以外飞行更慢，而且相对于核爆炸，其强度不够。

改译：在起飞过程中，宽机身飞机比其他飞机更易受到潜射弹道导弹的攻击，因为运输机飞行速度慢，需要更长的时间才能飞到安全距离以外，而且对核辐射的防护能力不足。

分析：原文句子的 "fly more slowly out to a safe distance" 中，动词 "fly" 后来带有多个状语，"more slowly" 表示 "更慢"，"out" 表示向外的方向，"to a safe distance" 表示达到的 "位置" 或 "距离"，综合起来就是 "更慢得向外飞行到达安全距离"。原译对介词短语 "to a safe distance" 的理解为地点状语。

例 2： This system was intended to counter antiaircraft artillery，surface-to-air missile，and air-to-air missile fire control radars with deception jamming and to provide noise jamming to degrade the performance of early warning and ground intercept radars.

原译：这种系统是用来对抗高射炮、地空导弹和空空导弹射击指挥雷达以及实施欺骗干扰，同时提供噪声干扰以降低早期预警和地面截击雷达的性能。

改译：这种系统利用欺骗干扰来对抗防空高射炮、地空导弹和空空导弹的火控指挥雷达，同时通过噪声干扰降低预警雷达和地面截击雷达的探测效果。

分析：原文句子中，介词短语"with deception jamming"作状语，表示方式，原译将其理解为并列的动作，理解错误。另外，动词不定式短语"to degrade…"表示"provide noise jamming"的目的，但从逻辑上来讲，"提供噪声干扰"是"降低……性能"的手段。

例3： Such inclinations, like those due to banked turns, are generally small and acceptable to the passengersas routine.

原译：这种倾斜，与坡度转弯引起的倾斜一样，通常幅度较小，按常理来说乘客也可接受。

改译：这种倾斜，与坡度转弯引起的倾斜一样，通常幅度较小，乘客能轻松接受。

分析：原文句子中，介词短语"as routine"表示"像日常一样"，原译将其错误地理解为"按常理来说"。

（2）对介词短语的作用判断错误

介词短语在句子中可作定语、状语或表语，比较容易出错的是作状语的介词短语，常见的错误包括对状语的作用的判断或者表述出现错误。

例1： Considered a major advance in technology at the time, an EMUX serial data bus was provided as a means of transmitting data throughout the aircraft on redundant transmission lines.

原译：在飞机的冗余传输线路上，配备了 EMUX 串行数据总线作为传输数据的方法，这在当时被认为是技术上的一大进步。

改译：飞机采用电多路传输系统（EMUX）串行数据总线，通过余度传输线路传输数据，这在当时被认为是技术上的一大进步。

分析：原文句子中，介词短语"throughout the aircraft"和"on redundant transmission lines"作状语，都是修饰动作"transmitting data"，前一个介词短语表示动作的"范围"，后一个介词短语表示动作的"方式"。原译将介词短语"on redundant transmission lines"理解为地点状语，是错误的。

例2： The location of the wing along the longitudinal axis of the fuselage relative to the center of gravity of the complete aircraft is determined by stability and control requirements in pitch.

原译：相对于整机重心，沿机身纵轴的机翼位置要通过俯仰的稳定性和操纵要求进行确定。

改译：机翼在机身纵轴方向上相对于整机重心的位置取决于俯仰稳定性和操纵性要求。

分析：原文句子中，介词短语"relative to the center of gravity of the complete aircraft"作"the location of the wing"的定语。原译将"relative to the center of gravity of the complete aircraft"理解为状语，置于句首，破坏了原文表述的严密性。改译将其处理为前置定语，表述更严密、更明确。

例 3：With its wings swept fully aft, the third B-1A shows its high-speed configuration.

原译：这是第三架 B-1A 机翼后掠角完全向后移动时的高速飞行构形。

改译：第 3 架 B-1A 机翼完全后掠，展示了其高速构型。

分析：原文句子中，介词短语"with its wings swept fully aft"作状语，表示方式。原译将其处理为定语，逻辑转换不恰当。介词短语"with its wings swept fully aft"翻译的时候，可以与主句的谓语动词构成汉语的连动式谓语。

例 4：Flow over airfoils with various types of moving elements in the vicinity of the trailing edge is illustrated in Figure 5.27 and those with various types of moving elements in the vicinity of the leading edge are shown in Figure 5.28.

原译：其后缘附近的各种移动元件的翼型上的气流如图 5.27 所示，其前缘附近的各种移动元件的翼型上的气流如图 5.28 所示。

改译：图 5.27 显示了后缘带有不同形式的活动部件的翼型上的气流；图 5.28 显示了前缘带有不同形式的活动部件的翼型上的气流。

分析：原文句子中，介词短语"in the vicinity of the trailing edge"和"in the vicinity of the leading edge"可以看作"with various types of moving elements"的状语，表示"moving elements"存在的位置。

9.3 专业术语错误

科技文章的显著特点就是大量使用专业术语，专业术语保证了科技文章中概念的规范性和准确性。如果把专业术语当作普通词汇来翻译，会导致专业术语的不规范；如果把专业术语用错了专业领域，会导致译文表述方面的错误。

9.3.1 专业术语当作普通词汇

专业术语是在特定的专业领域用于表达特定概念的一些特定词汇和词汇组合。专业术语原本都是普通的词汇，只不过在特殊的情况下被赋予了特定的含义。如果不能识别专业术语的特定含义，将其作为普通的词汇来翻译，必然引起术语表述的不规范，降低科技文章的翻译质量。

例 1：preparation of aerodynamic models for stability and control analyses, handling qualities studies and simulations.

原译：构建空气动力学模型以进行稳定性和控制分析，开展操纵质量研究及模拟实验。

改译：构建空气动力学模型，进行稳定性和控制分析以及操纵品质的研究与仿真。

分析：原文是一个短语，不是完整的句子。原文中的"handling qualities"是个专业术语，指的是飞机的"操纵品质"。原译存在的主要问题是术语不规范，将专业术语理解为普通的词汇。

例 2：The cockpit was capable of maintaining a constant cabin pressure altitude of 8000 feet (the same as a modern airliner) throughout the aircraft operational flight envelope.

原译：在整个作战飞行状态下，驾驶舱能够在 8000 英尺的高空保持稳定的座舱压力（和现代客机一样）。

改译：在整个作战飞行包线内，驾驶舱能够（与现代客机一样）保持 8000 英尺的座舱压力高度。

分析：原文句子使用了航空专业术语，"cabin pressure altitude" 指的是飞机的 "座舱压力高度"，"flight envelope" 指 "飞行包线"。原译对专业术语的翻译不规范。

例 3：Structurally, there is a requirement for goodvisibility from the flight deck in the nose section and a need for a kick-up of the bottom of the tail cone section to provide ground clearance during takeoff rotation.

原译：从结构上来说，要求机头部段的驾驶舱应有良好的能见度，而尾锥段的底部能够向上弯曲，这样在起飞旋转期间就可保证离地净高。

改译：从结构上来说，要求机头段的驾驶舱视野良好，而尾锥段的底部上翘，这样在起飞抬前轮期间就可保证离地高度。

分析：原文句子使用了多个专业术语。"visibility" 表示 "能见度" "可见度" "可见范围" 等；"ground clearance" 表示飞行器的 "离地高度" "地面间隙" 等；"rotation" 表示废弃起飞期间 "抬前轮" 的旋转动作。

例 4：Tail surfaces may serve to block sideline engine noise.

原译：尾翼面可以起到阻挡发动机边线噪声的作用。

改译：尾翼面可以降低跑道侧方噪声测量线处的发动机噪声。

分析：原文句子结构简单，但是用了专业术语 "sideline"，指的是 "跑道侧方测量噪声的位置线"。原译对 "sideline" 翻译错误。

例 5：One of the other approaches for improved fuel efficiency is the revisiting of the unducted fan, now often called the open rotor, which sacrifices some turbofan speed for improved fuel economy.

原译：另一个改善燃油效率的方法是重新审视无导管风扇，现在通常被称之为开式转子，开式转子通过牺牲一定的涡扇速度来提高燃油经济性。

改译：提高燃油效率的另一种方法是重新审视无涵道风扇，现在通常称之为开放转子，它通过牺牲涡扇发动机的速度来提高燃油经济性。

分析：原文句子用到了专业术语 "unducted fan"，意为 "无涵道风扇"。原译使用了不规范的专业术语。

例 6：The internal weapons payload was theoretically greater than the total payload of the B-52G/H, and two external stores locations were also provided that could accommodate cruise missiles or other, as yet undeveloped, weapons.

原译：从理论上讲，B-1A 的内部武器载重大于 B-52G/H 的总载重，两个外部存贮装置还可以容纳巡航导弹或其它的至今未开发的武器。

改译：从理论上讲，B-1A 的内部武器载重大于 B-52G/H 的总载重，另外，它还有两个外挂点，可以挂载巡航导弹和未来的新式武器。

分析：原文句子为并列连词 "and" 连接的并列句，前后两个分句描述的情况是同时存在的。原译对句子的整体理解基本到位，但是，对专业词汇 "external stores locations" 的翻译不当。"external stores locations" 指的是飞机上的 "外挂点"，与此相对应，句子中的动词 "accommodate" 不能翻译为 "容纳"。

例7： During the penetration phase, bomber survivability depends most on altitude, speed, and the ability to avoid or defeat interceptors with <u>look-down, shoot-down capability</u>.

原译：在突防阶段，轰炸机生存力主要依靠高度、速度以及运用<u>俯视、击落性能</u>躲避或摧毁截击机。

改译：在突防阶段，轰炸机的生存力主要依赖于高度、速度以及躲避或击毁具有<u>下视、下射能力</u>的截击机的能力。

分析：原文句子中，"interceptors"带有后置定语"with look-down, shoot-down capability"，其中的"look-down, shoot-down capability"在航空专业领域表示飞机或者导弹的"下视、下射能力"。

例8： The variable-geometry wing and high thrust-to-weight ratio would enable it to use short runways, and new method for rapidly checking out and verifying subsystems would theoretically result in a low <u>maintenance repair rate</u> and fast <u>turnaround</u>.

原译：变后掠机翼和高推重比可以使其在短跑道起飞，快速测试和验证子系统的新方法理论上形成低<u>日常维修率</u>，并能<u>立即恢复战备状态</u>。

改译：变后掠机翼和高推重比将使其能够在短跑道起飞，快速测试和验证子系统的新方法理论上可以降低维修率，缩短再次出动准备时间。

分析：原文句子使用了几个比较专业的术语，"maintenance repair rate"为"维修率"，"turnaround"表示"飞机的再次出动准备"。原译对专业术语使用了不规范的表达方式。

例9： A <u>liquid nitrogen dewar</u> provided gaseous nitrogen to inert the <u>fuel tank ullage</u>, minimizing fire and explosion hazards.

原译：<u>液化氮真空瓶</u>向油箱<u>惰性气体损耗</u>供应气态氮，最大限度地降低着火和爆炸危险程度。

改译：<u>液氮瓶</u>向油箱（空间）填充氮气对其惰化，最大限度地降低着火和爆炸危险。

分析：原文句子中，"dewar"指的是装"液氮"的瓶子，"ullage"指的是油箱中油面之上的"空间"。原译对"ullage"的理解不准确。

例10： Neither NASA's or Boeing's <u>Earned Value Management</u> System track the progress and costs of Core Stage 1, making it impossible to monitor the Project's status through official estimating systems.

原译：NASA和波音公司的<u>获取价值管理</u>系统都没有跟踪核心级1的进度和成本，因此无法通过官方评估系统来监控项目的状态。

改译：NASA和波音公司的<u>挣值管理</u>系统都没有跟踪芯级1的进度和成本，因此无法通过官方评估系统来监控项目的状态。

分析：原句中出现了一个项目管理方面的专业术语"Earned Value Management"（挣值管理），原译按照字面意思翻译为"获取价值管理"，用词不规范。

9.3.2　专业术语用错专业领域

专业术语具有特定的专业属性。在英语中，不同专业领域的概念可能会用同一个词汇来表达，但是，在汉语中，在对应的专业领域，会采用不同的术语来表达。在这种情况下，如果将专业术语用错了专业领域，虽然词汇意义没有错误，但是结合具体的语言环境和专业背景来看，翻译依然是错误的。

例 1：During the launch phase，the primary requirement was to be able to survive the short warning time of submarine-launched ballistic missiles（SLBMs）. Quick reaction times，high flya-way speeds，and aircraft hardness to nuclear blast effects were the major factors.

原译：在发射导弹阶段，主要技术条件是在潜射弹道导弹预警时间短的条件下能够生存。对核爆炸来讲，快速反应时间、高飞离速度和飞机的强度是主要因素。

改译：在发射导弹阶段，主要要求是在预警时间较短的潜射弹道导弹威胁的条件下能够生存。反应时间短、飞离速度快和飞机抵抗核辐射的能力是主要的因素。

分析：原文句子中使用了专业术语"hardness"，有"硬度""强度""刚度"等意思，但对于"核爆炸"而言，应该理解为"抵抗能力"。另外，英语中，及物动词"survive"后面跟名词，从形式上来讲，"survive"后面的名词作动词的宾语，但是，从逻辑上来讲，它是起到状语的所用，表示"经历……之后生存下来"。原文句子中，"survive the short warning time"表示"在短的警告时间之后生存下来"。

例 2：Structurally，there is a requirement for good visibility from the flight deck in the nose section and a need for a kick-up of the bottom of the tail cone section to provide ground clearance during takeoff rotation.

原译：从结构上来说，要求机头部段的驾驶舱应有良好的能见度，而尾锥段的底部能够向上弯曲，这样在起飞旋转期间就可保证离地净高。

改译：从结构上来说，要求机头段的驾驶舱视野良好，而尾锥段的底部上翘，这样在起飞抬前轮期间就可保证离地高度。

分析：原文句子使用了多个专业术语。"visibility"表示"能见度""可见度""可见范围"等，在本句中理解为"可见范围"或"视野"比较合适；"ground clearance"表示飞行器的"离地高度""地面间隙"等，"rotation"表示废弃起飞期间"抬前轮"的旋转动作。

9.4 语言差异引起的错误

英汉两种语言从词汇、短语到句型都存在明显的差异。英语的名词有单复数的区别，英语的动词有时态和语态的变化，英语的句子采取"形合"的造句方式，具有一些汉语所没有的句型和表达方式。两种语言在结构形式上的差异往往会引起翻译的困难，甚至出现翻译错误。

9.4.1 时态错误

英语动词有时态的变化，动作发生的状态或者时间关系可以通过动词的形式清楚地表现出来。汉语动词没有时态的变化，而是利用助词"着""了""过"或者"正在"表示动作的不同状态。英语翻译时的时态错误通常表现为对动作的状态或者时间关系没有表达清楚。

例 1：An issue with exceeding warrants was initially discovered in December 2016 during an internal annual self-assessment reviewed and signed by the Marshall procurement manager.

原译：2016 年 12 月，在马歇尔采购经理审核并签署了一份内部年度自我评估报告期间，这一越权问题初次被发现。

改译：2016 年 12 月，马歇尔航天飞行中心的采购经理审核并签署一份内部年度自评报告时，这一越权问题初次被发现。

分析：英语中，动词的过去式表示过去完成的动作，但并不强调动作的完成，译为汉语时，不能使用表示动作完成的汉语助词"了"。

例 2：The book is arranged in a manner that facilitates team effort, the usual course of action, but also provides sufficient guidance to permit individual students to carry out a creditable design as part of independent study.

原译：本书采用的编排方式有力推动了平常惯用的行动方式即团队协作，同时也为学生个人提供了充分的指导，使其能够在独立研究过程中执行具有高水平的设计。

改译：本书采用的编排方式既有利于常用的团队协作方式，也可为学生个人提供充分的指导，使其能够在独立研究中完成高水平的设计。

分析：原译将"facilitates"译为"有力推动"，用词不准确；将"provides"译为完成状态"提供了"不符合原意；"执行具有高水平的设计"的动宾搭配不合理。

例 3：Research is also being carried out in relatively new areas such as synthetic microjets for localized flow management and plasma generators embedded in aircraft skin which can locally ionize the flow and achieve electromagnetic control of the flow.

原译：一些相对较新的领域的研究也一并提上日程，例如实现局部气流控制的合成微型喷气发动机以及嵌入在飞机蒙皮下面的等离子发生器，后者可以局部电离气流并实现对气流的电磁控制。

改译：在一些新的领域也正在进行研究，例如，实现局部气流控制的合成微型喷气发动机以及镶嵌在飞机蒙皮内的等离子发生器，后者可以电离局部气流并实现对气流的电磁控制。

分析：原文句子采用现在进行时，表示正在进行的动作；主句结构比较简单，但是，"such as"后面的两个举例的表述结构比较复杂，举例中的两个名词性结构都带有后置定语，"which"引导的定语从句修饰"plasma generators"，说明它的工作原理。

例 4：Two flew windshields that used different stretched acrylics in the inner layers were ready for testing, and one of them would most likely be satisfactory.

原译：准备对内层使用了不同弹性有机玻璃的飞行防风罩进行测试，其中之一的测试结果非常令人满意。

改译：内层采用不同拉伸丙烯树脂的两种风挡已经做好了测试准备，其中一种测试结果可能会令人满意。

分析："one of them would most likely be satisfactory"使用的是过去将来时，表示在当时尚未出现的情况，只是一种猜测。原译将其译成了完成时，不符合原文意思。

例 5：The study group felt the B-52 also was an extremely capable aircraft and would remain effective throughout the 1970s.

原译：研究小组认为，B-52 飞机性能非常好，依然是整个 70 年代的有效力量。

改译：研究小组认为，B-52 也是一种性能非常好的飞机，在整个 70 年代依然可以保持有效的作战能力。

分析：原文句子中，"would remain effective throughout the 1970s"为过去将来时，原译

没有表达出"将来"的时间感。

例 6：Although the mock-up was very accurate in most details，the rear tail radome was not as it would appear on the first three B-1As.

原译：虽然按照详细数据该模型非常精确，但是后部雷达罩不像最初的三架 B-1A 那样。

改译：虽然该模型的细节做得非常准确，但是后来生产的前 3 架 B-1A 飞机的尾部雷达罩与模型有所不同。

分析：原文句子中，"although"引导让步状语从句，其中的介词短语"in most details"作从句的状语，表示"在很多细节方面"；主句为主系表结构，"as"引导表语从句，而且，表语从句使用的是过去将来时，表示的是与"将来"的情况的比较。由于汉语没有动词时态的变化，原译没有体现出两个比较对象的"时间差异"。

9.4.2 语态错误

英语具有被动语态，而汉语没有语态的概念。英语被动语态的翻译是容易出现错误的地方之一，而科技英语又多用被动语态来体现描述的客观性。翻译英语被动句常见的错误主要包括汉语句子缺乏主语、生硬使用"被"字、词序调整不到位以及汉语句式不正确等。

（1）缺乏主语

英语的被动语态省略了动作的发出者，翻译时容易出现汉语句子缺乏主语的错误。在这种情况下，需要进行隐含信息的显化，补充动作的发出者，作为句子的主语。

例 1：The drag is a closely guarded secret of aircraft manufacturers and great efforts are expended to continually reduce the drag of new designs.

原译：阻力是飞机制造商小心保守的秘密，为不断减小新设计型号的阻力值，都会付出极大努力。

改译：阻力是飞机制造商小心保守的秘密，为不断减小新设计方案的阻力，飞机制造商都会付出极大的努力。

分析：原文句子为并列句，第二个分句采用被动语态，没有提及动作的发出者，只强调所付出的巨大努力。原译没有给出句子的主语，不符合汉语习惯。付出巨大努力的自然是"飞机制造商"，改译添加了句子的主语，属于隐含信息的显化。

（2）生硬使用"被"字

对英语的被动语态进行直译，容易出现生硬使用"被"字，导致译文不符合汉语习惯。

例 1：The second term on the right-hand side of Equation（2.7）is given by：

原译：公式（2.7）右侧的第二项被给出如下：

改译：公式（2.7）右侧的第二项可表示为：

分析：原文句子采用被动语态。翻译为汉语时，主语不变，但是动词前省略"被"字，表述为"可+动词+为"。

例 2：These subassemblies were not assembled into an aircraft during the B-1A program，but would be used much later.

原译：虽然这些部件没有被安装在 B-1A 飞机上，但是被运用在以后的飞机上。

改译：虽然这些部件在 B-1A 项目中<u>没有得到应用</u>，但是在后来的飞机上<u>将得到应用</u>。

分析：原文句子为并列连词"but"连接的并列句，两个分句之间具有转折的逻辑关系。两个分句都使用了被动式，强调了动作的结果。原译直接套用了英语的被动式表达方式，不符合汉语的表达习惯。改译使用汉语中的"得到……"句式。

例 3：A circular cylinder can more easily accommodate growth in NP in terms of manufacturing since cylindrical sections, called plugs, <u>can be readily added</u> to an existing fuselage to create a so-called stretched version of a given aircraft.

原译：在制造方面，圆柱体更易于满足随着乘客数量的增加而增大的需求，这是因为圆柱段，又叫柱塞，<u>能很容易地被加入</u>现有机体，从而构成所谓的飞机加长版。

改译：在制造方面，圆柱体更易于满足随着乘客数量增加的需要，这是因为，在现有的机身上<u>可以方便地增加</u>圆柱段（又叫插入段），构成所谓的加长型。

分析：原文句子的状语从句采用被动语态。原译将"can be readily added"直译为"能容易地加入"，不符合汉语表述习惯。改译使用主动句式"可以方便地增加"。

（3）词序调整不到位

科技应用常用被动语态，动词之后往往带有方式状语。翻译时可以采用汉语的无主句，将方式状语提前，并对词序做适当的调整，才能获得通顺的译文。

例 1：Though <u>the maximum lift coefficient may be increased</u> further by using triple-slotted flaps, such as those employed on the Boeing 737 shown in Figures 5.32 and 5.33, and on the Boeing 747, experience has shown that the added weight and complexity of such flaps are not completely cost-effective in airline operations.

原译：虽然<u>最大升力系数可以</u>通过利用三缝襟翼<u>进一步增大</u>，如图 5.32 和 5.33 所示用在波音 737 和 747 的那些襟翼，但经验表明，这些襟翼所增加的重量和复杂度增加对航线使用并不完全具有成本效益。

改译：虽然使用三缝襟翼（例如，波音 747 飞机的襟翼以及图 5.32 和 5.33 所示的波音 737 飞机的襟翼）<u>可进一步提高最大升力系数</u>，但经验表明，这些襟翼所增加的重量和复杂度增加对航线使用并不完全具有成本效益。

分析：原文句子是用被动语态"may be increased"，介词短语"by using triple-slotted flaps"作状语，表示实现动作的方式。原译对词序调整不到位，表述不符合汉语习惯。

例 2：The fuel fraction M_f <u>may be found</u> by applying a chain product of the weight fractions of each of the n stages as follows.

原译：燃油分量 M_f 可以通过应用每个 n 阶段的重量分量的连续乘积<u>得出</u>，如下所示。

改译：将 n 个航段的重量比连乘就<u>可得出</u>燃油重量比 M_f，如下所示。

分析：原文句子采用被动语态，后面带有方式状语。原译将"by+现在分词……"译为汉语的"通过……"来表示方式，译文不够简洁。改译采用无主句，将原句的主语变为宾语，表述为"可+动词+宾语"。

（4）汉语表述错误

汉语中，通常用"把"表示动作的对象，类似的词汇还有"对""将"等。很多英语被动句可以用汉语的"把"字句来表达。采用"把"字句来翻译英语被动句的时候，需要对词性和词序进行适当的转换，否则就会出现表述错误。

例1：This would be changed to a much simpler system on the production B-1Bs.

原译：在生产型 B-1B 中，这种系统将变得比较简单。

改译：在生产型 B-1B 中，对这种系统进行了简化。

分析：原文句子采用被动式，翻译时，可以使用汉语的"对……"表示动作的承受者。

例2：Drela（2011）points out that the web material could be concentrated into slender struts making the cabin appear effectively wide open.

原译：德雷拉（2011）指出，修长的支杆可以集中使用腹板材料，使客舱显得更为宽敞。

改译：德雷拉（2011）指出，将腹板的材料进行集中，腹板就变为细的撑杆，使客舱显得更为宽敞。

分析：原文句子采用被动语态。原译颠倒了动词"be concentrated"与"slender struts"之间的逻辑关系，应该是"材料集中"才获得了"细的撑杆"。改译使用汉语的"把（将）"字句来处理英语的被动语态。

9.4.3 名词单复数的错误

英语名词有单复数的概念，而汉语名词没有单复数的概念。由于这种语言上的差异，当英语的单数名词表达"类"的概念或者复数名词表达"多"的概念时，在英译汉的过程中就很容易出错。

（1）泛指时不需强调数量的概念

在英语中，单数名词和复数名词都可用来表示"类"的概念。单数名词表达"类"的概念时，名词前通常带有不定冠词"a"，翻译时容易出现错误。

例1：It is organized to show how a requirement is flowed down with traceability from the aircraft level to the system and system interface level, and to the hardware and software item level.

原译：本例说明了一项需求如何可追溯地向下分解，从飞机到系统和系统接口，再到硬件和软件。

改译：本例说明了需求如何可追溯地向下分解，从飞机到系统和系统接口，再到硬件和软件。

分析：原文句子中，"a requirement"表达的是"类"的概念，指的是"任何一种需求"。原译表述为"一项需求"虽无错误，但不符合汉语习惯。

由于汉语没有名词单复数的概念，对于表达"类"的概念的英语复数名词，直接翻译，不容易出错。

例2：Trade studies TS18-XXXX（not shown in the example）determined that the hydraulic drive of brake system is more economically feasible than electrical systems given the reuse of hydraulics systems from previous SAE aircraft.

译文：权衡研究 TS18-XXXX（本例没有给出）表明，与电驱动刹车系统相比，液压驱动刹车系统的经济可行性更好，因为可以使用以前的 SAE 飞机的液压刹车系统。

分析：原文句子中，"electrical systems"和"hydraulics systems"使用复数形式表达"类"的概念，指的是"电刹车系统"和"液压刹车系统"。在这里，名字的复数形式没有"数量"的概念。

（2）表示"一"和"多"时需强调数量的概念

英语中，单数名词表示"一"、复数名词表示"多"时，需要强调数量的概念。英语单数名词前需要加不定冠词"a"/"an"，因为不定冠词"a"/"an"本身具有"一"的语义，所以翻译中不容易出错；容易出错的是复数名词，会遗漏复数名词"多"的语义。

例 1：This AIR describes, in detail, a contiguous example of the design development process for the S18 aircraft braking system.

译文：本 AIR 报告详细描述了一个完整的例子，即 S18 飞机制动系统设计研制过程。

分析：原文句子中，单数名词"a contiguous example"表示"一个完整的例子"，具有明确的"一"的概念，需要译出。

例 2：The S18 aircraft was developed by finalizing different high level aircraft mission profiles.

原译：S18 飞机的设计最后确定了不同的高空任务剖面图。

改译：S18 飞机的设计最后确定了多个不同的高空任务剖面图。

分析：原文句子中，"profiles"为复数形式，表示有"多个"，前面的定语"different"表示"不同的"。原译只译出了"不同的"，容易引起歧义，到底是"多个任务剖面之间的不同"还是"与其他飞机的任务剖面的不同"？改译增加了"多个"，反映出了名词复数的隐含语义。

9.4.4　否定形式的错误

英语和汉语表达否定的形式存在较大的区别，否定形式的翻译是比较容易出错的地方。否定形式的翻译错误通常表现为两种情况：对两种语言的否定形式的转换不够充分；部分否定与整体否定的混淆。

（1）否定表达形式的转换不充分

在英语中，除了通过"助动词（或情态动词，或系动词）+not+动词"和"no+名词"来表达否定之外，还可以使用具有否定含义的动词短语、代词、形容词、副词等来表达否定的含义，例如，keep…from、fail to、few、little、hardly、unnecessary、rarely 等。汉语中表示否定含义的词汇主要是"不"和"没有"，"不"用在动词和形容词之前表示否定，"没有"既可以用于名词之前表示否定，也可以用于动词和形容词之前表示否定。由于两种语言否定方式存在的差异，在翻译中需要适当的转换，才能获得通顺的译文。

例 1：Secretary McLucas pointed out that the Air Force did not anticipate any major production problems and, except for increases caused by inflation, production cost estimates were not expected to rise.

原译：部长麦克卢卡斯（McLucas）指出，空军没有预见任何大规模生产问题，除了由通货膨胀引起的费用的增加，生产费用估算不会增长。

改译：部长麦克卢卡斯（McLucas）指出，空军预计不会出现较大的生产问题，除了由通货膨胀引起的费用的增加外，估算的生产费用不会增长。

分析：英语句子的否定大多是通过对谓语动词的否定来实现的。但是，在一些情况下，虽然在形式上否定的是谓语动词，但实际上是对宾语的否定。原文句子为否定结构，使用了否定形式"did not anticipate"和"were not expected"，它们在逻辑上分别是对"any major production problems"和"to rise"的否定。在这种情况下，就需要进行思维转换与信息重组，才能获得符合汉语习惯的译文。

例2： The static ground reaction for the tire corresponding to the most critical combination of airplane weight（up to maximum gross weight）and center of gravity position with a force of 1.0 g acting downward at the center of gravity. This load <u>may not exceed</u> the load rating of the tire.

原译：与飞机重量①（达到最大总重量）和重心位置的最临界组合相对应的轮胎静态地面反力，向下作用在重心的力为1.0g。该载荷可能不超过轮胎的额定载荷。

改译：重心位置作用1.0g的向下载荷时，飞机重量（达到最大总重量）与重心位置最危险组合条件下作用在轮胎上的静态地面反力。该载荷不能超过轮胎的额定载荷。

分析：原文句子采用"情态动词+not+动词"的否定形式。情态动词具有一定的词汇意义，"not"实际上是对"may"的否定。

例3： There is as yet <u>no other single source</u> which collects and summarizes a wide range of supercritical airfoil theories and results as do Abbott and Von Doenhoff（1959）for conventional airfoils.

原译：然而，至今仍没有其他单个来源收集和总结各种不同的超临界翼型理论和结果，这和Abbott和Von Doenhoff于1959年针对传统翼型研究所得出的结论一样。

改译：然而，至今仍没有其他单位或个人收集和总结各种不同的超临界翼型理论和结果，就像阿博特和冯·登霍夫在1959年对传统翼型所做的研究一样。

分析：原文通过在"other single source"前增加否定词"no"来表达否定的意义。虽然形式上是对名词的否定，但实际上是对整个句子的否定。

例4： Sweepback is <u>unnecessary</u> in this speed range so aspect ratios can be high（≥10）.

原译：在此速度范围中，后掠角<u>不需要</u>，所以展弦比可以较高（≥10）。

改译：在此速度范围中，机翼<u>不需要</u>后掠角，所以展弦可以比较大（≥10）。

分析：原文使用了具有否定意义的形容词"unnecessary"来表达否定的意义。原译"后掠角不需要"句子成分缺失，表述不清楚。改译增加了主语，表述为"机翼不需要后掠角"。

例5： However, it is important to develop some familiarity with empirical and approximate techniques <u>rarely</u> covered in academic courses.

原译：然而，还要一<u>些很少</u>在学术课程中涵盖的实验和近似法。

改译：然而，重要的是，还要熟悉理论课程很少涉及的经验方法和近似方法。

分析：原文句子中，动词"covered"前使用了副词"rarely"。"rarely"表示"很少""不常"，具有否定的意义。

例6： Off-surface pressure recovery is more efficient than pressure recovery on a wall where pressure equilibrates <u>less easily</u> than in a free wake.

原译：脱离表面的压力恢复比壁上的压力恢复更有效，其中压力平衡<u>没有</u>自由尾

---

① 根据GB3100-3102—1993《量和单位》的规定，本书"重量"为"质量"（mass）概念，法定计量单位为kg（千克）。

168

流好。

改译：脱离表面的压力恢复比壁面上的压力恢复更有效，壁面上比自由尾流中更难达到压力平衡。

分析：原文句子中，"less easily"表示"更不容易"，具有否定的意味。"更不容易"也就是"更难"的意思。改译用"更难"的表述更直接、更简洁。

（2）部分否定与整体否定的混淆

在英语中，含有总括语义的词（all、both、every）用于否定结构时，表示的是部分否定。整体否定的句子翻译一般不会出错，容易出错的是部分否定。

例 1：Since wings are finite in span the flow over them is three-dimensional and the airfoil results described above will not be uniformly applicable across the entire span of the wing.

译文：因为机翼的翼展有限，所以机翼上的流就成了三维流，之前所述的翼型结果不再统一适用于整个翼展范围。

分析：原文句子中，"助动词+not+系动词"表示完全否定。

例 2：If all the coefficients A_n of the Fourier series are not necessary for an answer of acceptable accuracy, then Equation (C.49) could be satisfied at a discrete number N of points thereby producing a system of N linear equations for the N values of A_n.

原译：如果所有的傅里叶（Fourier）级数中的 A_n 项系数都可不必用来作为可接受准确度的答案，那么等式（C.49）可满足在非连续点数 N 处为 A_n 项中 N 值生成 N 线性方程系统。

改译：如果不需要求出傅里叶（Fourier）级数的所有系数 A_n 的值就能获得可接受精度的结果，那么可以在 N 个不连续的点上满足等式（C.49），对于 N 个 A_n 值，建立 N 个线性方程。

分析：原文句子中，"if"引导的条件状语从句"all the coefficients A_n of the Fourier series are not necessary"是含有总括语义词汇（all）的否定结构，表示的是部分否定。

例 3：This is the standard used in the DATCOM method and is not necessarily used throughout the literature as a definition of slat deflection angle.

原译：此标准用于 DATCOM 方法，但没必要在整个文件中用作缝翼偏转角的定义。

改译：这是 DATCOM 方法采用的标准，并不是所有定义缝翼偏转角的文献都采用这一标准。

分析：原文句子中，谓语动词采用否定形式。副词"necessarily"用于否定句时，表示部分否定。

9.5　并列结构的理解错误

句子中的并列结构是一种容易出现歧义的结构形式。英语的并列结构在形式上比汉语的并列结构更加复杂，而且并列结构的使用范围很广，可以用于任何句子成分。本节主要从短语层面（名词结构）和句子层面对并列结构进行分析。从词汇层面来看，对于并列的名词结构，需要分析其中的名词与限定词之间的对应关系；从句子层面来看，并列结构会使问题变得更加复杂，如果不能正确断句，就会出现理解和翻译错误。

9.5.1　并列的名词

介词短语作后置定语时，介词的前后都有可能出现名词并列的情况，在这种情况下，如何判断名词与介词之间的关系？如果判断不准就会出现理解错误。这时需要根据上下文或者根据相关的学科知识进行判断。

（1）名词+名词+介词+名词

在"名词+名词+介词+名词"结构中，作后置定语的介词短语到底是只修饰其前面临近的名词，还是修饰其前面的两个名词，需要根据上下文或者根据相关的学科知识进行判断。

例1： The angle of attack and spanwise position for maximum lift is assumed to be determined by the angle of attack at which the curves of steps 1 and 2 first become tangent.

原译：假设迎角和最大升力的展向位置由步骤1和步骤2的曲线首先相切处的迎角确定。

改译：假设最大升力对应的迎角和展向位置由步骤1和步骤2的曲线首次相切处的迎角确定。

分析：原文句子的主语"the angle of attack and spanwise position for maximum lift"为带有后置定语的并列名词结构，其中的介词短语"for maximum lift"用于修饰前面的并列的名词结构"the angle of attack and spanwise position"。原译理解时出现断句错误，将其理解为"the angle of attack"与"spanwise position for maximum lift"的并列关系，从而出现翻译错误。

例2： The lift and moment about the aerodynamic center of the wing are denoted by L_w and $M_{ac,w}$, respectively.

原译：绕机翼气动力中心的升力和力矩分别用 L_w 和 $M_{ac,w}$ 表示。

改译：机翼的升力和关于气动力中心的力矩分别用 L_w 和 $M_{ac,w}$ 表示。

分析：原文句子的主语"the lift and moment about the aerodynamic center of the wing"为并列的名词结构，其中的介词短语"about the aerodynamic center of the wing"只修饰"moment"，并列的两部分为"the lift"和"the moment about the aerodynamic center of the wing"。

（2）名词+介词+名词+名词

在"名词+介词+名词+名词"这样的并列结构中，介词的宾语是只有其后面临近的名词，还是包括介词后面的两个名词，需要根据上下文或者根据相关的学科知识进行判断。

例1： The overall length of the wing l and the wingspan b are readily apparent and the centroid of the wing area is indicated.

原译：机翼l和翼展b的总长十分明显，并指出了机翼面积的形心。

改译：机翼长度l和翼展b标示明显，还标出了机翼平面的形心。

分析：原文句子的主语为"the overall length of the wing l and the wingspan b"，是"and"连接的并列名词结构，而前一个名词带有作定语的介词短语，导致容易出现断句错误。原译对并列结构的划分出现错误，将其理解为"the overall length（of the wing l and the wingspan b）"。

例2： The mounting of the engines and the drag associated with a large vertical T-tail may require assessment as the design progresses.

原译：随着设计的进展，需要评估与大型 T 形垂尾相关的阻力和发动机的安装。

改译：随着设计的进展，需要评估发动机的安装以及大型 T 形垂尾产生的阻力。

分析：原文句子的主语 "the mounting of the engines and the drag associated with a large vertical T-tail" 为并列的名词结构，并列的两个部分分别为 "the mounting of the engines" 和 "the drag associated with a large vertical T-tail"。原译改变了句子的词序，容易引起歧义。

（3）名词+名词+介词+名词+名词

英语中有时候会出现 "名词+名词+介词+名词+名词" 的表示方式，这有时候是一种特殊的并列结构，名词与介词引导的定语之间存在特殊的对应关系，在翻译中需要将这种对应关系表达出来。

例 1：MC-130Js have secondary leaflet and rubber raiding craft aerial delivery roles for psyops and littoral ingress/egress.

原译：MC-130J 还能够投放传单和橡皮突击艇用于心理战和滨海作战。

改译 1：MC-130J 还能够投放传单和橡皮突击艇，分别用于心理战和滨海作战。

改译 2：MC-130J 还能够投放传单用于心理战，投放橡皮突击艇进行滨海作战。

分析：原文句子中，"leaflet and rubber raiding craft aerial delivery roles for psyops and littoral ingress/egress" 实际上相当于 "leaflet delivery and rubber raiding craft aerial delivery for psyops and littoral ingress/egress"，属于 "名词+名词+介词+名词+名词" 的结构，其中，"leaflet delivery" 对应于 "for psyops"，"rubber raiding craft aerial delivery" 对应于 "for littoral ingress/egress"。原译没有表达出这样的对应关系，容易引起歧义。改译 1 添加了 "分别"，将这种对应关系明确地表达出来；改译 2 直接表述出了原文隐含的对应关系。

9.5.2　并列的限定成分

英语和汉语中的名词都可以带有多个限定词作定语。英语的限定词有的可以置于名词之前，有的可以置于名词之后。英语名词同时带有并列的前置定语或并列的后置定语时，如果不能正确理解定语与中心词之间的关系，就会出现断句错误。

（1）并列的前置定语+中心词

并列的前置定语分为两种情况。第一种情况是并列的定语表示它们所修饰的中心词所具有的不同的属性；第二种情况是表示具有不同属性的中心词，在这种情况下，并列定语所修饰的中心词要用复数形式。我们把第二种情况中由并列的限定词和复数名词构成的结构称为叠加的名词结构，在后面进行专门的分析。这里只分析第一种情况，即并列的前置定语。

例 1：There is a broad and diverse literature on airfoils and their characteristics.

原译：有关翼型及其特性文献各种各样。

改译：关于翼型及其特性的文献内容广泛、种类繁多。

分析："literature" 带有两个并列的定语 "broad" 和 "diverse"，"broad" 表示 "内容广泛"，"diverse" 表示 "种类繁多"。两个并列的定语表示了中心词的两种特性。原译用 "各种各样" 没有充分表达出两个并列的前置定语的含义。

例 2：This modification was introduced to simplify manufacturing as well as to avoid a wing with a thin and sharp trailing edge which is prone to stress concentration and buckling.

原译：引进这种改进方式是为了简化生产，同时避免锋利而薄的机翼后缘，易受应力集中和屈曲。

改译：采用这种改进是为了简化生产，同时避免薄锐的机翼后缘，这样的后缘容易产生应力集中和屈曲。

分析：原文句子中，名词结构"a thin and sharp trailing edge"带有两个并列的形容词作定语，表示中心词同时具有两种属性，可译为"既……又……" "又……又……"。"thin"指机翼后缘整体的"薄"；"sharp"指机翼后缘的边缘的"锐"，还是体现了机翼后缘的"薄"。

（2）并列的前置定语+中心词+后置定语

如果中心词带有并列的前置定语，同时又带有后置定语，这时就很容易出现断句错误，从而引起理解错误。

例1：NASA does not require Boeing to report detailed information on development costs for the two Core Stages and EUS, making it difficult for the Agency to determine if the contractor is meeting cost and schedule commitments for each deliverable.

原译：美国国家航空航天局（NASA）不要求波音公司报告两个核心级和EUS的研发成本的详细资料，这使得机构（工程处）难以确定承包商是否达到成本以及每一项交付物的进度承诺。

改译：美国国家航空航天局（NASA）不要求波音公司报告两个芯级和一个EUS的研发成本的详细资料，这使得NASA难以确定波音公司是否实现每一项交付物的成本和进度承诺。

分析：原句中的"cost and schedule commitments for each deliverable"为省略形式的并列结构，其中的"cost and schedule commitments"包括"cost commitment"和"schedule commitment"。原译对这一并列结构的理解出现错误，导致译文有误。

（3）同位语

在科技英语中，物理量符号常常用作物理概念的同位语。如果表示物理概念的名词结构带有后置定语，往往会引起理解错误。

例1：The other component of the free stream velocity VsinΛ runs solely along the span and, in an inviscid flow, has no effect on the pressure field developed.

原译：自由流速度VsinΛ的其他分量只沿翼展运行，且在非黏性气流中，对所产生的压场没有影响。

改译：自由流速度的另一分量VsinΛ沿着翼展方向，在非黏性气流中，它对所形成的压力场没有影响。

分析：原文句子中，VsinΛ是"the other component of the free stream velocity"的同位语。我们可以将同位语理解为一种特殊的定语。原译出现断句错误，将VsinΛ理解为"the free stream velocity"的同位语。由相关学科知识可知，V表示的是"自由流速度"，VsinΛ才是"自由流速度的分量"。

9.5.3 并列的限定成分+并列的名词

英语中"并列的限定成分+并列的名词"可以构成很简洁的表达，限定词与名词之间的关系类似于数学中的"分配律"，可用分配律公式表达如下：

（限定词 1＋限定词 2）（名词 1＋名词 2）

＝限定词 1（名词 1＋名词 2）＋限定词 2（名词 1＋名词 2）

＝限定词 1 名词 1＋限定词 1 名词 2＋限定词 2 名词 1＋限定词 2 名词 2

例 1：The baseline and incremental forces and moments are eventually summed in a consistent force accounting system to predict the aerodynamic performance of the air vehicle.

原译：最后，将基准力、增量力和力矩数据会汇总到一个作用力计算系统，以预测飞机的气动性能。

改译：最后，将基准力和力矩与增量力和力矩汇总到一个统一的作用力计算系统中，预测飞机的气动性能。

分析：原译表达出了"incremental"与"forces"和"moments"之间的修饰关系，但是遗漏了"baseline"对"moments"的修饰关系。

9.5.4　叠加的名词结构

叠加的名词结构是由"并列的限定成分＋并列的名词"演变而来的一种省略结构。它在形式上表现为限定词的并列，但实际上是带有限定词的名词结构的并列。这种叠加的名词结构是英语中常见的一种省略表达形式，在翻译时需要对限定词或中心词进行重复表达，才能符合汉语的习惯。

例 1：Fuel cost and availability concerns caused increased attention to be paid to synthetic hydrocarbon fuels.

原译：对燃油成本和储备的担忧引起了对合成烃燃料越来越多的关注。

改译：对燃油成本和燃油储备的担忧引起了人们对合成烃燃料更多的关注。

分析：原文句子中，主语"concerns"前面带有并列的名词性限定词"fuel cost and availability"作定语。"fuel cost and availability concerns"是"fuel cost concern and fuel availability concern"的省略形式，它表示了两种"担忧"，所以"concerns"用的是复数形式。原译直译为"燃油成本和储备"虽然没错，但是结构缺乏汉语的平衡感和节奏感，改译为"燃油成本和燃油储备"，信息表述更为明确；另外，"attention"的前置定语"increased"表示"增加的""更多的"，具有"与之前相比较而言"的意思，原译译为"越来越多的"不符合原文的意思。

例 2：Some simple lifting line and lifting surface methods for estimating the span loading are described in detail in Appendix C and various sample problems are addressed there.

原译：附录 C 详细介绍了一些用于简单的用于估算展向加载的升力线和升力面法，也给出了各种问题的示例。

改译：附录 C 详细介绍了一些用于简单的用于估算展向加载的升力线法和升力面法，也给出了各种问题的示例。

分析：原文句子中，句子的主语包含并列结构"lifting line and lifting surface methods"，采用了省略的表达形式，指的是"lifting line method"和"lifting surface method"两种方法。原译"升力线和升力面法"容易引起歧义，改译更明确地表述为"升力线法和升力面法"。

例 3：Boeing is introducing hybrid laminar flow control on the horizontal and vertical stabilizers on their new stretched B787−9 in an attempt to reduce profile drag by 1%.

173

原译：波音正将混合层流控制技术引入到其加长版波音787-9的<u>水平和垂直安定面</u>上，目的在于减少1%的翼型阻力。

改译：波音公司正将混合层流控制技术应用到其加长型波音787-9的<u>水平安定面和垂直安定面</u>上，希望能够将翼型阻力减小1%。

分析：原文句子中，"the horizontal and vertical stabilizers" 是英语中常用的并列结构的省略形式，表示的是 "horizontal stabilizer and vertical stabilizer"，而汉语习惯上对中心词进行重复表达。

例4：<u>The coefficients of wing lift and horizontal tail lift</u> may be expressed，respectively，as follows：

原译：<u>机翼升力和水平尾翼升力系数</u>可分别表示如下：

改译：<u>机翼升力系数和水平尾翼升力系数</u>可分别表示如下：

分析：原文句子中，"the coefficients of wing lift and horizontal tail lift" 包括 "the coefficient of wing lift" 和 "the coefficient of horizontal tail lift"，是叠加的名词结构。

9.5.5　并列的句子成分

英语的任何句子成分都可以采用并列结构。并列的句子成分容易造成断句错误，导致理解错误。

（1）并列主语（宾语或表语）理解错误

前面已经对并列的名词结构和并列的限定成分进行了详细的分析，主要分析的是中心词与限定词之间的相对关系。并列的名词结构在句子中作主语、表语、宾语或者介词的宾语时，从整个句子的层面来看，问题会显得更复杂一些，往往会出现由于断句的错误而引起理解不正确。

例1：Though it is anticipated that sales will grow somewhat，as shown in Figure 1.2，there is <u>concern that the world economic situation in general，and the rapidly escalating fuel prices in particular，may reduce these estimates</u>.

原译：虽然销售额预计会有所增长，如图1.2所示，但是对<u>全球整体的经济形势的担忧，尤其是不断飙升的燃油价格，销量可能会不如预期</u>。

改译：虽然销售额预计会有所增长，如图1.2所示，但是<u>人们担忧，全球整体经济形势，尤其是不断飙升的燃油价格，有可能降低这一预期</u>。

分析：原文句子中，"concern" 后带有 "that" 引导的定语从句，而定语从句的主语为并列的名词结构 "the world economic situation in general，and the rapidly escalating fuel prices in particular"。原译断句出现错误，导致对定语从句的翻译出现错误。

例2：However，when either of the leading edge devices is used in conjunction with the double-slotted flap there is essentially <u>no change</u>，or even <u>a slight decrease</u> in maximum lift coefficient.

原译：然而，当任意一个前缘装置与双缝襟翼同时使用，基本不会有任何改变，或最大升力系数丝毫没有减少。

改译：然而，当任意一个前缘装置与双缝襟翼配合使用时，最大升力系数<u>基本没有改变，甚至有稍微的减小</u>。

分析：原文句子中，主句为 "there be …" 句型，句子的主语为并列结构 "no

change, or a slight decrease", 后面的介词短语 "in maximum lift coefficient" 修饰并列的主语。

例 3: Hopkins (1951) proposed an approach which uses potential flow theory forward and cross-flow drag considerations aft.

原译：霍普金（1951 年）提出先利用势流理论随后使用交叉流阻力的方法。

改译：霍普金（1951 年）提出了一种方法，在前机身使用势流理论，在后机身考虑交叉流阻力。

分析：原文句子中，"which" 引导的定语从句包含有并列的宾语 "potential flow theory … and cross-flow drag considerations …"，表示 "在前机身使用势流理论，在后机身考虑交叉流阻力"。

例 4: Obviously the flow field over a finite swept wing cannot be directly related to that over a segment of an infinite swept wing because three-dimensional effects due to the presence of a centerline and a wingtip will alter the surface pressure field in regions shown schematically in Figure 5.23.

原译：显然，由于存在中心线造成三维效果，无限机翼的流场无法直接与无限后掠翼段上的流场直接关联，且翼尖将改变如图 5.23 所示区域内表面压力场。

改译：显然，有限后掠机翼的流场无法与无限后掠翼段上的流场直接关联，因为中心线和翼尖的存在造成的三维效果会改变图 5.23 所示区域内的表面压力场。

分析：原文句子中，介词短语 "of a centerline and a wingtip" 作 "the presence" 的后置定语，而介词短语本身包含并列结构。名词结构 "the presence of a centerline and a wingtip" 表示 "中心线和翼尖的存在"。原译断句出现错误，将其理解为 "中心线的存在……，且翼尖……"。

例 5: Such computational methods provide a distribution of pressure, chordwise and spanwise, as detailed as the paneling used to approximate the wing's surface.

原译：这种计算方法可得出压力、弦向和展向的分布，和用于估算机翼表面的面元法一样详细。

改译：采用这种计算方法可得出弦向和展向的压力分布，与用于估算机翼表面的面元法一样详细。

分析：原文句子中，"pressure" 带有并列的后置定语 "chordwise and spanwise"。原译将 "pressure, chordwise and spanwise" 理解为并列的关系，是错误的。

例 6: Additional CLINs are assigned for other work within the scope of the contract (CLIN 12), initial transition work on the SLS from 2011 to 2012, and work that was completed under the Constellation Program.

注：CLIN = contract line item numbers（合同项目标号）

原译：对合同范围内（CLIN 12）的其他工作，被分配给了另外的 CLIN，从 2011 年到 2012 年的 SLS 中的初始过渡工作，以及在星座计划下完成的工作。

改译：合同（CLIN 12）范围内的其他工作、2011 年到 2012 年期间 SLS 中的初始过渡工作以及在 "星座" 计划下完成的工作，采用了不同的合同编号（CLIN）。

分析：原句的主体结构采用被动式，结构简单，但是，介词 "for" 后面带有三个并列的名词性结构，作介词的宾语。原译对介词宾语的断句出现错误。另外，原句的被动式表达方式不符合汉语的习惯，可以通过信息重组，改变为汉语的主动表达方式。

（2）并列谓语理解错误

句子的谓语动词表示"动作"。并列谓语表示的是"动作"的并列或者连续，并列的"动作"拥有共同的动作发出者，有时候，并列的"动作"存在逻辑上的前后或者因果关系。并列谓语的理解错误通常表现为对动作的发出者（主语）认定不清，或者对并列动作之间的逻辑关系理解不到位。

例 1：Modern fighter aircraft employ relaxed static stability（RSS）in order to achieve higher maneuverability，but this requires a flight control system which senses motions and uses redundant computers to provide stabilizing control inputs thus relieving the pilot of a heavy and continuous workload.

原译：为提高机动性，现代战斗机采用了放宽静稳定性（RSS），但这需要采用能够感应运动的飞行控制系统，并采用冗余计算机提供稳定的控制输入，从而减轻飞行员繁重持续的工作负荷。

改译：现代战斗机通过放宽静稳定性（RSS）提高机动性，但这需要飞控系统能够感应飞机的运动，并采用冗余计算机提供稳定性控制输入，减轻飞行员的繁重、持续工作负荷。

分析：原文句子中，"which"引导的定语从句包含并列结构"senses motions and uses redundant computers"，两个谓语动词为并列关系，各自带有自己的宾语，关系代词"which"在句子中作主语，它代表的是"a flight control system"。也就是说，"senses"和"uses"这两个并列的动作都是由"a flight control system"发出的。原译割裂了并列谓语之间的关系。

例 2：Note that for highly tapered wings the outboard chords may be considerably smaller than the mean aerodynamic chord and will experience lower Reynolds numbers.

原译：注意高度锥形机翼的舷外翼弦可能比平均气动弦小很多，并将获得更低的雷诺数。

改译：应该注意的是，大梯形度机翼外翼段的弦长会比平均气动力弦小很多，对应的雷诺数就较小。

分析：原文句子中，存在两个并列的谓语，后一个谓语动词所表示的动作是前一个谓语（系动词+表语）所表示的动作的结果，逻辑上存在因果关系。

（3）并列状语并列理解错误

句子存在并列状语时，如果不能正确判断状语之间的并列关系，在理解时就会造成状语与动词之间的错位，导致翻译错误。

例 1：The method is based on the experimental observation that，under maximum lift conditions，the difference between $C_{p,peak}$，the peak suction pressure coefficient of an airfoil section of the wing，and $C_{p,t.e.}$，the pressure coefficient at the trailing edge，is defined solely by the Mach number and Reynolds number of the flow over the airfoil and not the details of the airfoil's shape.

原译：此方法基于实验观察，满足最大升力条件，机翼的翼剖面的峰吸入压力系数和后缘压力系数的差异仅由翼型气流的马赫数和雷诺数定义，而不是翼型形状的细节。

改译：此方法基于这样的实验观察结果：在最大升力时，机翼的翼剖面的峰值吸力系数 $C_{p,peak}$ 与后缘压力系数 $C_{p,t.e.}$ 之间的差值仅由翼型上气流的马赫数和雷诺数确定，而不受翼型形状细节的影响。

分析：原文句子中，介词短语 "by the Mach number and Reynolds number of the flow over the airfoil and not the details of the airfoil's shape" 作状语，短语本身包含并列结构，连词 "and" 具有转折的含义。

例 2：To appreciate this fact we turn to the early experimental work compiled by Furlong and McHugh（1953）which illustrates some of the features of leading and trailing edge high lift devices used independently and in concert on three-dimensional swept wings.

原译：为了理解这一事实，我们了解一下富尔隆和麦克休（1953）早期汇编的实验著作，他们的著作说明了单独使用前后缘高升力装置以及在三维后掠翼上配合使用的一些特点。

改译：为了理解这一事实，我们了解一下富尔隆和麦克休（1953）早期汇编的实验著作，他们的著作说明了在三维后掠翼上单独使用的和配合使用的前缘和后缘高升力装置的一些特点。

分析：原文句子中，"independently and in concert" 为并列结构作状语，表示前缘和后缘高升力装置的使用方式。原译断句错误，导致对并列状语的翻译出现错误。

9.6　逻辑关系理解错误

简单句的句子成分之间、并列句的各个分句之间以及复合句的从句与主句之间，都存在着内在的逻辑关系。理清句子中各部分之间的逻辑关系，是正确理解原文的前提条件。英汉两种语言环境中不同的思维方式和思维习惯，会对句子中逻辑关系的理解造成不利的影响，引起翻译错误。

9.6.1　并列句内部的逻辑关系错误

并列句的各个分句之间不仅可以是并列的关系，有时候还有递进的关系甚至转折的关系。翻译中需要根据原文句子的逻辑内涵，准确把握各个分句之间的逻辑关系。

例 1：This in turn tilts the lift vector away from the normal to the free stream velocity producing a force component in the drag direction, and that component is the induced drag.

原译：这反过来会使升力矢量倾斜，使其远离自由流速度的垂直面，在阻力方向产生分力，并且该分量是诱导阻力。

改译：这反过来会使升力矢量倾斜，使其偏离自由流速度的垂直面，在阻力方向产生分量，该分量就是诱导阻力。

分析：英语连词 "and" 有强连接和弱连接之分，"and" 表示弱连接时，翻译中完全可以省略。原文句子中，"and" 起到弱连接的作用，并没有递进的逻辑含义。原译译为 "并且"，过分加重了 "and" 的逻辑意义。

例 2：Highly tapered or swept back wings tend to stall near the tips, ｜ while wings with little sweep or taper tend to stall near the root.

原译：高度锥形或后掠机翼倾向于在翼尖附近失速，｜但是轻微后掠机翼或梯形翼倾向于在翼根附近失速。

改译：大梯形度或大后掠机翼易于在翼尖附近失速，｜而小后掠机翼或小梯形度机翼易于在翼根附近失速。

分析：原文句子是由连词"while"连接的并列句。本句中，连词"while"表示的是两种情况的对比。原译将"while"译为"但是"，表达出的是转折的关系，不符合原文的意思。

例3：Fuel density is variable ‖ and fuel is sold on a volumetric rather than a weight basis, ‖ and for our purposes it will be considered sufficient to use the standard density shown.

原译：燃油密度是可变的，‖且燃油是按体积而非重量出售的，｜暂且认为使用所示的标准密度即足以实现我们的目的。

改译：燃油密度是可变的，｜而且是按体积而非重量出售的，｜但是，我们认为，在飞机设计中，使用所给出的标准密度已经足够了。

分析：原文为两个层次的并列句，第一个层次的并列句为逗号前后两个分句之间的并列关系；第二个层次为第一个分句所包含的两个分句之间的并列关系。第二个层次的两个并列分句之间存在递进的逻辑关系，而第一个层次的两个并列分句之间存在转折关系。原译没有表达出分句之间的这种逻辑关系。

9.6.2　主谓之间的逻辑关系错误

英语常用抽象名词作主语，所以主语有时候不具备发出动作的"能力"；而汉语的主语往往是谓语动作的发出者。在翻译过程中，需要分析主谓之间的逻辑关系，剖析主语与谓语之间的内在联系，才能正确选择谓语动词的词义，或者对主语进行适当的转换，获得通顺的译文。

例1：Therefore, as in the case of the unswept wing, we use an applicable span loading method which supplies the variation of the local lift coefficient with spanwise coordinate.

原译：因此，与非后掠翼的情况一样，我们使用一种合适的展向加载方法，使局部升力系数随着翼展方向坐标变化。

改译：因此，与非后掠翼的情况一样，我们利用一种合适的展向加载方法，求出局部升力系数随翼展坐标的变化。

分析：原文句子中，关系代词"which"引导一个定语从句。"which"指代的是"span loading method"，作从句的主语。从句的意思为"展向加载方法'提供了'……的变化"，翻译的关键在于根据从句的主语与谓语之间的逻辑关系，正确选择"supplies"的词义。因为"变化"是客观存在的，从逻辑上来讲，"展向加载方法'提供了'……的变化"实际上就是"利用展向加载方法'求出'……的变化"。

9.6.3　定语（从句）的理解与表达错误

定语（或定语从句）对中心词起修饰或者限定的作用。如果定语从句结构比较复杂，容易出现定语（或定语从句）与中心词之间的对应错误。定语（或定语从句）翻译的另一种错误是没有反映出定语（或定语从句）对与中心词的限定或修饰作用。

（1）定语（或定语从句）与中心词之间的对应错误

如果英文句子中的定语（或定语从句）对它所修饰的对象起到限定的作用，翻译为中文时，原来的定语依然可以处理为汉语句子中的定语。因为汉语只能采用前置定语，所以，不管是英语的前置定语还是后置定语，翻译成汉语时，都处理成前置定语。

例 1： The critical distance x_{crit} is that distance achieved during the ground runup until the critical velocity V_{crit} is reached at which time an engine fails.

原译：临界距离 x_{crit} 是指从地面滑跑直至达到临界速度 V_{crit} 时一台发动机失效这段期间所实现的距离。

改译：临界距离 x_{crit} 是指在地面滑跑期间飞机达到一台发动机失效的临界速度 V_{crit} 时所经过的距离。

分析：原文句子中，关系代词"which"指的就是"the critical velocity V_{crit}"，"at which time an engine fail"实际上是"the critical velocity V_{crit}"的定语。原译将"at which time an engine fail"理解为状语是不正确的。

例 2： On the basis of these distinctions and from examination of the chordwise pressure distributions just prior to stall of a given airfoil section in two and three dimensional flow, an insight can be had into the mechanism by which sweepback provides a degree of natural boundary layer control.

原译：基于这些差异，以及对二维和三维流中特定翼剖面失速之前弦向压力分布的检查情况来看，可以深入了解这种机制，并通过利用这种机制，保证在这种后掠角条件下实现一定程度的自然边界层控制。

改译：基于这些差异和对二维流和三维流中特定翼剖面失速之前弦向压力分布的研究，可以深入了解利用后掠角实现一定程度的自然边界层控制的机理。

分析：原文句子中，关系代词"which"引导的从句作"mechanism"的定语。在从句中，"which"作介词"by"的宾语。原译将"by which"理解为从句的方式状语是不正确的。

例 3： We may consider the variation of aspect ratio as a function of a combined variable which is also known for the design aircraft, the takeoff wing loading $(W/S)_{to}$.

原译：我们可以考虑展弦比的变化是组合变量的函数，对于所设计的飞机，也称为起飞翼载 $(W/S)_{to}$。

改译：我们可以认为，展弦比是组合变量（即，起飞翼载 $(W/S)_{to}$）的函数，对于所设计的飞机，起飞翼载 $(W/S)_{to}$ 是已知的。

分析：原文句子中，"the takeoff wing loading $(W/S)_{to}$"为"a combined variable"的同位语。原译将"the takeoff wing loading $(W/S)_{to}$"错误理解为动词"known"的宾语。同位语可以看作特殊的定语，该例属于同位语与所修饰的词的对应关系判断错误。

例 4： The delay allowed each engine to accumulate more test hours, reducing the number of engines needed to reach the 1105-hour qualification goal.

原译：交付时间的滞后使得每台发动机有更多的测试时间，而发动机取得质量鉴定所必须达到的 1105 个小时的发动机数量减少了。

改译：交付时间的滞后使得每台发动机可以积累更多的测试时间，从而使得达到 1105 小时鉴定目标所需的发动机数量减少了。

分析：原文句子中，分词短语"needed to reach the 1105-hour qualification goal"作

"engines"的定语，指的是"达到1105小时鉴定目标所需的……"。原译对分词短语的理解出现错误。

（2）没有反映出定语的限定作用

在英语中，名词可以带有较长的后置定语，对名词进行解释与说明，而汉语只能使用前置定语，因此，对于较长的后置定语的翻译处理往往比较困难，有时甚至无法体现出定语的限定作用。在这种情况下，可以灵活使用标点符号，比如，冒号、破折号，清楚方便地表达出后置定语的解释与说明的作用。

例1：A function was chosen which had sufficient complexity to allow use of all the methodologies, yet was simple enough to present a clear picture of the flow through the process.

原译：一项选择的功能要足够的复杂，这样才能使用各种方法；同时，一项功能又要足够的简单，这样才能在整个设计流程中对其进行清晰的描述。

改译：选择了一项功能：这项功能足够的复杂，这样才能使用各种方法；同时，这项功能又足够的简单，这样才能在整个设计流程中对其进行清晰的描述。

分析：原文句子的主句结构简单，使用了被动语态，但是，"which"引导的定语从句结构复杂，对主语"a function"做了充分的说明。原译没有体现出定语从句的说明作用。改译使用汉语的冒号，明确表达了定语从句的说明作用。

例2：Each bidder was expected to structure its response in such a manner that the Air Force could "pick and chose" what capabilities would be included in the final system, based largely on cost and development schedule.

原译：根据成本和研制计划表，每个投标商被希望按照空军"仔细挑选"最后系统性能的方式组织他们的回应。

改译：空军希望每个竞标公司以这样的方式进行投标：空军能够根据费用和研制进度"挑选"最终系统应该具有的性能。

分析：原文句子采用被动结构。主句结构为"Each bidder was expected to structure its response"，介词短语"in such a manner that…"做句子的状语，"that"引导的从句做"manner"的定语。原译将定语从句处理成前置定语，译文可读性较差。改译使用冒号表达出定语从句的内容。

例3：The method is based on the experimental observation that, under maximum lift conditions, the difference between $C_{p,peak}$, the peak suction pressure coefficient of an airfoil section of the wing, and $C_{p,t.e.}$, the pressure coefficient at the trailing edge, is defined solely by the Mach number and Reynolds number of the flow over the airfoil and not the details of the airfoil's shape.

原译：此方法基于实验观察，满足最大升力条件，机翼的翼剖面的峰吸入压力系数和后缘压力系数的差异仅由翼型气流的马赫数和雷诺数定义，而不是翼型形状的细节。

改译：此方法基于这样的实验观察结果：在最大升力时，机翼的翼剖面的峰值吸力系数 $C_{p,peak}$ 与后缘压力系数 $C_{p,t.e.}$ 之间的差值仅由翼型上气流的马赫数和雷诺数确定，而不受翼型形状细节的影响。

分析：原文句子中，"that"引导一个复杂的定语从句。定语从句是对"experimental observation"的详细说明。原文句子的重点在"that"引导的定语从句。在这种情况下，可以使用冒号引出后面所要说明的具体内容。

例 4：This reflects Boeing's confidence in the move toward more direct flights, rather than hub and spoke flights, and this outlook is felt to be in response to passenger demand, as well as the prospect for reduced fuel burn by using more direct flights.

原译：这反映了波音公司有信心，未来的空中运输会更多地朝着直航发展，而不再是"轮毂和车辐"式空运，并且这种展望被认为极好地呼应了客户需求，且有望通过更多直航来降低燃耗。

改译：这反映了波音公司的信念：未来的空中运输将更多地采用直飞航线，而不是"枢纽-辐射"式航线，这种展望一方面呼应了客户需求，另一方面也是出于对通过直飞航线降低燃油消耗的预期。

分析：原文句子为并列句。第一个分句的宾语带有作后置定语的介词短语，介词短语的结构比较复杂，其中，"the move"表示航空运输的"发展方向"，介词短语"toward more direct flights, rather than hub and spoke flights"作"the move"的后置定语，表示发展的趋向。第二个分句采用被动式，表示人们对于"this outlook"的看法，可译作"人们认为"。

9.6.4　状语（从句）的理解与表达错误

在英语翻译中，状语从句的翻译错误表现为两种情况，一种是对状语从句的逻辑关系的理解出现错误，另一种是对状语从句的逻辑关系的表达出现错误。

（1）状语（从句）的理解错误

状语可用来修饰动词、形容词、副词或者整个句子，因此，状语有它特定的修饰对象或者修饰范围。在翻译实践中，译者有时会对状语的修饰对象或者修饰范围作业错误的判断，或对从属连词表达的逻辑关系的理解出现错误。

例 1：De Young and Harper (1948) provide a theoretical estimate for the variation of the taper ratio as a function of quarter-chord sweep angle for wings with an approximately elliptic span loading independent of aspect ratio.

原译：对于具有与展弦比无关的椭圆形翼展载荷的机翼，扬德和哈珀（1948 年）提出了一种估算尖根比与四分之一翼弦后掠角的关系的理论方法。

改译：扬德和哈珀（1948 年）提出了一种估算尖根比的理论方法：对于具有与展弦比无关的椭圆形翼展载荷的机翼，尖根比是四分之一弦线后掠角的函数。

分析：原文句子中，介词短语"as a function of quarter-chord sweep angle for wings with an approximately elliptic span loading independent of aspect ratio"作"the taper ratio"的定语，说明"尖根比是……的函数"；其中嵌套的介词短语"for wings with…"可以理解为整个介词短语的状语。原译将介词短语"for wings with an approximately elliptic span loading independent of aspect ratio"理解为整个句子的状语，出现断句错误。"the taper ratio"的后置定语被分开处理，产生了信息割裂，使信息流变得不顺畅。

例 2：Engines mounted on the aft fuselage have much smaller yawing moments ‖ when an engine must be shut down | because the effective moment arm for the thrust force is much smaller than for wing-mounted engines.

原译：一台发动机必须停车时，与机翼安装发动机相比，后机身安装的发动机产生的偏航力矩很小，| 因为推力的有效力臂很小。

改译：与机翼安装的发动机相比，‖ 后机身安装的发动机的有效力臂较小，| 所以，当一台发动机必须停车时，发动机推力产生的偏航力矩很小。

分析：原文句子中，介词"because"引导的原因状语从句修饰整个句子；前面的主句又带有连词"when"引导的时间状语从句，这个时间状语从句只修饰主句。原译断句不正确，将"when"引导的时间状语从句当作整个句子的状语，导致了译文信息流的紊乱。

例 3：However, the widespread use of these devices in commercial jet transports indicates that better combined performance can be achieved than this set of wind tunnel experiments might suggest.

原译：然而，这些装置在商用喷气运输机上的广泛使用表明，它们比这套风洞实验更能获得较佳的组合性能。

改译：然而，这些装置在商用喷气运输机上的广泛使用表明，它们能够获得比风洞试验结果更好的组合性能。

分析：原文句子中，状语从句"than this set of wind tunnel experiments might suggest"表示的是比较的基准，与它比较的是"组合性能"。原译理解错了比较的对应关系。

（2）状语（从句）的逻辑表达错误

英语中的状语从句多用表示因果、转折、让步等的从属连词进行连接，而汉语中表达这样的关系通常需要一组连词配合使用，例如，因为……所以……、只有……才……、如果……就……。翻译中常见的错误是连词搭配错误，导致译文逻辑不清。

例 1：Despite the fact that construction of the B-1A prototypes was finally underway, the Air Force continued to study alternatives.

原译：尽管 B-1A 原型机的构型尚未完成，但是空军仍然继续研究备选方案。

改译 1：尽管 B-1A 原型机的制造工作已经开始，空军还是继续对备选方案进行研究。

改译 2：虽然 B-1A 原型机的制造工作已经开始，但是空军依然继续对备选方案进行研究。

分析：原文句子中，"despite"引导的介词短语做整个句子的状语。"despite"表示转折的关系，通常译为"尽管……还是……"，也可译为"虽然……但是……"。另外，原文句子中的"underway"表示"正在进行中"，虽然也意味着"尚未完成"，但是，译作"尚未完成"与后半句在逻辑上不相符。

例 2：If the reader finds the report difficult to understand because the presentation is poor, then the engineer has wasted all the technical work done because the information cannot get beyond the person who actually did the work.

原译：如果读者觉得报告难以理解，理由是陈述不严谨，因为除了实际实施此项工作的人外，其他人根本无法理解其中要义，所以工程师等于白做了所有技术工作。

改译：如果读者觉得设计报告表述不清，难以理解，那么没有实际实施此项工作的人无法理解其中的要义，这就等于工程师白做了所有的技术工作。

分析：原文句子中，从属连词"if"引导一个条件状语从句，表示一种假设条件，另外，从句和主句又各自带有"because"引导的原因状语从句。原译没有理顺原文句子的逻辑关系，导致表述不清。改译利用"如果……那么……"表示主句与从句之间的逻辑关系；利用汉语动词的前后并列关系表示主句和从句内部所包含的因果关系。

例 3：Though the cruise lift for an aircraft is easily determined ‖ since it is merely equal to the weight of the aircraft at any stage of the cruise, ┃ the drag is not as easily determined.

原译：虽然飞机的巡航升力确定起来比较容易，┃ 由于该值几乎等于任何巡航阶段的飞机重量，‖ 所以升力就不那么容易确定了。

改译：在任何巡航阶段，飞机的升力等于飞机的重量，‖ 所以确定飞机的巡航升力比较容易，┃ 但是确定飞机的巡航阻力就不那么容易了。

分析：原文句子含有两层逻辑关系，第一层逻辑关系是 "though" 引导的让步状语从句与主句之间的 "虽然……但是……" 让步关系；第二层逻辑关系是状语从句中 "since" 表述的因果关系。原译没有清楚反映出原文句子的逻辑关系。

例 4：The General Electric YF101-GE-100 engine for the B-1A had a remarkably trouble-free development program, although production versions for the B-1B would experience some early operational problems.

原译：通用电气公司研制的用于 B-1A 的 YF101-GE-100 发动机是无故障研制计划，不过用于 B-1B 的批生产型可能出现一些操作上的难题。

改译：虽然通用电气公司为 B-1A 研制 YF101-GE-100 发动机的过程非常顺利，但是以后用于 B-1B 的生产型发动机在早期使用中却出现了一些问题。

分析：原文句子后部带有 "although" 引导的让步状语从句，从句采用的是过去将来时，表示尚未发生的事件。按照汉语的表达习惯，让步状语从句需要前移。主句中的 "a remarkably trouble-free development program" 表示在研制过程中没有出现 "问题" 或者 "麻烦"。原译对 "trouble-free" 的翻译不确切。

例 5：The initial prototype B-1As would be fitted largely with FB-111A components, although the airframe would be designed with space, power, and cooling capacity to allow the installation of more advanced avionics at a future date.

原译：最初的 B-1A 原型机主要由 FB-111A 部件装配，为了使航电设备更先进，重新设计了机身、机舱、动力和冷却性能。

改译：虽然 B-1A 机体的设计具有更大的空间、更强的动力和更高的冷却性能，将来可以装载更先进的航电设备，但是，最初的 B-1A 原型机主要使用 FB-111A 的设备。

分析：原文句子带有 "although" 引导的让步状语从句，这类句子的中文表达方式为 "虽然……，但是……"，翻译时往往需要调整原文的语序。原译没有表达出让步状语从句与主句之间的逻辑关系，另外，对不定式短语 "to allow the installation of more advanced avionics at a future date" 在句子中的作用也理解不正确。

例 6：A larger thickness ratio is generally chosen for the root airfoil and a smaller thickness ratio for the tip airfoil in order to provide a deep section at the root to reduce the bending stresses acting there as a result of the long wingspan of high-aspect-ratio aircraft.

原译：一般为翼根翼型选择较大的厚弦比，为翼尖翼型选择较小厚弦比，在翼根获得较厚的翼型剖面，减少弯曲应力作用，因此大展弦比飞机拥有长翼展。

改译：一般为翼根翼型选择较大的厚弦比，为翼尖翼型选择较小的厚弦比，这样，在翼根处可以获得较厚的翼型剖面，用于减少弯曲应力——大展弦比飞机拥有较长的翼展，在翼根处会产生较大的弯矩。

分析：原文句子虽然结构复杂，但从句子类型来看，依然属于英语中的简单句。句子主体结构采用了被动结构。"in order to provide a deep section at the root…"做整个句子的目的状语，"to reduce the bending stresses"为其前面的不定式短语的状语，分词短语"acting there"为"bending stresses"的后置定语，介词短语"as a result of…"为"acting there"的方式状语。原译没有表达清楚原文句子所表述的逻辑关系。改译采用增加词汇"这样""用于"和破折号"——"清楚地表达出了原文句子的逻辑关系。

9.7 逻辑转换重组不到位

句子的各个部分之间既存在表面的语法关系，又存在内在的逻辑关系。当内在的逻辑关系与表面的语法关系不一致的时候，或者原文句子的逻辑关系不适合译文表达的时候，在翻译时就需要进行合理的逻辑转换。

9.7.1 主语逻辑关系的转换

主语是句子描述或说明的对象，也是句子的逻辑重点。在英语中，除了名词、代词、数词可以作主语外，动名词、不定式、分词、从句也可以作主语；汉语中，作主语的通常包括名词与名词短语、动词与动词短语、形容词和形容词短语。由于两种语言的主语类型存在差异，主语与谓语之间的搭配关系也各自不同，在翻译中有时需要对原文主语的逻辑关系进行合理的转换。

（1）无灵主语的转换

在汉语中，当谓语表示动作时，主语就是动作的发出者；而在英语中，抽象名词或者其他名词性短语作主语时，这些名词所代表的对象往往不具备发出动作的能力。在这种情况下，为了符合汉语的表达习惯，就需要对原文主语与其他句子成分之间的逻辑关系进行适当的转换。

例1：Though there is continuing interest in traveling even faster than sound, <u>the generation of ground-level pressure disturbances（"sonic booms"）</u> limited the supersonic portions of flight of the Concorde supersonic transport to areas over the sea.

原译：尽管人们对使巡航速度超出声速的研究热情不减，但是，<u>地面压力扰动（"声爆"）的产生</u>将"协和式"超音速运输机飞行的超音速部分限制于跨海飞行。

改译：尽管人们对超声速旅行抱有持续的热情，但是，<u>由于超声速飞行会产生地面压力扰动（"声爆"）</u>，"协和"超声速运输机的超声速飞行仅限于海上。

分析：原文句子中，表示动作的抽象名词"generation"作主语。主语所表示的动作是谓语动词所表示的动作"limited"产生的原因，主语动作与谓语动作之间存在因果关系，可以将原文句子的主语转换为原因状语。

例2：The cabin forward and aft of the wing root is maintained as an essentially circular cross-section, and <u>any stretching to be done to the fuselage</u> will require the plugs to be added in these regions.

原译：翼根的客舱前部和后部则基本上维持圆形截面，<u>加长机身就需要将柱塞加装在这些区域</u>。

改译：翼根前后部位的机身基本上保持圆形截面，<u>当机身需要加长时</u>，只需在翼根前后部位加入加长段。

分析：原文句子中，动名词短语"any stretching to be done to the fuselage"作主语，用名词性结构表示机身"加长"的动作。从逻辑关系上来讲，主语所表示的动作与谓语所表示的动作之间存在一定依存关系，可以将主语表示的动作转换为句子的状语，表示谓语动作发生的时间。

例 3：<u>Taking the stall margin safety factor into account</u> shows that the maximum lift coefficient in takeoff required is $C_{L\max}\sim 2.6$, which is far more than an efficient high-speed airfoil can supply.

原译：<u>考虑到失速裕度安全系数</u>，起飞所需的最大升力系数为 $C_{L\max}\sim 2.6$，这远远不止是一个高效高速翼型所能提供的系数值。

改译：<u>考虑失速裕度安全系数后</u>，起飞所需的最大升力系数为 $C_{L\max}\sim 2.6$，这远远大于高效高速翼型所能提供的升力系数。

分析：原文句子中，动名词短语"taking the stall margin safety factor into account"作主语。动名词短语所表示的动作是谓语动词所表示的动作的前提条件，因此，可以将主语转换成时间状语。

例 4：Therefore, <u>the peaky airfoil</u> is shocking down from a relatively low locally supersonic Mach number resulting in a terminating normal shock that is weak, as desired.

原译：因此，<u>峰形翼型</u>急降到相对较低的超声速马赫数，从而正如预期，得到较弱的终止正激波。

改译：因此，<u>在峰形翼型上</u>，气流速度是从相对较低的超声速马赫数下降，正如预期，产生较弱的正激波。

分析：原文句子中，"peaky airfoil"作主语，但是，动词"shock down"表示的是"气流从超声速到亚声速的急剧下降"，"peaky airfoil"实际上是动作发生的"位置"。因此，可将"peaky airfoil"作为状语进行翻译。

（2）被动句主语的转换

在英语的被动语态中，句子的主语表示的不是动作的发出者，而是动作的承受者。这时的主语只是句子语法上的主语，而不是句子逻辑上的主语。在被动句的翻译转换时，需要恢复原文句子中主语的"动作承受者"的逻辑地位。

例 1：<u>The properties listed above</u> will be used to form the characteristic parameters for the tail surfaces and help guide the design process.

原译：<u>以上所列的特征</u>将用于形成尾翼面的特征参数，并帮助指导设计过程。

改译：我们将利用<u>上面所列的性能</u>形成尾翼的特征参数，并帮助指导设计过程。

分析：原文使用被动语态，"the properties"（特征参数）是动作"used"（使用）的承受者。"the properties"只是句子的语法上的主语，并不是句子逻辑上的主语。句子的逻辑主语应该是动作的发出者（我们）。

例 2：<u>The horizontal tail surface area</u> is obtained by reasonable extrapolation of the leading and trailing edges in to the fuselage centerline, as is done for the wing.

原译：和机翼一样，<u>水平尾翼表面积</u>通过合理地将前后缘延伸到机身中心线得出。

改译：与计算机翼面积一样，将水平尾翼的前后缘延伸到机身中线，就可求出其面积。

分析：原文句子中，"the horizontal tail surface area"是动作"obtained"的对象，不是动作的发出者。

9.7.2 谓语逻辑关系的转换

英语的谓语可以分为两类。一类是由动词或者动词短语构成的谓语，用于表示主语发出的动作，可称为动作性谓语；另一类是由系动词+表语构成的复合谓语，用于说明主语的特征、属性、状态、身份等，可称为描述性谓语。

（1）动作性谓语的转换

动作性谓语表示主语发出的动作，或宾语承受的动作。当主语或宾语具有"动作"特性时，也就是说，主语或宾语是表示动作的名词性结构，可以恢复主语或宾语的"动作"本质，虚化或者省略原来的动作性谓语，即原文句子的谓语动词。

例1：It should be noted that sometimes the said extrapolation is extended only to the plane of the horizontal tail, so care must be taken in collecting data on tail areas.

原译：需注意的是，有时上述延伸只延长到水平尾翼平面，因此在收集尾翼面积的数据时应注意。

改译：需指出的是，有时只将上述前后缘延伸到水平尾翼平面，因此在收集尾翼面积的数据时应注意。

分析：原文句子中，"the said extrapolation"作从句的主语，表示"上述的尾翼前后缘的延伸"，谓语动词"extended"也表示"延伸"的意思。改译恢复了名词"extrapolation"的动作本质，译为动词"延伸"。

例2：In this chapter we will form a preliminary estimate of the maximum gross weight of the aircraft and the contributions to that weight from various components.

原译：在本章中，我们将形成对飞机的最大总重和各组件在总重中所占比重的初步估算。

改译：在本章中，我们将初步估算飞机的最大总重和各种重量对总重的贡献。

分析：原文句子中，表示"动作"的名词性结构"a preliminary estimate"作宾语，是典型的英语表达方式。原译采用直译的方式，译文不够简洁。改译进行了逻辑转换，恢复了名词"estimate"的动作本性，译文更符合汉语的习惯。

（2）描述性谓语的转换

描述性谓语用于说明主语的状态时，在翻译时往往可以转换成汉语的状语。

例1：As one gains more understanding of the aerodynamics involved and experience in assessing the results of various analyses it becomes expeditious to incorporate more complete theoretical tools.

原译：当一个人对涉及的空气动力学有更多了解并有更多经验评估各种分析结果时，使用更完整的理论工具将变得方便。

改译：当一个人对涉及的空气动力学有更多了解并有更多经验评估各种分析结果时，他在设计中就能方便地使用更完整的理论工具。

分析：原文句子中，主句为"主系表"结构，"系动词+表语"构成的谓语对主语的状态进行描述。原译采用直译的方法，改译将原句的谓语转换成状语，译文更加通顺。

例 2：It will become apparent in subsequent sections that the appropriate parameters for the horizontal and vertical tails are given by…

原译：显然，在接下来的章节中，水平和垂直尾翼的相应参数由下式得出…

改译：在后面的章节中我们将清楚地看到，水平和垂直尾翼的相应参数可由下式得出…

分析：原文句子中，谓语"become apparent"用于描述主语的状态，改译将其处理为状语，符合汉语表达习惯。

9.7.2　定语逻辑关系的转换

在英语中，形容词、名词可以作名词的前置定语；介词短语、分词短语、不定式短语以及一些形容词都可作名词的后置定语，定语从句也可以看作是后置定语。从形式上来讲，定语（或定语从句）对它所修饰的对象起到限定或者说明的作用。但是，如果从句子的逻辑关系上来分析，定语除了对限定对象进行修饰或者说明之外，有时候，它与限定对象之间存在并列或者因果等关系。在这种情况下，定语（或定语从句）可以处理成并列结构、单独的句子或者句子的状语。尤其是后置定语，它的情况比较复杂，需要根据句子的逻辑关系和具体情况进行灵活处理。

（1）定语（或定语从句）与中心词之间的逻辑关系对调

虽然定语（从句）与中心词之间为修饰与被修饰的关系，但是，有时候定语（从句）与中心词具有同等重要的语义。在这种情况下，将定语（从句）与中心词之间的逻辑关系对调，可以获得同等或者更好的表达效果。

例 1：To achieve synergetic performance between the leading and trailing edge devices careful attention must be paid to the integration of these elements.

原译：为了实现前后缘装置间的协同性能，必须重视整合这些元件。

改译：为了获得前后缘装置的性能协同，必须仔细整合这些单元。

分析：原文句子中，"synergetic performance"表示"协同的性能"，是指"通过前后缘装置的协同获得更好的性能"，也就是"前后缘装置之间的性能协同"。

例 2：The fact that leading edge systems are relatively simple and easy to maintain means that the incremental cost of providing them is usually low enough to be attractive.

原译：前缘系统相对简单且易于保持的事实意味着增量成本通常足够低而且较具吸引力。

改译：前缘系统相对简单，易于维修，这意味着成本增加较小，具有一定的吸引力。

分析：原文句子中，"incremental cost"表示"增加的成本"，而汉语习惯说"成本的增加"。改译对调了中心词与限定词之间的逻辑关系，更符合汉语习惯。

例 3：If we confine our attention to taper ratios in the range $0.25<\lambda<0.6$, small twist angles $0<\Omega<5°$, and aspect ratios in the range $8<A<12$, which are typical of commercial airliners, we may use the results presented by Phillips and Alley（2007）to develop the following approximations.

原译：如果我们将注意力集中于商用飞机常见的尖根比范围 $0.25<\lambda<0.6$ 之间，小扭转角在 $0<\Omega<5°$ 之间，以及展弦比在 $8<A<12$ 之间，我们可以用菲利普和阿利（2007）的

结果得出下列近似值。

改译：如果我们将注意力集中于<u>商用飞机常见的机翼参数范围</u>，即尖根比范围 $0.25<\lambda<0.6$，小扭转角在 $0<\Omega<5°$ 之间，展弦比在 $8<A<12$ 之间，我们可以用菲利普和阿利（2007）的结果得出下列近似值。

分析：原文句子中，非限定性定语从句"which are typical of commercial airliners"是对前面几个机翼参数的补充说明。原译将该非限定性定语从句处理为前置定语，译文不够简洁。汉语的表述习惯是先概括、后具体，改译将非限定性定语从句的信息提前，作为"中心词"，将列举的具体参数后置，作为"中心词"的同位语。

（2）定语处理成并列结构

有些作定语的介词短语可以处理成并列的名词结构，而作定语的分词短语和不定式短语有时可以处理成并列的动词，表示连续的动作。

例 1：The aircraft featured <u>a blended wing-body fuselage with variable-geometry wings</u>, <u>a single vertical stabilizer with a three-section rudder</u>, and<u>horizontal stabilizers that operated independently to provide both pitch and roll control</u>.

原译：该飞机包含了<u>具有变后掠机翼的混合翼身机身</u>、<u>具有三段方向舵的单个垂直安定面</u>、以及<u>可以独立完成俯仰和滚转操纵的水平尾翼</u>。

改译：该机采用<u>翼身融合机身</u>、<u>变后掠机翼</u>、<u>单垂尾</u>、<u>三段方向舵</u>和<u>独立操作的水平尾翼</u>，水平尾翼用于提供俯仰和滚转操纵。

分析：原文句子的宾语采用了三个名词性结构组成的并列结构，每个宾语又带有后置定语。原译将后置定语处理成汉语的前置定语，使得译文不够简洁。此句中，前两个宾语的后置定语与它所修饰的名词存在逻辑上的并列关系，<u>最后一个后置定语中的不定式短语表示目的，可以独立成句，单独表达</u>。

例 2：A floor-level exit <u>having a rectangular opening of not less than 24 in①. wide by 48 in. high</u>, with corner radii not greater than 8 in.

原译：一种地板齐平的出口，<u>带一个尺寸不小于24英寸宽48英寸高的矩形开口</u>，且圆角半径不大于8英寸。

改译：<u>一个矩形出口</u>，<u>与地板齐平</u>，<u>宽度不小于24英寸</u>，<u>高度不小于48英寸</u>，<u>圆角半径不大于8英寸</u>。

分析：原文为一个名词性短语，带有前置定语和后置定语。中心词为"exit"（出口），前置定语"floor-level"（与地板平齐）说明它的位置，后置定语"rectangular opening"（矩形开口）说明它的形状，后面的介词短语进一步说明"矩形开口"的"宽度""高度"和"圆角半径"。将这些信息按照汉语的习惯进行组合，使用短句进行表达，显得简洁明了。

例 3：Aboulafia（2012）presents an interesting forecast of the airline business based on the changes <u>brought by the operational and structural improvements</u> <u>forced by intense competition</u> over the last decade.

原译：过去十年里，激烈的竞争导致运营和结构变革发生了巨大的变化，基于这一

---

① 1in＝25.4mm

点，Aboulafia（2012）对航空业务进行了有趣的预测。

改译：过去十年里，激烈的竞争促使航空公司对运营和结构进行了改进，这些改进又引起了许多变化，基于这些变化，阿布拉菲亚（2012）对航空业务进行了有意义的预测。

分析：原文句子的主句结构简单，但是，句子后部作状语的分词短语"based on…"的结构复杂，其中又嵌套了两个作定语的分词短语"brought by…"和"forced by…"，分词短语所表示的动作次序是从后往前依次推进的。这种句子的翻译最好从后往前依次进行解构翻译，处理成并列结构。

例 4：Even at the end of an aircraft's life there is concern about its environmental impact and manufacturers are seeking waysto improve the recycling capability of its aircraft.

原译：即使在飞机报废时仍存在对其环境影响的担忧，制造商们正在寻求能提高其飞机回收利用能力的方法。

改译：即使在飞机报废时，人们也担心它对环境的影响，因此，制造商们正在寻求方法，提高回收飞机的能力。

分析：原文句子为"and"连接的并列句，此处的"and"表示前一个分句所导致的"结果"，原译没有表达出这种逻辑关系；原文句子的后一个分句中，不定式短语"to improve the recycling capability of its aircraft"作定语，原译将其处理为汉语的前置定语，表述不够简洁，改译将其处理为前后关联的"动作"，体现了汉语的节奏感。

（3）定语从句译为单独句子

定语从句除了对中心词进行限定与说明之外，还具有完整的意思。在这种情况下，定语从句可以处理成单独的句子。

例 1：Note the doors over the engine nacellesthat cover the wing when it is in its fully aft position.

原译：注意当机翼完全处于后部位置时，发动机短舱上方覆盖机翼的盖板。

改译：注意发动机短舱上的盖板，当机翼完全处于后掠位置时，它覆盖在机翼上面。

分析：原文句子中，"the engine nacelles"后面带有"that"引导的定语从句，对"the engine nacelles"进行描述与说明，可以处理成单独的句子。

例 2：This provides a margin of safety against the possibility of encountering tailwind gusts which might reduce the actual airspeed to values below the stall speed in the crucial seconds of touchdown.

原译：这样，就提供一定的安全边际，从而避免遇到顺风阵风的可能，否则可能会在接地的关键数秒内将实际空速降至失速值以下。

改译：这样，就提供了一定的安全裕度，可应对可能遇到的顺风阵风，顺风阵风会使实际空速在接地的关键数秒内降至失速速度以下。

分析：原文句子中，"tailwind gusts"带有"which"引导的定语从句，对"tailwind gusts"的影响做了进一步的说明。原译将"against"译为"避免"，同时增加了连词"否则"，不符合原文的意思。改译将"which"引导的定语从句单独处理，语义通顺。

例 3：There were, of course, several flaws in the DoD analysis, which was largely predisposed support the B-1A.

原译：当然，在国防部关于预先支持 B-1A 的分析中存在几个明显不足。

189

改译：当然，国防部的分析存在一些不足，它在很大程度上倾向于支持 B-1A 飞机。

分析：原文句子中带有一个非限定性定语从句。在翻译实践中，非限定性定语从句一般处理成单独的句子。原译将其处理为前置定语，降低了句子的可读性。

例 4：If this technique, which has been flight-tested, can be effectively employed on the wings, fuel burn may be reduced by as much as 20% on typical flights.

原译：如果这项已经过飞行试验的技术可以有效地应用到机翼上，对于一般的飞行，油耗降低多达 20%。

改译：这项技术已经经过飞行试验，如果它能够有效地应用到机翼上，对于一般的飞行，可降低油耗高达 20%。

分析：原文句子中，条件状语从句带有一个非限定性定语从句。非限定性定语从句一般起到补充说明的作用，在科技翻译中，不宜处理成前置定语。原译将其处理成前置定语，使得译文不够简洁。

例 5：CFM International, a joint venture by GE Aviation and SNECMA that brought out the successful CFM56 series, is bringing out the new LEAP-X (Leading Edge Aviation Propulsion) engine.

原译：通用电气航空与推出了非常成功的 CFM56 系列的法国斯奈克玛公司合资开设了 CFM 国际，这家合资企业正在推出全新的 LEAP-X (Leading Edge Aviation Propulsion, 领先航空推进) 发动机。

改译：CFM 国际公司是通用电气公司与斯奈克玛公司成立的合资公司，曾经推出了非常成功的 CFM56 系列发动机，目前正在推出全新的 LEAP-X (Leading Edge Aviation Propulsion, 领先的航空动力装置) 发动机。

分析：原文句子的主语后面带有一个非限定性同位语，而同位语本身又带有两个后置定语，介词短语 "by GE Aviation and SNECMA" 表示 "joint venture" 的构成，定语从句 "that brought out the successful CFM56 series" 表示 "joint venture" 曾经取得的成绩。非限定性同位语通常可以翻译成独立的句子。原译中，将 "that brought out the successful CFM56 series" 理解为 "SNECMA" 的定语，出现理解错误。

例 6：A multi-element airfoil, comprised of movable elements, each of which is generating its own circulation and thereby contributing to an enhanced lift coefficient for the system, is the most cost-effective practical approach currently available.

原译：由活动元件组成的多元翼型，其每个元件都会产生环流，从而有助于增大系统升力系数，是目前可用的最有效的实用方法。

改译：包含活动单元的多元翼型是目前可用的最有效的实用方法，每个活动单元都会产生环流，有助于增大机翼系统的升力系数。

分析：原文句子的主语 "A multi-element airfoil" 后面带有一个非限定性定语 "comprised of movable elements"，定语本身后面又带有一个非限定性定语从句。原译没有调整词序，打破了原文的句子结构，使得信息零散，缺乏连贯性。改译将分词短语处理为前置定语，将后面的非限定性定语从句单独处理，语言结构紧凑，信息连贯。

例 7：The latter suggestion is based on data obtained at $M > 0.4$ and leads to negative pressure coefficients at low M which are below those observed in experiments.

原译：后者的建议基于 $M > 0.4$ 时得出的数据，得出较低 M 值时的负压力系数，这些系数低于实验中观察的系数。

改译：第二种标准基于 $M > 0.4$ 时得出的数据，在马赫数 M 较小时会得出负的压力系数，低于实验观察到的压力系数。

分析："which" 引导的定语从句 "which are below those observed in experiments" 是对 "negative pressure coefficients" 的进一步说明，翻译时可处理成单独的句子。改译省略了定语从句的主语成分，使得述更加简洁。

(4) 定语（或定语从句）译为状语

英语句子中的定语（或定语从句）与限定词之间有时存在逻辑上的因果关系，在这种情况下，可以将英语句子的定语（或定语从句）处理为汉语句子的状语。

例 1：As a first step in the process of accounting quantitatively for the existence of this effect in swept-wing design, it is necessary to examine the nature of the separation process which limits $c_{\text{L max}}$ for the two-dimensional (airfoil) and three-dimensional (wing) cases.

原译：作为定量考虑三维效应对后掠翼设计影响的过程中的第一步，必须分析分离过程的特性，气流分离会限制二维（翼型）和三维（机翼）情况下的 $c_{\text{L max}}$。

改译：作为定量考虑此效应对后掠翼设计影响的过程中的第一步骤，必须检查分离过程的特性，因为气流分离会限制二维（翼型）和三维（机翼）情况下的 $c_{\text{L max}}$。

分析：原文句子中，"which" 引导的定语从句是对 "separation process" 的说明，实际上也说明了主句动作的原因，因此，翻译时可以将 "which" 引导的定语从句处理为原因状语。

例 2：As NASA considers renegotiations for additional Core Stages, ensuring all award fees are interim leading up to the final delivery would provide the opportunity to recoup fees if the Agency ultimately determined Boeing performed poorly.

原译：在美国国家航空航天局（NASA）考虑就另外的芯级重新谈判之际，如果 NASA 最终认定波音公司业绩表现不佳，那么确保所有的奖励费用都是在最终交付前的过渡阶段发放，将提供收回费用的机会。

改译：美国国家航空航天局（NASA）考虑就另外的芯级进行重新谈判时，要确保所有的奖励费用都是临时性费用，是为了实现最终的交付，如果 NASA 最终认定波音公司的绩效不佳，就有机会收回奖励费用。

分析：原句中，名词性从句 "ensuring all award fees are interim leading up to the final delivery" 作主语，从句本身又包含一个 "主系表" 结构，表语 "interim" 带有一个后置定语，正常的翻译需要将英语的后置定语前移，变为 "所有的奖励费用都是（导致最终交付的）临时性费用"。这样的表述不够简洁。后置定语 "leading up to the final delivery" 实际上表示了 "interim" 的作用或者目的，因此可以将其处理为汉语中的目的状语。通过这样的信息重构，可以实现汉语表达的简洁明了。另外，原译对句子逻辑层次理解不清，导致翻译中 "if" 引导的条件状语从句的位置出现错误。

例 3：Instead of trying to fly over defenses, which was proving to be harder than expected, the bomber would fly under defenses.

原译：这种轰炸机可以在更坚固的防空系统下飞行，而不用尽力从敌方的防空系统上面飞过。

改译：由于防空系统比预期的要更加严密，这种轰炸机不是在防空系统"之上"飞行，而是在防空系统"之下"飞行。

分析：原文句子包含一个非限定性定语从句"which was proving to be harder than expected"，对"defense"（防空系统）作进一步说明。对于"defense"（防空系统）而言，描述它所用的形容词"harder"，不能理解为"更坚固的"，而应该理解为"更严密的"或"更难突破的"。这个非限定性定语从句虽然是对"defense"（防空系统）的描述，但实际上说明了飞机选择不同飞行模式（"fly over defenses"与"fly under defenses"）的原因。

例 4：Planned performance improvement packages for the larger General Electric GEnx-2B engine will help reduce fuel burn, but in addition, weight reductions of up to 5000 lb are planned, as are aerodynamic enhancements.

原译：使用较大型的通用电气 GEnx-2B 发动机的计划性能改进方案将有助于降低燃耗，但除此之外，还计划高达 5000 磅的减重，同样还有空气动力特性方面的改进。

改译：对于通用电气公司的更大的 GEnx-2B 发动机，计划的性能改进工作包将有助于降低燃油消耗，除此之外，该发动机还计划实现高达 5000 磅的减重，同样还有空气动力特性方面的改进。

分析：原文句子为并列句。前一个分句的主语"performance improvement packages"带有一个前置定语"planned"和一个后置定语"for the larger General Electric GEnx-2B engine"，原译对后置定语的理解出现错误。后一个分句采用被动式，同时带有代词"as"引导的状语从句。

例 5：The preliminary design of a commercial aircraft is a feasibility study aimed at determining whether or not a conceptual aircraft is worthy of detailed design study.

原译：商用飞机的初步设计是一个旨在确认某一概念飞机是否值得继续进行详细设计研究的可行性研究。

改译：商用飞机的初步设计是一项可行性研究，旨在确定某一概念飞机是否值得继续进行详细设计。

分析：原文的主句结构为主语+系动词+表语，主句结构比较简单，但是，句子的表语带有一个分词短语作定语，而分词短语中又包含了一个宾语从句。原译将英语的后置定语前置，虽然符合汉语中定语的语序习惯，但是整个句子显得冗长。改译将英语的定语从句改为了状语从句，置于句末，提高了句子的可读性，也符合语序趋同的翻译原则。

例 6：One passenger flying a round trip from JFK airport in New York to FCO airport in Rome generates an average of about 900 kg of carbon dioxide.

原译：往返于纽约 JFK 机场和罗马 FCO 机场的一个乘客平均产生约 900 千克的二氧化碳。

改译：在纽约肯尼迪国际机场与罗马菲乌米奇诺机场往返一次，每位乘客平均产生约 900 千克的二氧化碳。

分析：原文句子中，后置的分词短语"flying…"在形式上是作"one passenger"的定语，但是它实际上说明了句子所描述的情况是"在什么情况下"发生的，逻辑上起到了状语的作用。原译将后置定语直译为汉语的前置定语，汉语的表述不够简洁。

例 7：To deal with these issues, research by engine manufacturers is ongoing in improving the design of inlets, fan and compressor blades, and nozzles, while airframe builders are studying landing gear and flap design, and airline operators are examining flight operations and trajectories that would alleviate some of the noise problems.

原译：为了解决这些问题，由发动机制造商展开的研究正在努力改进进气口、风扇、压缩机叶片以及扇形喷嘴的设计，同时机身制造商正在研究起落架和襟翼的设计，而航空公司则在审视可以缓解一些噪声问题的飞行操纵和轨迹。

改译：为了解决这些问题，发动机制造商正在开展研究，改进进气口、风扇叶片、压气机叶片以及喷管的设计，同时，机身制造商正在研究起落架和襟翼的设计，航空公司也在检查飞行操作和飞行轨迹，以期缓解一些噪声问题。

分析：原文句子为嵌套式并列句，第一级是由"while"连接的并列句，"while"后面的分句又包含两个由"and"连接的分句。在最后一个分句中，"that…"引导的从句作"flight operations and trajectories"的定语，在逻辑上，它可以理解为分句的状语，表示"目的"。

（5）定语译为主语

从上面的分析可以看出，英语中的定语比较复杂，翻译处理的方法也很灵活。英语的定语在翻译时有时可以处理成主语。

例 1：However, when either of the leading edge devices is used in conjunction with the double-slotted flap there is essentially no change, or even a slight decrease in maximum lift coefficient.

原译：然而，当任意一个前缘装置与双缝襟翼同时使用，基本不会有任何改变，或最大升力系数丝毫没有减少。

改译：然而，当任意一个前缘装置与双缝襟翼配合使用时，最大升力系数基本没有改变，甚至有稍微的减小。

分析：原文句子中，介词短语"in maximum lift coefficient"作定语。改译将其处理为主语。

9.7.3　状语逻辑关系的转换

状语或状语从句用于表示动作发生的方式、时间、原因等。状语与动词、状语从句与主句之间存在特定的限定关系。当翻译过程中需要进行词性转换时，状语的属性要随之发生变换。为了获得符合汉语表达习惯的译文，有时需要对状语的类型进行恰当的转换，甚至可以把从句与主句的逻辑关系进行对调。

（1）状语转为定语

在翻译过程中，时常需要进行适当的词性转换或者逻辑重组。在翻译过程中，当动词转换成名词的时候，修饰动词的副词就要相应地转换成形容词，原来的状语就变成了定语；当进行逻辑重组时，原来修饰动词的副词和短语改为修饰作主语或宾语的名词时，原来的状语就成了定语。

例 1：This engine, which lies between a conventional turboprop engine and a turbofan engine, was extensively studied in the 1980s when inflation and increased oil costs made fuel economy a major issue.

原译：这种发动机介于传统涡桨发动机与涡扇发动机之间，20 世纪 80 年代，通货膨胀和油价上涨使得燃油经济性成为主要议题，广泛地研究了这种发动机。

改译：这种发动机介于传统涡桨发动机与涡扇发动机之间，20 世纪 80 年代，通货膨胀和油价上涨使得燃油经济性成为主要议题，促成了对这种发动机的广泛研究。

分析：原文句子中，副词 "extensively" 作状语，修饰动词 "studied"。原译将原句的被动表达改为汉语的主动表达，但是句子缺乏主语。改译将原句中的动词 "study" 转换为名词 "研究"，原来作状语的副词 "extensively" 相应地就转换成了作定语的形容词 "广泛"。

例 2：Although the estimates presented are quite accurate for the flaps alone or the slats alone, the same is not true if the increments for half-span flaps and half-span slats are simply added.

原译：尽管给出的估计值只对单独的襟翼或单独的缝翼时相当准确，但是，如果简单地叠加半翼展襟翼和半翼展缝翼的增量，则估算结果就不准确了。

改译：尽管对于单独襟翼或单独缝翼上述估算结果是相当准确的，但是，如果将半翼展襟翼和半翼展缝翼的增量进行简单的叠加，则估算结果就不准确了。

分析：原文句子中，副词 "simply" 修饰动词 "added"。原译采用直译的办法。改译将 "added" 转换成名词 "叠加"，相应地，原句中的副词 "simply" 需要转换成汉语的形容词 "简单的"。

例 3：Sufficient gap width ensures that the boundary layer grows independently on each element.

原译：足够的间隙宽度可保证边界层在每个单元上独立形成。

改译：足够的间隙宽度可以保证在每个单元上形成独立的边界层。

分析：原文句子中，副词 "independently" 修饰 "grows" 作状语。原译采用直译的方法，没有进行逻辑重组。改译进行了逻辑重组，将 "independently" 的语义与 "boundary layer" 重组，构成 "独立的边界层"，原文句子中的状语转换成了定语。

例 4：As a consequence, some means must be foundfor enhancing the lift of an airfoil at low speed without affecting its aerodynamic efficiency at high speed.

原译：因此，找到一些方法，用于提升低速翼型升力但不影响高速的气动效率。

改译：因此，必须找到一些能够提高低速时的翼型升力但不影响翼型高速气动效率的方法。

分析：原文句子中，介词短语 "for enhancing the lift of an airfoil at low speed without affecting its aerodynamic efficiency at high speed" 作目的状语。但从逻辑关系上来讲，介词短语所表述的信息是对 "means" 的解释与说明。翻译时，可以将其处理成定语。

（2）状语转为谓语

在翻译过程中，当动词转换成名词作句子的主语时，修饰动词的副词就相应地转换成形容词，可以与汉语的动词 "是" 组成述宾式谓语。

例 1：If the flaps do not extend continuously along the trailing edge, then the affected area for each may be calculated independently and added together.

原译：如果襟翼不能不断地沿着后缘延长，则每个襟翼影响的面积可独立计算并加在一起。

改译：如果襟翼沿后缘（的延伸）<u>不是连续的</u>，那么襟翼影响的面积可独立计算然后相加。

分析：英语副词"continuously"表示"不断地""连续地""继续地"。"不断地""继续地"通常用于表示动作在时间上的连续；"连续地"通常表示动作在空间上的连续。原文句子中，"the flaps do not extend continuously along the trailing edge"表示的是"襟翼在空间上的延伸是不连续的"，表述的重点在于"襟翼不是连续的"的状态，而不是"延伸"的动作。原译"不能不断地沿着后缘延长"不符合原意。改译将动词"extend"转换成名词"延伸"，原句中的作状语的副词"continuously"转换成汉语的形容词"连续的"。

例 2：To facilitate analysis we will consider the various components of the aircraft to act <u>independently</u> and will account only for the most important features of any mutual interference between them.

原译：为了便于分析，我们认为飞机的不同部件<u>独立</u>运行，并只关注其中相互干扰的最重要特征。

改译：为了便于分析，我们将各个部件的作用看作是<u>独立的</u>，只关注其中相互干扰的最重要特征。

分析：原文句子中，副词"independently"修饰动词"act"，作状语。原译采用直译的方法，副词与动词之间的逻辑关系没有改变。改译将动词"act"转换为汉语的名词"作用"，相应地，副词"independently"转换为汉语的形容词"独立的"，与动词"是"构成述宾式谓语。

（3）时间状语转为并列动作

时间状语从句用于表示主句动作所发生的时间，主句的动作与从句的动作之间存在时间上的前后或连续关系。如果主句的动作与从句的动作具有时间上的连贯性，可以将时间状语转换为并列的动作。

例 1：There was a resurgence of airfoil development in the 1960s and 1970s <u>following a long hiatus in the two decades following the Second World War</u>.

原译：<u>在二次大战二十多年的长期中断发展以后</u>，20世纪60年代和70年代翼型发展复苏。

改译：<u>第二次世界大战以后的20年，翼型研究经历了一个漫长的中断期</u>，到了20世纪60年代和70年代，翼型研究又出现了一次高潮。

分析：原文句子中，介词短语"following the Second World War"作"the two decades"的定语；介词短语"following a long hiatus in the two decades"作整个句子的时间状语。原译对两个介词短语"following…"的理解都存在错误，没有理顺"following"所表达的时间顺序。改译将作状语的介词短语"following a long hiatus in the two decades…"处理为与主句并列的句子，清楚地表达出两个"动作"的前后顺序。

（4）状语类型的改变

状语的类型比较多，可以表示主句动作发生的时间、方式、原因等。由于中西方思维习惯的不同和英汉两种语言表达方式的不同，有时候，需要改变状语的类型，才能符合汉语的表达习惯。

例 1：The low wing loading is a consequence of the relatively low thrust levels achievable with a practical size propeller on a turboprop engine, but this permits good takeoff performance using relatively simple high lift devices.

原译：翼载较低是由发动机额定推力较低引起的，在涡轮发动机飞机上安装一个实际尺寸的螺旋桨即可实现，但这使我们有可能使用相对简单的高升力装置就能得到良好的起飞性能。

改译：涡桨发动机可安装的螺旋桨尺寸有限，所能获得的拉力较小，导致飞机的翼载较低，但是，可以利用相对简单的增升装置获得良好的起飞性能。

分析：原文句子中，介词短语"with a practical size propeller on a turboprop engine"作方式状语。原文句子先说"the low wing loading"是"the relatively low thrust levels"导致的结果，而后面的"achievable with a practical size propeller on a turboprop engine"说明"相对小的拉力"是"利用实际可用尺寸的螺旋桨获得的"，可以理出这样的逻辑关系：实际可用尺寸的螺旋桨→相对小的拉力→较低的翼载。由此可见，介词短语"with a practical size propeller on a turboprop engine"可以处理成原因状语。

例 2：In this first in a series of audits examining NASA's management of the SLS Program, we reviewed the extent to which Boeing is meeting cost, schedule, and performance goals for development of the SLS Core Stages and EUS and the Agency's compliance with acquisition regulations, policies, and procedures supporting the SLS Program.

注：SLS=Space Launch System（航天发射系统），EUS= Exploration Upper Stage（探索上面级）

原译：在这一系列审查 NASA SLS 项目管理的审计中，我们首先审查了波音公司正在为研发 SLS 核心级和 EUS 而满足成本、进度安排以及履行合同目标的程度如何，以及机构（工程处）遵守征购条例、政策和支持 SLS 项目的程序。

改译：在审查 NASA SLS 项目管理的一系列审计中，我们首先审查了波音公司在研制 SLS 芯级和 EUS 过程中满足成本、进度以及绩效目标的程度，以及 NASA 遵守采购条例、政策和 SLS 项目流程的情况。

分析：原文句子的主体结构为"we reviewed the extent…and the Agency's compliance…"，主句前面带有介词 in 引导的短语，在句子中作状语。in 引导的介词短语本身结构比较复杂，既有省略，又包含作定语的介词短语，其中的"first"为"first audit"的省略，意为"在审查 NASA SLS 项目管理的一系列审计的第一次审计中"。这样的汉语表述不是很简洁，原译将"first"所表述的信息转移到了主句中，这样的处理虽然偏离了原文的结构和原意，但是，符合汉语的表述习惯，也保证了原文信息的完整性。原文句子中，介词短语"for development of the SLS Core Stages and EUS"作目的状语，原译采用直译的方法，但是这种逻辑关系不符合汉语的表达习惯。改译进行了适当的信息重组，将其处理为汉语的介词短语"在……过程中"，作时间状语。

例 3：NASA's past experience has shown that development costs for large space flight programs increase rather than decrease once integration and testing occurs and new problems are identified.

原译：NASA 过去的经验表明，一旦集成和测试开始进行，并发现新的问题，大型太空飞行项目的研发成本将会上升而不是下降。

改译：NASA 过去的经验表明，如果集成和测试开始后发现新的问题，大型太空飞行项目的研发成本将会上升而不是下降。

分析：原句中，从属连词"once"引起的时间状语从句表示"一旦……"。时间状语从句本身包含并列结构，"integration and testing occurs"与"new problems are identified"为并列关系。原译对原文理解正确，表达也无错误，但不太符合汉语的表达习惯。仔细分析可以看出，从句中的两个动词所表示的动作在逻辑上存在先后关系，从句所表达的实际上也是一种假设情况。通过信息重组与逻辑重组，可以获得更加符合汉语习惯的表达。

例 4：Though this has advantages with respect to passenger comfort, the horizontal double bubble fuselage design contributes to the improvement of a number of other performance issues which are discussed by Drela（2011）.

原译：虽然这在提高乘客舒适度方面有优势，但水平双气泡机身设计对于改进诸多其他性能问题仍有贡献，Drela（2011）对此进行过讨论。

改译：水平双气泡机身设计不但在提高乘客舒适度方面有优势，也对德雷拉（2011）讨论的诸多其他性能问题的改善有一定的帮助。

分析：原文句子中，从属连词"though"引导一个让步状语从句，表示"虽然……但是……"的逻辑关系。原译按照这种逻辑关系进行翻译，得出的译文显得逻辑不顺。仔细分析可以看出，从句与主句之间存在一种递进的逻辑关系，使用汉语的"不但……而且……"更合乎原文的意思。

例 5：The method gives best results for slat deflections less than 20° and slat-chord-to-airfoil-chord ratios less than 0.20.

原译：对于小于20°的缝翼偏转角和小于0.20的缝翼弦长与翼型弦长比，该方法可得出最好结果。

改译：当缝翼偏转角小于20°和缝翼弦长与翼型弦长比小于0.20时，该方法可得出最好结果。

分析：原文句子中，"for"引导的介词短语作状语。原译将其直译处理为状语。改译经过思维转换与信息重组，将原文中"for"引导的介词短语处理为时间状语，表达更为简洁通顺。

（5）从句与主句的逻辑对调

当主句的动作和从句的动作几乎同时发生时，为了获得符合汉语习惯的表达，可以将从句与主句的逻辑关系进行对调。

例 1：The flapped and unflapped airfoils stall when the respective pressure distributions about the noses are the same.

原译：当绕机头的相应压力分布相同时，有襟翼和无襟翼翼型失速。

改译：有襟翼和无襟翼的翼型失速时，机头附近的压力分布相同。

分析：原文句子中，主句表示发生的动作，从句表示动作发生的条件。从形式上来讲，从属连词"when"引导的是时间状语从句，但从逻辑上来讲，从句说明了主句所表达的动作发生的条件。原译按照原文句子的逻辑关系进行直译，获得的译文不符合汉语逻辑。可以认为，从属连词"when"所连接的主句和从句的动作是同时发生的，因此，主句与从句的位置可以互换。改译将主句与从句对调，获得通顺的表达。

9.7.4　译文逻辑重组不充分

逻辑重组与前面提到的逻辑转换有所不同。逻辑转换只是原文句子组成部分在句子中语法作用的改变，改变了句子成分的相对关系；逻辑重组是对原文描述方法或者描述角度的改变，它改变了原文的逻辑重点。逻辑重组可以分为词组的逻辑重组和句子的逻辑重组。

（1）词组的逻辑重组不充分

名词性词组由中心词和限定成分组成，逻辑重组会使名词性词组的中心词发生改变，或者改变限定词与中心词的组合关系。

例1：We found flaws in NASA's <u>evaluation of Boeing's performance</u>，resulting in NASA inflating the contractor's scores and leading to overly generous award fees.

原译：我们发现美国国家航空航天局（NASA）<u>对波音公司业绩表现的评估</u>存在缺陷，导致 NASA 夸大了承包人的评价得分，并导致奖励费的发放过度慷慨。

改译：我们发现美国国家航空航天局（NASA）<u>对波音公司的绩效评估</u>存在缺陷，导致 NASA 夸大了波音公司的评价得分，并导致奖励费的发放过度慷慨。

分析：原句中的名词性词组 "evaluation of Boeing's performance" 存在两层修饰关系：第一层修饰关系是名词所有格 "Boeing's" 作定语，修饰 "performance"，形成短语 "Boeing's performance"（波音公司的业绩）；第二层修饰关系是介词短语 "of Boeing's performance" 作后置定语，形成名词性短语（evaluation of Boeing's performance）。汉语中的定语只能前置，可翻译为 "对波音公司的业绩的评估"，原译省略了一个 "的"，表述为 "对波音公司业绩表现（规范术语应为"绩效"）的评估"。而汉语中常说 "绩效评估"，因此，原句中短语的信息层次进行重组，表述为 "对波音公司的绩效评估"，短语的前后结构显得平衡。

（2）句子的逻辑重组不充分

句子的逻辑重组意味着译文采用不同的描述方法或者从不同的角度对原文表达的信息进行重新描述。

例1：<u>Although this effect is beneficial，it has drawbacks</u> because increasing the span for the same lift effectively makes the wing more slender in planform leading to increased bending moment at the root of the wing.

原译：<u>尽管此效应很有利，但也有缺点</u>，这是因为，同一种升力条件下，增大翼展可有效地让使机翼在平面图上更细长，从而增加翼根处的弯曲力矩。

改译：<u>翼尖的这种效应有利有弊</u>，在升力相同的条件下，增大翼展必然会使机翼变得更加细长，从而增加翼根处的弯曲力矩。

分析：原文的主句 "although this effect is beneficial it has drawbacks" 包含转折关系，原译直译为 "尽管……但……"。改译对原文句子的逻辑关系进行了重组，译为 "翼尖的这种效应有利有弊"。改译更符合汉语习惯，表述更简洁明了。

例2：Note that <u>if an airfoil with a given value of t/c，say 12%，is used throughout the wing</u>，the actual thickness of the wing will decrease toward the tip for a taper ratio different from unity，but the thickness ratio remains constant.

原译：须注意的是，如果将给定值 *t/c* 为 12% 的翼型用于整个机翼，那么，对于尖根比不等于 1 的机翼，真实厚度将朝翼尖方向减小，但厚度比仍保持不变。

改译：可以看出，如果整个机翼翼型的相对厚度为给定值，例如，$t/c = 12\%$，那么，对于尖根比不等于 1 的机翼，真实厚度将朝翼尖方向减小，但厚度比保持不变。

分析：句子的条件状语从句"if an airfoil with a given value of *t/c*, say 12%, is used throughout the wing"采用被动式，表示"将相对厚度固定的翼型用于整个机翼"。实际上就是说，"整个机翼的相对厚度是固定的"。原译没有进行适当的思维转换和逻辑重组，译文采用直译的表达方式，信息传递不够直截了当。

例 3：However, the maintenance, repair, and overhaul expense for fuselage-mounted engines militates against their adoption, except for smaller jet transports, like regional jets, where there is insufficient ground clearance for wing-mounted turbofan engines.

原译：然而，装在机身上的发动机的维修费、修理费和检修费阻碍了这种安装形式的采用，除了较小的喷气式运输机以外，如支线飞机，安装在机翼上的涡扇发动机没有足够的离地净高。

改译：然而，机身安装发动机的维护费、修理费和大修费阻碍了这种安装形式的采用，只有较小的喷气式运输机（如支线飞机）采用机身安装发动机，因为机翼安装涡扇发动机没有足够的离地高度。

分析：原文句子中，介词短语"except for smaller jet transports"作状语，表示"除了较小的喷气式运输机以外"。结合整个句子的含义，可知它表示的是"只有较小的喷气式运输机采用机身安装发动机"。原译没有进行充分的信息转换和逻辑重组，没有表达清楚原文的含义。

例 4：Though the leading edge can support slats or flaps along most of the exposed span, there are constraints at engine pylon junctions for wing-mounted engines and at the wing root junctions.

原译：尽管前缘可支持占大部分外露翼展的缝翼或襟翼，但在翼装发动机的吊架连接处和翼根连接处存在限制。

改译：虽然大部分外露翼展的前缘都可支持缝翼或襟翼，但在翼装发动机的吊架连接处和翼根连接处存在限制。

分析：原文句子中，介词短语"along most of the exposed span"作"slats or flaps"的后置定语。原译将"along most of the exposed span"处理成前置定语，译为"占大部分外露翼展的缝翼或襟翼"，虽然符合原文意思，但是导致动词宾语过长，信息流不顺畅。改译将"along most of the exposed span"译作"the leading edge"的定语，能够实现相同的表达效果，同时符合汉语习惯，信息流顺畅。

例 5：As described in the discussion of flow over finite wings in Appendix C, the trailing vortex sheet induces a swirling component into the flow field in the vicinity of the wing.

原译：如附录 C 中对有限机翼上气流的讨论，尾涡面诱导旋转分量进入机翼附近的流场。

改译：如附录 C 中对有限机翼上气流的讨论，尾涡面会使机翼附近的流场产生一个旋转分量。

分析：原文句子中，动词短语"induce…into…"表示"引导（诱导）……进入……"。原译采用直译的方法，表述为"尾涡面诱导旋转分量进入机翼附近的流场"，表述不够直接。改译通过适当的逻辑重组，采用更为直接的表达方式，使读者更容易理解。

例 6： In much the same way that a sailboat may be sailed against the wind by appropriate pointing of the sail, the placement of a winglet in such a fashion as to actually produce a negative drag force, that is, a thrust, would be a distinct advantage.

原译：帆船的帆在恰当方向时可以逆风航行，以这种方式布置翼尖以便实际产生负阻力，也就是说推力，可能是一个明显的优势。

改译：将帆船的帆置于一个恰当的角度，可使帆船逆风航行，同样的道理，选择翼梢小翼的位置使其能够产生负的阻力，也就是推力，将会获得明显的优势。

分析：原文句子中，介词短语"in much the same way…"作状语，表示方式。介词短语本身又带有"that"引导的定语从句。原译将"in much the same way"直译为"以这种方式"；改译将其经过逻辑转换，译为"同样的道理"，表述更清晰。

例 7： However, in recognition of their fairly widespread use they may be employed if desired, using market survey information as a guide.

原译：然而，在认识到它们的广泛使用后，若需要使用时，可参考市场调查信息进行选用。

改译：然而，小翼已经获得了广泛的使用，如果需要使用翼梢小翼，可参考市场调查信息进行选用。

分析：原文句子中，介词短语"in recognition of their fairly widespread use"作状语，它实际上表述了一个事实"小翼已经获得了广泛的使用"。

例 8： The details of the flow resulting from such changes are important to determining whether worthwhile improvements can be achieved.

原译：翼尖改进后所产生的气流详情对决定是否实现了有意义的改进是很重要的。

改译：翼尖改进后所产生的气流的详细情况很重要，它决定着这样的更改是否值得。

分析：原文句子中，介词短语"to determining whether worthwhile improvements can be achieved"作状语，它本身又包含"whether"引导的定语从句。原译采用直译的策略，获得的译文句子结构复杂。改译进行了适当的逻辑转换，将状语从句单独处理，形成汉语的短句，表述简单明了。

例 9： Stability and control requirements in roll suggest that a certain amount of dihedral angle is desirable.

原译：滚转中的稳定性和操纵性要求建议机翼具有一定的上反角。

改译：为了满足滚转中的稳定性和操纵性要求，机翼最好具有一定的上反角。

分析：原文句子中，表示抽象概念的名词作主语，采用的是拟人的修辞手法。原译采用直译的翻译策略，形成的译文不符合汉语习惯。改译进行了充分的逻辑重构，信息传达明确到位。

例 10： The quantity M_{DD} is the drag divergence Mach number which is defined several ways in practice, but represents the Mach number at which the wing drag increases rapidly.

原译：物理量 M_{DD} 即实践中通过多种方法定义的阻力发散马赫数，但也代表机翼阻力快速增加的马赫数。

改译：M_{DD} 为阻力发散马赫数，尽管实践中对阻力发散马赫数的定义有多种不同的方法，但它表示的是阻力快速增加时的马赫数。

分析：原文句子的定语从句 "which is defined several ways in practice, but represents the Mach number at which the wing drag increases rapidly" 包含有并列的谓语。原译理解错了并列结构之间的层次关系，将 "but represents the Mach number at which the wing drag increases rapidly" 理解为整个句子的并列分句。

9.8　语言体系转换不彻底

英汉两种语言各自都有自己的表达优势。英语句子结构严密，以形寓意；汉语句子灵活多变，以意代形。翻译在形式上表现为两种语言的转换，原文的语言体系必然会对译者产生束缚与影响。如果译者不能进行彻底的语言体系转换，就会造成译文句子结构不完整或者不符合汉语表达习惯。

9.8.1　句型未转换

并列结构和比较结构是科技英语中常用的表达形式。英语的并列结构充分体现了英语"形合"的语言优势，可以像"排列组合"一样，把并列的结构置于合适的位置上，就能体现出相互之间的逻辑关系。英语的比较结构往往会采用省略的形式。这两种句型的翻译常常需要进行一定的转换或者词汇的补充，才能把原文句子的意思表达清楚。

例 1：The common units of horizontal distance and speed in airline operations are still nautical miles, abbreviated nm, and knots, or nautical miles per hour, abbreviated kts, respectively.

原译：航空业务中水平距离和速度的常用单位仍然是海里，缩写为 nm，以及节（即海里每小时），缩写为 kts。

改译：在民航业务中，水平距离的常用单位也是海里，缩写为 nm，速度的常用单位是节（即海里/小时），缩写为 kts。

分析：原文句子采用了英语中典型的并列结构，实现了文字的简洁性和经济性。句子的表语为并列结构，修饰主语的介词短语也含有并列结构，这两个并列结构之间存在对应关系。原译没有领会这种并列结构的表达方式，使得译文表述不清。

例 2：At that speed the decision is made either to abort and x_{stop} is the distance required to decelerate the aircraft to a safe stop on the ground or to continue the takeoff and $x_{cto, leo}$ is the distance required to accelerate the aircraft to the takeoff speed, lift off, and clear the 35-ft obstacle.

原译：达到该速度时，须决定中断起飞，x_{stop} 是使飞行减速直至安全停止在地面上所需的距离，或者继续起飞，$x_{cto, leo}$ 是使飞机加速至起飞速度，升空，然后清除 35 英尺的障碍物所需的距离。

改译：达到该速度时，需决定是中断起飞还是继续起飞，x_{stop} 是中断起飞后使飞行减速直至安全停止在地面上所需的距离，$x_{cto, leo}$ 是继续起飞时使飞机加速至起飞速度、升空、达到 35 英尺高度所需的距离。

分析：原文句子使用了连词 "either…or…""either" 和 "or" 后面又各自带有一个并

列结构。英语的"形合"特点使得这种表达方式的逻辑关系能够清晰地表现出来，而汉语不使用这种表达方式，需要进行适当的句型转换。

例 3：Besides a lift coefficient increase, using the leading edge flap or slot alone also produces a smaller pitch-up moment than does a trailing edge flap alone.

原译：除了增加升力系数外，单独使用前缘襟翼或缝翼能产生比后缘襟翼单独使用更小的上仰力矩。

改译：除了增加升力系数外，单独使用前缘襟翼或缝翼产生的上仰力矩要比单独使用后缘襟翼产生的上仰力矩更小一些。

分析：在英语中，连词"than"可以起关系代词的作用，在句子中作主语、宾语或表语。原文句子中，"than"在从句"than does a trailing edge flap alone"中作宾语，代替的是"pitch-up moment"。翻译这类句子时，需要重复"上仰力矩"，才能明确表达两个比较对象之间的对应关系。

9.8.2 句子不完整

英语无灵主语句和被动句的翻译，容易出现句子缺失主语的情况，这类句子的翻译需要经过思维转换，还原或者补充主语，形成完整的表达。另外，在翻译过程中进行句型转换时，如果组织句子不仔细，也会出现句子成分不全的情况。

例 1：The one-year period after first flight (instead of the six months originally planned) allowed double the number of flight test hours (to 200) flown prior to the production decision.

原译：首飞之后一年期内（而不是原计划的六个月），生产方案完成之前，使得飞行试验时间达到原来的两倍（200 小时）。

改译：首飞之后进行了一年时间（而不是原计划 6 个月）的飞行试验，这样，在做出生产决定之前，所进行的飞行试验时间达到原来的两倍（200 小时）。

分析：原文句子的主语是英文典型的无灵主语，采用拟人的修辞手法，发出"人"的动作"allowed"。原句中的无灵主语实际上描述了一个事实，这个事实导致了动词后面的宾语所描述的"结果"。主语和宾语之间存在因果关系。

例 2：The tail surfaces are primarily trim, stability, and control appendages and methods for estimating the horizontal and vertical tail sizes based on stability considerations are presented.

原译：尾翼面为主要的配平、稳定性和控制附件，基于稳定性考量，提出了预估水平和垂直尾翼尺寸的方法。

改译：尾翼面是主要的配平、稳定和控制附件，本章给出基于稳定性考虑估算水平尾翼和垂直尾翼的尺寸的方法。

分析：原文句子为并列句，第二个分句采用被动式。原译的第二个分句缺乏主语。

例 3：For example, Figure 2.4 shows the ratio of the weight at the end of climb to that at the start of climb as a function of the weight at start of climb; that is, the ratio W_4/W_3 in Table 2.4.

原译：比如，图 2.4 反映了爬升结束时的重量与爬升开始时的重量之比，作为爬升开始时重量的函数，即表 2.4 中的比值 W_4/W_3。

改译：比如，图 2.4 反映了爬升结束时的重量与爬升开始时的重量之比，它是爬升开始时重量的函数，即表 2.4 中的比值 W_4/W_3。

分析：原文句子中，"as"引导的介词短语作状语，但它实际上是对宾语"the ratio of

the weight"作进一步的说明。原译句子缺失主语。

9.8.3　"形合"有痕，"意合"不足

英语句子结构严谨，各个句子成分之间的逻辑关系通过各种连接词和关系词体现出来。汉语句子结构相对松散，并不是在所有的情况下都需要使用连接词和关系词，却依然能够清楚地表达出句子内部的逻辑关系。由于受到英文句子的影响，有时译文会有"形合"的痕迹，不使用连接词和关系词，没有充分体现出汉语句子的"意合"优势。

例 1：The winning system was a major advance in concept <u>since</u> it relied heavily on digital components that could be easily reprogrammed to meet the ever-changing threat environment.

原译：<u>因为</u>获赢系统依靠那些可以很容易重编程序的数字元件满足千变万化的威胁环境，<u>所以</u>它在理论上获得了重要进步。

改译：获胜的系统大量采用数字元件，可以方便地进行再编程，满足不断变化的威胁环境，在方案设计上是一个巨大的进步。

分析：原文句子中，从属连词"since"引导一个原因状语从句，状语从句中的代词"it"指代主句中出现过的"the winning system""digital components"后面带有"that"引导的定语从句，定语从句中又有表语以及表示目的的不定式短语。在英语中，几个动作之间的逻辑关系需要通过严格的"形合"来实现，而汉语中，通过动词的先后并列顺序即可表明相互之间的逻辑关系。

例 2：The flight computers delivered to Michoud for final integration <u>were returned to Boeing for rework</u> because of repeated failures <u>during qualification and acceptance testing</u>.

原译：交付给米丘德（Michoud）的飞行计算机<u>被退回给波音公司进行返工</u>，<u>因为由于在鉴定和验收测试中多次出现故障</u>。

改译：交付给米丘德（Michoud）进行最终集成的飞行计算机<u>在鉴定测试和验收测试中多次出现故障</u>，被退回波音公司进行返工。

分析：原文句子中，最后的介词短语"because of repeated failures during qualification and acceptance testing"作整个句子的状语，其中的名词性词组"repeated failures"表示了"频繁出现故障"的动作。正是由于状语从句所表达的"频繁出现故障"，才导致了"the flight computers…were returned to Boeing…"。汉语具有意合的优势，可以用动作的前后关系表达相互之间的因果关系，可以省略表示原因的介词"由于"（because of）。

例 3：It seems clear that preventing this motion would increase the total lift produced and a simple solution would appear to be the placement of endplates at each wingtip <u>to block the cross-flow</u>.

原译：显然，阻止此运动可能增加产生的总升力，一个简单的解决方案就是在每个翼尖布置端板，<u>以阻挡横向流动</u>。

改译：显然，阻止这种运动可以增加产生的总升力，一个简单的解决方案就是在每个翼尖设置端板，<u>阻挡横向流动</u>。

分析：原文句子中，不定式短语"to block the cross-flow"作句子的目的状语。原译用"以"来体现这种目的。但是，在汉语中，可以用联系的动作表示这种逻辑关系，而不必要使用虚词来表示。

例 4：The turbojet engine, which has a bypass ratio equal to zero, <u>became</u> the engine of choice for airliners in the mid-20th century because of its ability to maintain high thrust at high speeds, unlike propellers.

原译：涡轮喷气发动机的涵道比为零，由于相对于螺旋桨发动机其可以在高速飞行时保持高推力，20 世纪中叶涡喷发动机成为客机的首选发动机。

改译：涡轮喷气发动机的涵道比为零，与螺旋桨发动机不同的是，它可以在高速时保持大推力，因此，在 20 世纪中叶，成为了客机选用的发动机。

分析：原文句子中，"because of…"引起一个原因状语从句，从句尾部又有一个独立结构，起状语的作用。在翻译过程中，根据趋同性原则，在无法保持语序一致的情况下，应追求其次，尽量保证原句意群的一致性。原译改变了原因状语从句中的意群结构，形成的句子较长。改译使用了汉语典型的短句结构，可读性更好。

9.9 缺乏专业知识导致的翻译错误

专业知识或者背景知识不但是理解原文的重要途径，也是获得规范表述的基本条件。在很多专业领域，对于一个现象、一个过程，或者一个定义的描述，往往都形成了特定的语言风格和表达模式。缺乏相关的专业知识或者背景知识，不但会引起理解方面的错误，也会导致译文不规范。

9.9.1 缺乏专业知识导致的理解错误

在科技翻译中遇到疑难句式的时候，除了从语言学的角度进行分析之外，根据专业知识或者背景知识进行分析，是理解原文句子的重要途径。如果缺乏相关的专业知识和背景知识，就会导致对原文的理解错误。

例 1： The three contractors that had originally responded to the B-1 RFP were asked to participate on a funded basis, with each contractor studying one alternative.

原译：要求最初对 B-1 方案征询书（RFP）做出回应的 3 个承包商分担基础资金，每个承包商研究一个备选方案。

改译：最初对 B-1 方案征询书（RFP）做出回应的 3 个承包商被邀请参与项目，对其提供资金，每个承包商研究一个备选方案。

分析：原文句子中，"were asked"是"被邀请"，是指军方邀请承包商参与项目竞标；介词短语"on a funded basis"表示参与竞标的方式是"军方提供资金支持"。原译由于缺乏相关知识，对"a funded basis"理解有误。

例 2： The first two years of the Phase I flight test program was devoted to generating extensive test data to support a production decision that was scheduled for late 1976.

原译：飞行试验计划阶段 I 的前两年主要用以形成大量的试验数据，根据这些数据对 1976 年后期的生产做出决策。

改译：飞行试验计划第 I 阶段的头两年主要是获得大量的试验数据，以支持 1976 年后期将要做出的生产决定。

分析：原文句子中，"production decision"是个整体概念，表示飞机设计定型以后"开始生产的决定"。

9.9.2　缺乏专业知识导致的表述错误

文学语言追求的是多样性，科技语言追求的是规范性。科技语言通过使用规范的术语和规范的表达方式保证信息传输的完整性和准确性。术语的不规范或者表达方式的不规范，都会影响科技译文的表达效果。

（1）不符合规范的科技表达方式

在科技文章中，对于一些概念的表达需要采用固定的句式。译文只有采用这些规范的表达方式，才能体现出科技文本的规范性。

例 1：The drag divergence Mach number is defined as that Mach number where the derivative of the drag coefficient with respect to Mach number has a particular value

原译：阻力发散马赫数指的是与马赫数相关的阻力系数的导数有一个特定值时的马赫数。

改译：阻力发散马赫数指的是阻力系数关于马赫数的导数等于特定值时的马赫数。

分析：在数学中，关于导数的规范表述通常是"参数 A 关于参数 B 的导数"，介词短语"with respect to"通常译为"关于"。原译不符合规范的科技语言。

例 2：The centroid of the wing planform area lies on the centerline of symmetry and its location x_c on that line may be found from the equation for the moment of the area about the origin.

原译：机翼平面面积的形心位于对称中心线上，可从绕原点的面积力矩的等式中找到它在这条线的位置 x_c。

改译：机翼平面面积的形心位于对称中心线上，可以根据机翼面积关于原点的面积矩公式求出它在中心线上的位置 x_c。

分析：原文句子中，名词短语"the moment of the area about the origin"按照规范的科技语言的表述应该是"关于原点的面积矩"。

例 3：Figure 6 shows the numerical and adjectival ratings found in the Boeing Stages contract.

原译：图 6 显示了波音阶段合同的数量评级和形容词性评级的得分结果。

改译：图 6 显示了波音阶段合同的定量评级和定性评级的得分结果。

分析：原文句子的宾语"the numerical and adjectival ratings"为省略的并列结构，包括"the numerical rating"和"the adjectival rating"。"the numerical rating"是用具体数值表示的评级，是"定量评级"；"the adjectival rating"是用形容词表示的评级，是"定性评级"。

（2）未采用简化的名词术语

在每个行业内，对于一些常见的描述对象往往会有简化的表达方式，科技翻译也要善于使用简化表达。

例 1：The 11 general mission stages are described in Table 2.4, along with Roskam's (1986) suggestions for applicable average weight fractions for turbofan-powered aircraft; turboprop-powered aircraft are treated in a subsequent section.

原译：表 2.4 中所示的是 11 个通用飞行任务段，同时还有罗斯克姆（Roskam）1986 年提出对涡扇发动机为动力的飞机的相应平均重量分量的看法；以涡桨发动机为动力的飞机将在后续章节讲述。

改译：表2.4中所示的是11个通用飞行任务段，同时给出了罗斯克姆（1986年）对涡扇飞机的平均重量比的建议；涡桨飞机将在后续章节讲述。

分析：原文句子中，"turbofan-powered aircraft"指"以涡扇发动机为动力的飞机"，"turboprop-powered aircraft"指"以涡桨发动机为动力的飞机"，原文理解没有错误，但在专业领域，"以涡扇发动机为动力的飞机"通常称为"涡扇飞机"，"以涡桨发动机为动力的飞机"通常称为"涡桨飞机"。使用这样的简称可使译文更加简洁。

例2：Only six statements are needed to define the mission specification and initiate a preliminary design study for a civil aircraft: type (private, business, or commercial), power-plant (reciprocating, turboprop, or turbofan), passenger capacity, cruise speed, cruise altitude, and maximum range in cruise.

原译：只需6个词语即可确定任务指标并启动民用飞机的设计研究，即：类型（私用、公用或商用）、动力装置（往复式、涡轮螺旋桨式或涡扇式）、运能、巡航速度、巡航高度和最大巡航范围。

改译：只需六个词语即可确定任务指标并启动民用飞机的设计研究，即：类型（私人飞机、公务飞机或商用飞机）、动力装置（活塞式发动机、涡桨式发动机或涡扇式发动机）、载客量、巡航速度、巡航高度和最大巡航航程。

分析：原文中的"private, business, or commercial"都是省略表达，省略了它们所修饰的名词"aircraft"，原译直译为"私用、公用或商用"存在表达不清的问题；原文中的"reciprocating, turboprop, or turbofan"也是省略了它们所修饰的名词"engine"，直译为"往复式、涡轮螺旋桨式或涡扇式"也存在表达不到位的问题。"private aircraft"指的是私人购买使用的飞机，即"私人飞机"；"business aircraft"是企业或机构购买的供内部人员使用的飞机，即"公务机"；"commercial aircraft"是民航公司购买的用于运送人员、货物用于营利的飞机，即"商用飞机"；"reciprocating engine"指的是活塞式发动机。改译将所有的隐含信息进行了显化处理，使得译文的表述更加明确。

9.10 信息失衡产生的错误

奈达的功能对等理论指的是在翻译过程中要在两种语言之间达成功能上的对等。要实现功能对等，首先必须保证译文传达的信息与原文蕴含的信息是相等的。翻译过程实际上也是信息传达的过程，需要尽量保证翻译过程中信息的对等。如果从信息传递的角度来衡量，翻译过程中出现的错误主要表现为信息臃叠、信息丢失和无中生有。

9.10.1 信息臃叠

在英文句子中，为了保证表达的严谨性和句子的完整性，有时候会使用具有相似含义的动词与名词，或形容词与名词。在翻译时如果不进行适当的简化，就会导致信息臃叠。

例1：Due to NASA's focus on overcoming the challenges associated with the current Boeing Stages contract and ensuring delivery of the first two Core Stages, the Agency has yet to implement an acquisition strategy for acquiring additional Core Stages beyond Core Stage 2.

原译：由于美国国家航空航天局（NASA）专注于克服与当前波音阶段合同相关的挑战，并确保前两个芯级的交付，机构（工程处）尚未实施采购战略，用于采购核心级2以外的其他核心级。

改译：由于美国国家航空航天局（NASA）专注于克服与当前波音阶段合同相关的挑战，确保前两个芯级的交付，它尚未确定芯级2以外其他芯级的采购政策。

分析：原文句子中，主句的宾语"an acquisition strategy"带有后置定语"for acquiring additional Core Stages beyond Core Stage 2"，后置定语与它所修饰的中心词"an acquisition strategy"存在信息重复（acquisition 与 acquiring 都表示"采购"），翻译时可作适当的信息简化。

例 2：The deceleration of the supersonic flow to subsonic values over the aft sections of the wing produces shock waves which disturb the boundary layer flow there and can cause substantial flow separation with the concomitant penalty of increased drag.

原译：机翼后部剖面上的超声速流减速到亚声速时会产生冲击波，这种冲击波会干扰边界层流，引起大量流分离，随着阻力增加造成伴随性损耗。

改译：机翼后部剖面上的超声速流减速到亚声速时会产生激波，激波会扰动边界层，产生显著的气流分离，导致阻力增大。

分析：原文句子中，介词短语"with the concomitant penalty of increased drag"作状语，表示"substantial flow separation"所导致的结果。从形式上来看，介词短语"of increased drag"是"the concomitant penalty"的定语，但实际上，介词"of"可表示同位关系，"concomitant penalty"和"increased drag"是对这种结果的两种表述，"阻力增大"就是"伴随损失"。如果直译会造成信息臃叠，可以简洁地表述为"阻力增大"。

例 3：This report and presentation provides evidence of both the design and communication skills of the author（s）and can be of significant value in job interviews as well as in the developing report-writing skills for graduate theses.

原译：此报告及陈述同时反映了作者的设计和沟通能力，对求职面试以及提高毕业论文的报告编写能力拥有重要的价值。

改译：设计报告和口头陈述能够反映作者的设计能力和沟通能力，对求职面试以及提高毕业论文的编写能力具有重要的价值。

分析：从上下文（此处没有给出）可知，原文中的"this report"指的是"设计报告"，"presentation"指的是"口头陈述"。原译将"this report"直译为"此报告"，缺乏直指性。改译将"this report"直译为"设计报告"，表述更直接具体；将"presentation"译为"口头陈述"，因为陈述本来就是口头的表达，这样处理以后，改译的句子的主语为两个并列的四字词组，具有汉语的美学特征。另外，原译将"report-writing skills for graduate theses"直译为"毕业论文的报告编写能力"存在语义上的重复，改译"毕业论文的编写能力"删除了重复信息，符合汉语表达习惯。

例 4：The spanwise position at which the curve of step 2 is tangent to one of the curves of step 1 defines the maximum lift coefficient and the point along the span at which stall will likely be initiated.

原译：步骤2曲线与步骤1的其中一条曲线相切的展向位置定义了最大升力系数和可能引发失速的沿翼展点位置。

改译：步骤2曲线与步骤1的其中一条曲线相切的展向位置具有最大升力系数，在该处很可能开始出现失速。

分析：原文句子可简化表述为"……展向位置定义了最大升力系数和可能出现失速的展向点（位置）"。展向点也就是展向位置，可以看出，句子中出现了重复信息"展向位置"。翻译时可对原文句子的重复信息进行简化。

例5：Kroo（2001）points out that various tip devices may lead to <u>incremental but important gains</u> in aircraft performance but there are challenges in integrating such features with the total aircraft system.

原译：克罗（2001）指出，各种翼尖装置可使飞机性能出现<u>增量式但重要的增益</u>，但是将这些特征整合到整个飞机系统面临着一些挑战。

改译：克罗（2001）指出，各种翼尖装置可使飞机性能获得<u>重要的提升</u>，但是将这些特征整合到整个飞机系统中面临着一些挑战。

分析：句子的名词结构"incremental but important gains"中，形容词"incremental"表示"增加的""增量式"，名词"gain"表示"增益""增加"。实际上，英语"gain"（增益）可以是正的、也可以是负的。原文使用"incremental gains"更确切地表明"gain"是"增量"。

9.10.2 信息丢失

信息丢失是指译文没有完全表达出原文所蕴含的信息，也就是说，译文的信息量小于原文的信息量。

（1）原文的词汇漏译或者词汇的意义没有完全表达出来

英汉两种语言的表达方式不同，在翻译过程中改变表达方式时，容易出现原文词义丢失的错误。

例1：New airframe RFPs released on 3 November 1969 <u>were meant</u> to lead to the <u>prompt</u> award of a final development and production contract.

原译：1969年11月3日，新的机身方案征询书公布，<u>导致了</u>最终的研制和生产合同的签订。

改译：1969年11月3日，新的机身方案征询书发布，<u>这意味着很快就要</u>签订最终的研制和生产合同。

分析：原文句子使用的习惯用法"be meant to do"表示"被期望做……""必须做……"。原文句子中，"（New airframe）RFPs（released on 3 November 1969）were meant to…"表示"方案征询书被期望……"。这样的表述不符合汉语习惯，需要进行思维转换和信息重组，可表述为"这意味着"。"the prompt award of…"表示"……的立即签署"。原译没有反映出"were meant to"的语义，也丢失了"prompt"表达的信息。

例2：As a result, <u>they are commonly used</u>, particularly in landing, though they are also useful on takeoff because the lift increment they develop comes with little drag penalty.

原译：结果，虽然它也对起飞有帮助但它们<u>通常用于降落</u>，因为它们形成的升力增量会造成一点阻力损失。

改译：因此，<u>前缘缝翼得到了普遍应用</u>，虽然它对飞机起飞也有帮助，但主要用于降落阶段，因为它在增大升力的同时也会造成阻力增加。

分析：原文句子中，"they are commonly used"表示"它们被广泛应用"，用插入语

"particularly in landing" 补充说明 "主要用于着陆阶段"。原译丢失了 "they are commonly used" 表述的信息。

例 3：Because so many major modifications would be required, a significant portion of the Air Force bomber force would be tied up in rework for years, seriously reducing <u>the number of</u> aircraft available for operations.

原译：因为需要改进的内容太多，空军轰炸机部队将会运用多年时间忙于飞机的改进工作，这样一来，减少了飞机的有效作战。

改译：因为要进行很多重大的改进，空军的大多数轰炸机要进行改进好几年，这样会大大减少可用于作战的飞机的<u>数量</u>。

分析：原文句子中，"the number of aircraft available for operations" 表示 "可用于作战的飞机的数量"。原译丢失了 "the number of" 的词汇意义。

例 4：The spanwise location of the mean aerodynamic chord may be written in terms of the spanwise location of the mean aerodynamic chord in <u>each panel</u>：…

原译：平均空气动力弦的沿翼展方向位置可以用<u>每块板</u>的平均空气动力弦的沿翼展方向位置写为：……

改译：机翼的平均空气动力弦的展向位置可以用<u>内翼段和外翼段</u>的平均空气动力弦的展向位置表示如下：……

分析：原文句子中，名词 "panel" 指的是 "翼段"，"each panel" 指的就是 "内翼段和外翼段"。原译将 "each panel" 直译为 "每块板"，没有表达出该词汇的具体内涵，翻译过程中出现信息丢失。

（2）原文的隐含信息没有表达出来

在具体的语言环境中，词汇具体含义是通过上下文来体现的，是不言自明的。这时的词汇就包含有一些隐含的信息。经过翻译处理，原有的语言环境发生了变换，词汇原有的隐含意义可能就无法表达出来。这时就需要增加词汇，来表达原有的隐含信息。

例 1：However, <u>the letter A in the airfoil designation denotes a modified thickness distribution</u> and experiments performed by Hayter and Kelly（1953）indicate a leading edge radius LER = 0.687% chord.

原译：然而，<u>翼型名称的字母 A 表示修改后的厚度分布</u>，且 Hayter 和 Kelly（1953）进行的实验表明前缘半径 LER＝0.687%翼弦。

改译：然而，<u>翼型名称中的字母 A 表示翼型具有修改后的厚度分布</u>，海特和凯利（1953）进行的实验表明，前缘半径 LER＝0.687%×弦长。

分析：原译虽然从形式上来看完成了对原文所有词汇的翻译，但是并没有表达出原文所表达的所有信息。改译对隐含的信息进行了显化处理，实现了信息的完整表达。

例 2：The <u>corresponding relation</u> for turboprop aircraft is given in Section 2.7.

原译：第 2.7 节给出了涡轮螺旋桨飞机的<u>对应关系</u>。

改译：第 2.7 节给出了涡轮螺旋桨飞机的<u>航程方程</u>。

分析：原文句子中，"relation"（关系）指的就是上文提到的飞机航程与其他参数之间的关系，"relation" 前面带有定语 "corresponding" 和定冠词 "the"，对主语 "relation" 起到限定的作用。"The corresponding relation" 实际上指的就是 "航程方程"。原译直译为

"对应关系"不能明确表明原文的信息，产生了一定的信息损失。改译直接译为"航程方程"，使得表述更为确切。

例3： The characteristics involved include not only the inviscid pressure coefficient distributions, but also the associated boundary layer characteristics, whether laminar or turbulent.

原译：所涉及特点不仅包括非黏性的压力系数分布，而且包括相关边界层特性，无论层流或湍流。

改译：所涉及的翼型特征参数不仅包括非黏性的压力系数分布，还包括相关边界层特性，无论层流或湍流。

分析：原文句子中，"characteristics"的词义为"特征""特点"等，原译虽无错误，但没有反映出"characteristics"在此处的具体含义。根据上下文理解，此处的"characteristics"指的是"翼型特征参数"。原文没有将潜在的意义反映出来，出现了信息丢失。

例4： Although the estimates presented are quite accurate for the flaps alone or the slats alone, the same is not true if the increments for half-span flaps and half-span slats are simply added.

原译：尽管给出的估计值只对单独的襟翼或单独的缝翼时相当准确，如果简单地叠加半翼展襟翼和半翼展缝翼的增量，则就不正确了。

改译：尽管上述估算结果对于单独襟翼或单独缝翼非常准确，但是，如果将半翼展襟翼和半翼展缝翼的升力增量进行简单的叠加，那么估算结果就不准确了。

分析：通过上下文可知，襟翼和缝翼的作用就是增加机翼的升力。原文句子中的"the increments"指的就是"升力增量"。原译将"the increments"简单地译为"增量"，没有表达出原有的隐含信息。

9.10.3 无中生有

如果译者在译文中"杜撰"出了原文没有的信息，就属于"无中生有"。产生这种错误的原因在于译者对原文词义的过度发挥或者对原文的错误理解。

例1： In general, the public has been moved to consider jet aircraft to be the preferred mode of travel, even for regional distances, so that the question remains as to how much emphasis will be placed on returning turboprops to a major role in airline service.

原译：总体来说，经过一番动员，公众已开始将喷气式飞机视为首选的出行工具，甚至是支线距离也不例外，问题仍然是让涡桨发动机飞机在航空服务业中重回主导地位要花多大功夫。

改译：总体来说，公众已开始将喷气式飞机视为首选的出行工具，甚至在地区距离上也是这样，现在的问题是，应该在多大程度上强调让涡桨飞机重回民航服务业的主要地位。

分析：原文句子中，主句采用被动语态"the public has been moved…"，意为"公众被感动……"或者"公众被影响……"，表示"公众的一种思想倾向"。众所周知，公众接受"涡桨飞机"只是技术发展的结果，并非"经过一番动员"的结果。原译"经过一番动员"属于无中生有。改译用"已开始"表明这种思想倾向。

9.11 其他翻译缺陷与错误

前面各节从词汇、短语、句子等不同的层面，从逻辑重组、语言体系转换和信息对等等不同的角度，对翻译实践中容易产生的错误以及产生错误的原因进行了分析。但是，语言是丰富多彩的、灵活多变的，以上的分析不能完全涵盖翻译中的所有错误。另外，有些译文中出现的问题不能称为错误，而只能看作是一种缺陷，是译文的不完美。本节列出一些在翻译实践过程中遇到的其他缺陷与错误。

9.11.1 语序调整不合理

我们在前面提出了翻译过程中信息重构的三个原则：趋同性、变异性和创新性，其中，三个原则的重要性是依次降低的。在翻译过程中，应该首先遵从语序的趋同性，在应用趋同性无法获得通顺译文的前提下，才依次考虑使用变异性和创新性原则。这方面的错误表现为两种：一种是对语序进行了不必要的调整；另一种是语序调整不到位。

（1）违反趋同性原则，导致句子重心改变或信息流紊乱

在翻译过程中，语序的调整往往意味着信息流的改变。不管是英语还是汉语，都需要保证信息流的畅通。如果在不调整语序的情况下可以获得通顺的译文，就应该尽量遵守趋同性原则。

例 1：This is understandable because as the Reynolds number increases the boundary layer effects become relatively weaker allowing the flow to remain attached to the airfoil for longer distances along the airfoil surface.

原译：因为随着雷诺数的增大，边界层效应变得相对较弱，从而允许气流沿着翼型面较长距离附着在翼面上，这种现象是可以理解的。

改译：这种现象是可以理解的，因为随着雷诺数的增大，边界层效应相对减弱，允许气流沿着翼型面较长距离附着在翼面上。

分析：原文句子的主句很短，状语从句很长。原译按照汉语前因后果的原则，将原因状语置于句子的前面，但是这样的处理导致原文语序出现较大的变动，也破坏了上下文的衔接。在这种情况下，应遵循"语序趋同性"原则。改译在保持原文语序的情况下也保持了上下文的衔接。

例 2：The fees earned are considered profit for Boeing since all costs, including allowable indirect and administrative costs, are reimbursable under the contract.

原译：考虑到所有的成本，包括允许的间接成本和行政成本，均根据合同可以予以报销，所以波音公司获得的这些费用都可视作其利润。

改译：波音公司获得的这些费用可以看作它的利润，因为所有的成本，包括允许的间接成本和行政成本，根据合同应该予以补偿。

分析：原文句子中，"since"引导一个原因状语从句，原译将状语从句提前置于句首，虽然符合汉语先有因后有果的表述习惯，但是，降低了主句的突出地位。可以根据趋同性原则，按照原文句子的原有语序组织信息，达到强调主句的语言效果。

例 3：The leading edge slat is analogous to the slotted trailing edge flap in that the slat and the remainder of the airfoil form a two-element airfoil with all the advantages described at the beginning of this section.

原译：前缘缝翼与开缝后缘襟翼相似，因为缝翼和翼型其他部分形成一个集本节开头部分所述所有优势于一身的双元件翼型。

改译：前缘缝翼与开缝后缘襟翼相似，缝翼和翼型其他部分形成一个双单元翼型，具有本节开头所述的所有优势。

分析：原译将"in that…"译为"因为"，将作后置定语的此短语"with all the advantages described at the beginning of this section"译为"two-element airfoil"的前置定语，尽管对原文句子的语序做了调整，但是译文的可读性差。改译按照趋同性原则，没有改变原文句子的语序，信息流的连贯性较好。

例 4： With the planform of the wing determined it is necessary to select an airfoil with appropriate shape and thickness appropriate to the cruise Mach number M_{cr}, cruise altitude z_{cr}, and sweep angle $\Lambda_{c/4}$ that have already been selected.

原译：机翼平面形状确定后，有必要选择巡航马赫数 M_{cr}、巡航高度 z_{cr} 和已选定的后掠角 $\Lambda_{c/4}$ 对应的形状和厚度合适的翼型。

改译：机翼平面形状确定后，就要选择具有合适形状和厚度的翼型，使其适用于巡航马赫数 M_{cr}、巡航高度 z_{cr} 和已选定的后掠角 $\Lambda_{c/4}$。

分析：原译将"appropriate to the cruise Mach number M_{cr}, cruise altitude z_{cr}, and sweep angle $\Lambda_{c/4}$ that have already been selected"处理成"shape and thickness"的前置定语，改变了原文的信息顺序，译文可读性较差。改译遵从趋同性原则，译文信息流更加顺畅。

（2）未用变异性原则，导致语序调整不到位

在趋同性原则无法使用的情况下，就需要使用变异性原则或创新性原则。使用变异性原则或创新性原则时，必然要对语序做适当的调整。

例 1： The length of the locus of half-chord points along a wing of constant A and λ for different leading edge sweepback angles.

原译：不同前缘后掠角条件下沿机翼常数 A 和 λ 的半弦点轨迹长度。

改译：展弦比 A 和尖根比 λ 相同、前缘后掠角不同的机翼的50%弦线的长度。

分析：原文为一个名词性结构，带有复杂的后置定语。原译对复杂的后置定语的词序调整和信息转换不充分，导致译文表述不清。

例 2： Relative thickness of a conventional airfoil as a function of quarter-chord sweepback for various Mach numbers at a wing loading of 125 lb/ft^2 and an altitude of 36000 ft.

原译：传统翼型的相对厚度是各种马赫数条件下，机翼载荷为 125 lb/ft^2，高度为 36000ft 时四分之一翼弦后掠角的函数。

改译：机翼载荷为 125 lb/ft^2、飞行高度为 36000ft 时，在不同的马赫数条件下，一种传统翼型的相对厚度与四分之一弦线后掠角的关系曲线。

分析：原文为名词性结构，带有两个作状语的介词短语"for various Mach numbers"和"at a wing loading of 125 lb/ft^2 and an altitude of 36000 ft"。"at a wing loading of 125 lb/ft^2 and an altitude of 36000 ft"可译为时间状语，"for various Mach numbers"可译为条件状语。按照汉语的习惯，这样的状语应置于整个句子之前，一般时间状语在前，条件状语在后。原译没有采用变异性原则对语序做适当的调整。

例 3：Because the lift required during cruise is not yet known in detail, the incidence angle, like the axial location of the wing, must remain a provisional value until the required lift is determined by the methods in Chapter 10.

原译：因为巡航所需升力的细节仍未知，所以，安装角，如机翼的轴向位置，在使用第 10 章所述的方法确定所需升力前，也只能是个临时值。

改译：因为巡航所需的升力尚未确定，所以，在利用第 10 章的方法确定所需升力之前，安装角与机翼的纵向位置一样，也只能是个临时值。

分析：原译对时间状语从句 "until the required lift is determined by the methods in Chapter 10" 的调整不到位，译文的信息流不顺畅。改译更符合汉语的表达习惯。

9.11.2　词义选择不灵活

语言是活的，有时候对于词汇意义的理解需要根据上下文来灵活处理。如果死抠词典的释义，就会引起表述的不当或者矛盾。

例 1：Yet, by the end of 1971, except for a minor weight increase (not an unusual occurrence) and difficulties with the Crew escape system, problems were relatively few. For example, the aircraft's windshield, which included a thin polycarbon inner layer, had poor optical qualities and tended to shatter upon impact.

原译：然而，到 1971 年，除了重量有少许增加（没有出现异常）和机组离机系统存在问题外，几乎没有其他问题。例如，含有聚碳酸酯内层的飞机风挡，使得飞机的视觉很差，并且在碰撞时容易破碎。

改译：然而，到 1971 年年底，除了重量有少许增加（这是很正常的）和机组离机系统存在问题外，只出现了一些小问题，例如，飞机的风挡，含有聚碳酸酯内层，透光效果较差，并且受到碰撞容易破碎。

分析：在英语词典和教科书中，"few" 表示 "几乎没有的"，含有否定的意思；"a few" 表示 "有一些"，是肯定的意思。但是，在具体的翻译实践中应该根据上下文灵活处理。原文中，前面说到 "problems were relatively few"，后面紧接着举出了例子。如果依然将 "few" 译为 "几乎没有问题"，与后面的例子就形成了矛盾，因此需要转换说法。"几乎没有问题" 是从否定的角度来表达，换一种角度，从肯定的角度来表达，就是 "有一些"。

9.11.3　译文表述不规范

英语有英语的表达习惯，汉语有汉语的表达习惯。尽管译者对原文的理解没有错误，但是如果译文不符合规范的汉语表达习惯，这样的译文依然是有缺陷的。

例 1：Similarly, simple operational improvements like keeping aircraft surfaces washed and free from the roughness caused by dust, insects, etc., can pay a dividend in reduced drag.

原译：同样地，一些简单的运营改善也可以实现减阻效果，例如保持飞机表面清洁并免受灰尘、昆虫等磨损。

改译：同样，一些简单的运营改善措施也可以实现减阻，例如，保持飞机表面清洁，避免表面由于灰尘、昆虫等引起的粗糙。

分析：原文句子中，"pay a dividend in reduced drag" 采用了比喻的描写手法，表示

"在减阻方面获得效果"，原译动宾搭配不合适，可以说"实现减阻"或者"获得减阻效果"；原句中的"roughness"表示物体表面的"粗糙"，原译理解不正确。

例 2：This suggests that wing root bending moment that must be resisted by the structure will also grow with increasing sweepback.

原译：这表明必须由此结构来抵消的翼根弯曲力矩也将随不断增大的后掠角而增加。

改译：这说明，必须由结构承受的翼根弯矩将随后掠角的增大而增大。

分析：汉语的习惯说法是"随着……的增大而增大"，而不是说"随着增大的……而增大"。

例 3：The fuel fraction M_f may be found by applying a chain product of the weight fractions of each of the n stages as follows：

原译：通过应用每个 n 阶段的重量分量的连续乘积即可得出燃油分量 M_f，如下所示：

改译：将 n 个航段的重量比连乘就可得出燃油重量比 M_f，如下所示：

分析：原文句子中，"by+现在分词……"引导的介词短语作状语，表示方式。原译将"by+现在分词……"译为汉语的"通过……"来表示方式，译文不够简洁。

例 4：This engine, which lies between a conventional turboprop engine and a turbofan engine, was extensively studied in the 1980s when inflation and increased oil costs made fuel economy a major issue.

原译：这种发动机介于传统涡桨发动机与涡扇发动机之间，由于 20 世纪 80 年代通货膨胀和上涨的油价使得燃油经济性成为主要议题，促成了对它的广泛研究。

改译：这种发动机介于传统涡桨发动机与涡扇发动机之间，20 世纪 80 年代，通货膨胀和油价上涨使燃油经济性成为主要议题，促成了对这种发动机的广泛研究。

分析：原文句子带有两个状语，介词短语"in the 1980s"作整个句子的时间状语，"when"引导的从句在形式上是时间状语从句，实际上说明了主句动作发生的原因；另外，句子的主语带有一个"which"引导的非限定性定语从句，可以处理为单独的句子。原译汉语表述不规范，"由于……使得……"不符合汉语习惯。另外，将原译的"通货膨胀和上涨的油价"改为"通货膨胀和油价上涨"，形成并列的四字结构，具有汉字的节奏感。

例 5：An empirically derived method, based on experimental data, for predicting the subsonic maximum lift and the angle of attack for maximum lift of high-aspect-ratio, untwisted, constant-section (symmetrical or cambered) wings is given.

原译：这里给出了基于实验数据，用于预测未扭转、等截面（对称的或弧形的）机翼的亚声速最大升力和迎角的从经验推导出来的方法。

改译：这里给出了基于实验数据的经验方法，用于预测无扭转、等截面（对称的或带弯度的）大展弦比机翼的最大升力迎角和亚声速最大升力。

分析：原文句子中，"An empirically derived method"，表示"根据经验推导出来的方法"，其中的副词"empirically"作状语。原译虽然没错，但是描述不够简洁。改译简化译为"经验方法"，更符合汉语表达习惯，相当于将"empirically"转译为名词"经验"。

9.12 小结

本章主要以 *Commercial Airplane Design Principles*（《商用飞机设计指南》）译稿中出现的典型错误为基础，对科技翻译中经常出现的翻译错误的类型及其原因做了详细的分析。在《商用飞机设计指南》译稿的校对过程中，笔者对遇到的典型错误做了详细的记录，积累了 300 多页的原始素材。通过对这些原始素材的分析，对典型的错误从不同的层次和不同的维度进行了分析。在词汇层面，各种词汇都会出现翻译错误，汉语没有冠词的概念，所以冠词在翻译中容易出错；英语句子中代词的使用频率高于汉语，代词的指代关系容易出错；英语的连词和介词往往具有多种含义，也是翻译中容易出错的词类；在科技翻译中，对科技术语如果判断不准，容易出现把科技术语当作普通词汇来处理的错误，或者出现不同专业领域科技术语的混淆。在短语层面，对于名词性短语而言，主要的错误在于对限定词与中心词之间的证词关系的判断；对于介词短语和不定式短语，主要的错误表现为对短语的语法作用的判断错误。在整个句子层面，常见的翻译错误主要表现为几个维度的错误：语言体系的差异引起的错误、句子逻辑关系理解错误、逻辑重组与转换不到位、缺乏专业知识或背景知识引起的错误等等。笔者希望通过对这些典型错误的分析，能够对初入翻译行业的人员提供一些有益的借鉴和参考。

第10章　科技翻译的信息化与智能化发展

　　本章提要：本章回顾了机器翻译的发展过程，分析了各种机器翻译思想的实现情况。基于规则的机器翻译方法企图模仿人工翻译过程，由于人类语言的复杂性和思维过程的逻辑性，这种机器翻译方法的发展遇到了困难。基于统计的机器翻译方法目前在网络空间得到一定程度的使用，但是效果并不理想。在这种情况下，与机器翻译密切相关而又有所不同的计算机辅助翻译技术却得到了广泛的使用，并取得了良好的效果。目前的计算机辅助翻译软件实际上是采用基于实例的机器翻译的设计思想。计算机辅助翻译软件的成功使用，具有其逻辑学、语言学方面的理论基础，并且获得了信息技术的有力支撑。计算机辅助翻译软件为科技翻译行业的发展提供了方便实用的信息化工具。为了满足科技翻译的市场需求，我们应该充分开发、优化计算机辅助翻译软件的功能，同时利用信息技术建立各类专业词库，逐步建立科技翻译行业的信息化基础设施。科技翻译的信息化发展具有很大潜力，对于促进科技翻译行业的工程化、网络化、智能化发展具有重要的意义。

　　随着科技的发展和交流的频繁，科技翻译量越来越大。计算机辅助翻译软件为科技翻译行业提供了有力的工具。计算机辅助翻译与机器翻译密切相关而又有所不同。由于人类语言的复杂性和思维过程的逻辑性，基于人工翻译模式的机器翻译技术的发展遇到了困难，而基于实例的计算机辅助翻译获得了良好的使用效果，在很多行业得到了广泛的应用。任何客观现象的背后都有其内在的规律；任何成功实践的背后都有其可靠的理论。计算机辅助翻译获得成功应用的理论依据是什么？为此，需要考察计算机辅助翻译技术的理论基础，为科技翻译的信息化发展奠定坚实的理论基础，同时，分析计算机辅助翻译软件的应用对翻译过程的影响，为科技翻译的工程化、网络化发展提供思路。

10.1　机器翻译的发展历程

　　用机器来替代人进行翻译以跨越由于语言不同所造成的交流障碍，是几个世纪以来许多学者的梦想。17 世纪，笛卡尔（Descartes）、莱布尼兹（Leibniz）、贝克（Cave Beck）、维尔金斯（John Wilkins）等都曾致力于机器词典的研究，试图采用统一的编码来描述现实世界中的实体，从而达到翻译的目的。1903 年，古图拉特（Couturat）和洛（Leau）首次在书中使用了"机器翻译"这一术语，提出采用词典和德国学者里格（W. Rieger）提出的数字语法来完成机器翻译。1933 年，苏联发明家特罗扬斯基曾设计了一种用于翻译的机械装置，但是并没有成功。事实上，真正的机器翻译研究是在电子计算机发明之后才开

216

始的。[111]

　　机器翻译是相对于人工翻译而言的，其主要的研究目标是利用计算机及其软件系统将一种自然语言（源语言）的文本或语音转换为另一种自然语言（目标语言）的文本或语音。从这个定义可以看出，机器翻译既包括对文本进行机器翻译，也包括对语音进行机器翻译。通常我们所说的机器翻译是指文本到文本层面的机器翻译。语音至语音层面的机器翻译通常称之为"语音翻译"（Speech-to-Speech）或口语机器翻译（Spoken Language Translation，SLT）。文本翻译是机器翻译的重心和关键，在其基础上加上语音识别和语音合成等技术，就可以实现语音翻译。在对机器翻译研究的过程中，不仅会涉及到人类对语言的认知方式的研究，还将涉及到计算机科学、数学、语言学、信息论、知识工程等多门学科的研究，可以说机器翻译是深植在多个学科交叉的土壤上的一个研究领域。[111]

　　机器翻译发展至今，历经了探索与失败、复苏与障碍和发展与分化等几个不同的发展阶段。随着人们对机器翻译的认识和技术手段的进步，机器翻译的方法也在不断地完善和改进。机器翻译方法可分为两大类：理性主义方法和经验主义方法。理性主义方法主要是指基于规则的机器翻译（Rule-Based Machine Translation，RBMT）方法；经验主义方法通常是指基于语料库的机器翻译（Corpus-based Translation，CBMT）方法，包括基于实例的机器翻译（Example-based Machine Translation，EBMT）和统计机器翻译（Statistical Machine Translation，SMT）。[111]

10.1.1　探索与失败

　　1949 年美国数学家沃伦·韦弗（Warren Weave）在《翻译》备忘录中正式提出了基于现代计算机技术进行机器翻译的设想。1954 年，美国乔治敦大学和美国国际商用机器公司（IBM）联合开发了世界上第一个机器翻译原型系统，进行了简单的俄语至英语的翻译试验。该系统良好的翻译效果鼓励了各国学者的研究兴趣。从 20 世纪 50 年代—60 年代前期，机器翻译研究一直处于逐渐扩大的趋势，这一时期的机器翻译系统大多采用词典查询的方法，同时辅以低层次的语法分析和语义特征使用。[111]

　　1966 年，美国语言自动处理咨询委员会（ALPAC）公布了一个题为《语言与机器》的报告（ALPAC 报告），认为此时的机器翻译系统速度慢，准确率低，花费高，报告称目前"机器翻译研究遇到了难以克服的'语义障碍'"；"在目前给机器翻译以大力支持还没有多少理由"。ALPAC 报告得出的结论使得当时众多机器翻译的项目纷纷下马，令全世界的机器翻译研究步入萧条期。[111]

10.1.2　复苏与障碍

　　20 世纪 70 年代，随着乔姆斯基（Chomsky）语言学理论和人工智能研究的发展，人们意识到要想实现好的翻译效果，必须在理解语言的基础上进行翻译，从理解句法结构上下功夫，为此，基于规则的机器翻译研究开始展开，机器翻译从萧条期转入复苏期。[111]

　　基于规则的机器翻译方法认为翻译的过程是需要对源语言进行分析并对源语言意义进行表示、然后再生成等价的目标语言的过程，该方法从 70 年代中期开始—80 年代末在机器翻译界一直占有主导地位。基于规则的机器翻译系统的特点是，系统根据一个语言学知识符号系统里的规则来完成翻译任务。基于规则的机器翻译可以分为三类：直接翻译法、转换法、中间语言法。[111]

直接翻译法也称为逐词翻译法，这种方法一般不对语言进行深入分析，只是将源语言和目标语言看作是单词的线性序列，在单词一级对源语言进行逐词翻译，然后简单地调整语序得到目标语言。最早期的翻译系统多采用此方法，这种方法显然是将翻译过程看得过于简单，如果源语言和目标语言之间在词汇和语序方面存在很大的差异，那么其翻译效果将会很差。[111]

转换方法是指将源语言进行较深层的分析得到源语言的深层内部表达，然后将源语言的内部表达转换为目标语言的深层内部表达，再将目标语言的内部表达转换为目标语言，经历这三个阶段后完成翻译任务。不同的转换系统其内部表达的深度可能会有所不同，如句法层面或句法–语义层面，分析层次越深，对语言的意义表达会越准确，但是表达起来也更抽象，更困难。[111]

中间语言法是指将源语言分析后转换为一种中间语言，该中间语言是一种独立于任何具体语言的某种中间表示形式，中间语言是一种对所有语言都适合的句法–语义表示，从中间语言可以生成任何一种目标语言。中间语言翻译法的翻译过程需要经历两个阶段，即源语言经分析后转换为中间语言，然后中间语言转换为目标语言。相比于其他方法，中间语言法在进行多种语言间的互译时由于不必像其他方法那样在每两种语言间都要建立互译模块，因此在理论上是最经济的。不过如何选择中间语言，如何进行知识表示还是存在一定的困难。[111]

基于规则的机器翻译中的规则是语言学家编写的，因此需要消耗大量的人力物力用于规则的开发，研究周期长，实验的代价比较大。虽然研究者们已经建立了含有成千上万个规则的规则库，然而这种方法仍然具有局限性。在处理大规模真实语料的时候，效果依然很不理想。[112]

10.1.3 发展与分化

到 20 世纪 90 年代，人们发现基于规则机器翻译系统性能已经很难有更大的提高，其理论基础也无法有更大的突破，此时随着信息技术的发展，基于实例和统计的数据驱动的翻译思想开始逐步发展。到了 1999 年，基于统计方法的机器翻译取得了突破性的进展，翻译质量大大提高。基于实例方法的机器翻译在词汇翻译层面上取得了较好的效果，但是句子层面的翻译效果依然有待提高。机器翻译目前处于一个多种方法混合、并行的发展时期。

（1）基于实例的机器翻译方法

基于实例的机器翻译方法最早是由日本著名机器翻译专家长尾真提出来的。其核心思想是"以翻译实例为基础，基于相似原理实现机器翻译"。其翻译过程是在双语对齐的实例库中搜索与输入句子相匹配的若干片段，确定最相似的译文片段，然后重组这些片段形成最终的译文。[111]

基于实例的机器翻译方法对句子不做深层的语义分析，一定程度上避开了难度较高的语言分析过程；其系统可以通过增加实例和词汇进行扩充，比较容易维护；另外由于利用了大量的翻译实例，可以产生高质量的译文。但是，基于实例的翻译方法有许多关键问题需要解决，例如，由于语料库规模的限制，基于实例的机器翻译很难达到较高的匹配率；在对匹配片段进行检索时，如何计算待译片段和翻译实例之间的相似度，找到最合适的片段；如何将实例片段进行有效的组合形成译文，以及如何提高翻译实例的覆盖率等。[111]

（2）基于统计的机器翻译方法

基于统计的机器翻译方法是基于大量的双语平行语料库，通过对语料库的统计分析将其中隐含的翻译知识抽象成统计模型，然后利用该统计模型进行翻译。统计模型通常包括翻译模型和语言模型。基于统计的机器翻译从语料库中获取语言知识而不是通过人工进行总结，无需手工编写词典和规则，可以方便地移植到不同的语种和领域。[111]

基于统计的机器翻译是把机器翻译看成是一个信息传输的过程，直接靠统计结果进行歧义消解处理和译文的选择，避开了语言理解的诸多难题。但是，统计机器翻译对于语料库的依赖性比较强，语料库的质量将直接影响统计模型的建立，而且语料的选择和处理工程量巨大。另外，统计机器翻译系统的时空开销比较大，其算法的设计也需要进一步研究。[113]

10.2　计算机辅助翻译软件

计算机辅助翻译与机器翻译有密切的关系，但在设计思想上又有很大的区别。鲍克（Bowker）在 2002 年提出"MT 和 CAT 的主要区别在于翻译的实际工作是由谁完成的"。欧洲机器翻译协会对机器翻译的定义为："利用计算机把一种自然源语言转变为另一种自然目标语言的过程。一般指自然语言之间句子和全文的翻译。"整个翻译过程并没有人工参与，全凭计算机来分析源语言结构，并以相同的结构翻译成目标语言。其中包括词汇的对应和结构的对应。但由于机器翻译是自动识别语法，然后调用储存语料库，自动进行一一对应的翻译，因此当语法、词汇、句法发生变化或不规则以及出现语境的更换时，难免会出现错误。[114]

安帕罗（Amparo）在 2008 年的研究表明，计算机辅助翻译是研究如何设计或应用"方法、工具和资源"，帮助译员更好地完成翻译工作，同时也能有助于研究和教学活动的进行。从狭义上讲，计算机辅助翻译是一种使用翻译软件辅助译员进行语言转换的过程。简而言之，计算机不再是翻译过程当中的唯一主角，而译员也参与到整个翻译过程当中，充当着机器翻译中一个极其重要的部分。其类似于计算机辅助设计（CAD），实际起了辅助翻译的作用。它不依赖计算机的自动翻译，并不是仅仅将源语言文本交给软件处理后得出最终的翻译结果，而是通过充分运用数据库功能和翻译记忆（TM）提供给翻译人员参考，但最终还是由译员确定最恰当的翻译。与人工翻译和机器翻译相比，计算机辅助翻译的效率更高。[114]

翻译记忆软件一般都提供翻译记忆、术语库管理、翻译项目管理、语料库加工与运用等一系列翻译工具。这种计算机辅助翻译软件在专业译员中流行的原因是因为用户必须有相当的外语知识，最终翻译的质量是由译员的水平而不是由计算机辅助翻译软件本身来决定的。

10.2.1　TRADOS

Trados GmbH 公司由约亨·胡梅尔（Jochen Hummel）和希科·克尼普豪森（Iko Knyphausen）在 1984 年成立于德国斯图加特。公司在 1980 年代晚期开始研发翻译软件，并于 1990 年代早期发布了自己的第一批 windows 版本软件。1997 年，得益于微软采用 Trados 进行其软件的本土化翻译，公司在 20 世纪 90 年代末期已成为桌面翻译记忆软件行业的领头羊。Trados 在 2005 年 6 月被 SDL 公司收购。

Trados 被称为计算机辅助翻译软件的鼻祖，开创了翻译记忆体的概念，被称为"翻译软件中的 DOS"，可与微软公司 office 办公套件中的 word 文字处理系统配合使用。TRADOS 取自三个英语单词，分别是 Translation、documentation 和 Software，在 Translation 中取了"Tra"，在 documentation 中取了"do"，在 Software 中取了"s"，把这些字母组合起来就构成了"Trados"。这三个英语单词的含义恰恰体现了 TRADOS 软件所要达到的功能和用途。

SDL Trados Studio 的核心是 workbench 和 Multiterm。软件刚开始使用时，后台记忆库是空白的。在翻译的过程中，译员对每个源语语汇及其结构的翻译，都会被软件关注、吸收，并添加到后台的语料库中，在后续翻译中自动出现翻译提示。在翻译时，Workbench（工作站）会自动搜索 MultiTerm 的数据库，使相应术语的翻译显示在 Workbench 的窗口中。在翻译时译员可以根据不同的领域选择不同的术语资料库，以保证术语使用的一致性。当翻译人员翻译新内容并且遇到与已翻译的句子相似或相同的句子时，该软件自动给出建议的可重复使用内容。对于相同的句子，翻译人员无需再次进行翻译。翻译人员可以根据需要随时重复使用已翻译的内容。

Trados 采用纵列式翻译界面（见图 10-1），将原文句子排列出来。在翻译过程中，每翻译完一句，用快捷键 Ctrl+Enter 确认，这样翻译好的内容就自动进入记忆库了。翻译完成后，可以导出译文。

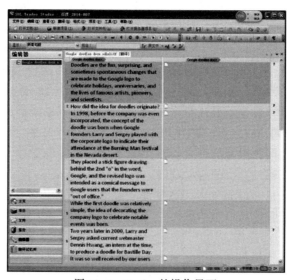

图 10-1　Trados 的操作界面

10.2.2　Déjà Vu X

Déjà Vu X（迪悟）是由西班牙 ATRIL 公司研制的基于"翻译记忆"的多语种翻译软件，目前在世界上用户数量排名第二，仅次于 Trados。

Déjà Vu X 在很多方面都体现出比其他 CAT 软件更大的优势，记忆库、术语库制作非常简单。它的术语提取工具是集成的，定义起来比 Trados 简单实用，不会自动删除重复的新词、术语。它可以导出几十万的记忆库，不过需要比较长的时间。导入术语也比较慢，大于十万的词条一般导不进软件。如果词汇库太大，软件的运行速度就会比较慢。

Déjà Vu X 采用纵向分列处理，这是它的最大的一个优势，在这方面，TRADOS 已经向 Déjà Vu X 靠拢了。Déjà Vu X 可以自动处理后面的列，给出重复句子的翻译结果，自动拷贝数字、符号等非译元素，大大提高翻译效率。

Déjà Vu X 不结合 Word 软件来翻译，而是把整个 word 文件导入软件进行翻译。它可以将多个待翻译文件全部导入到一个 Project 中，所有文档在同一个界面下。它也是通过把翻译过的相似的句子和术语在软件右侧显示出来的方式来帮助译者更快地完成翻译工作的。

除了一般主流计算机辅助翻译软件共同具有的术语库、翻译记忆库维护等功能外，Déjà Vu X 的主要功能还有：

浏览（Scan）：在翻译记忆库里快速查询待译文件中有多少已经有了完全匹配或部分匹配的译文，并统计待译文集所需工作量。

汇编（Assemble）：将翻译记忆库里相关部分或结构类似的句子放到一起。

预翻译（Pretranslate）：分析文本，并在翻译记忆库里搜索相似句子的译文，找到最相似的句子（这既可能是完全匹配，也可能是模糊匹配），并插入对应的位置。

增值（Propagate）：一旦翻译完一句，就会在剩下的待译件中寻找完全相同的句子，并自动插入相同的译文。

自动搜索（AutoSearch）：现有译文，包括句子、段落，或其他任何成分，都可以在各自的语境中检索出来，供译员参考使用。

项目管理（Project management）：允许译员以流水线方式，为一个或多个用户定制译文，以满足高效高质量的要求。

质量保证（Quality assurance）：保证译员和项目经理在使用 Déjà Vu X 的过程中，译文一致。

DéjàVu X 的操作流程与 SDL Trados Studio 类似，主要包括新建翻译项目、配置翻译环境、执行翻译过程和导出翻译结果等步骤。Déjà Vu X 的纵列式翻译界面（见图 10-2）。

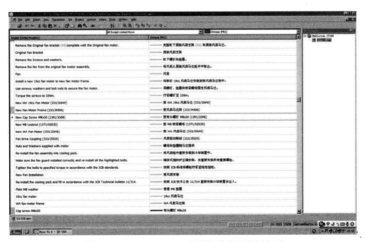

图 10-2　Déjà Vu X 的纵列式翻译界面

10.2.3 Wordfast

Wordfast 经典版是一套 Word 的宏命令，用户使用 Wordfast 进行翻译时的工作界面，是熟悉的 Word 窗口。其用法、功能特别类似 Trados，而且它可以和 Trados 互通有无，二者所使用的中间文件格式是兼容的。在它推出的"The Wordfast Very Large Translation Memory（VLTM）"项目中，凡是 Wordfast 的用户，只要拥有不间断的互联网接入条件，即可参与该项目。Wordfast 网站的服务器，提供了超过 20 种语言对的翻译记忆数据库，而且每个记忆库的容量为超过 10 亿个（1000000000）翻译单位。该项服务是免费的，用户在使用本地翻译记忆库的同时，也可以得到 VLTM 的自动检索信息。这样，任何使用 Wordfast 的译员，在尚未积累起自己的翻译记忆库之前，已经有机会借鉴其他人的翻译成果，而且据称这些翻译单位都是经过专业人员校对的。WordFast 的这一创意引领了翻译记忆软件未来发展的方向。可以预言，在不远的将来，会出现一种完全基于浏览器的翻译记忆软件，用户工作的时候，除了能够自动创建并检索本地的术语库和翻译记忆库，同时也能检索所有参与用户自愿提供的并经过同行专家评审的网上数据库。这一前景，将使人们逐渐逼近通过使用超大规模的翻译记忆库（即语料库）基本实现机器自动翻译的目标。

虽然 Wordfast 经典版只是单个译员的辅助工具，但是也可以将它很方便地融入到翻译公司和大型客户的工作流程当中。所有这些强大的功能都是通过一个简洁的 Word 模板实现的。

WordFast 经典版的配置过程与 Déjà Vu X 类似，翻译界面（见图 10-3）也是采用纵列显示，记忆库中匹配的句子和术语显示在窗口的右侧，为翻译人员提供帮助。

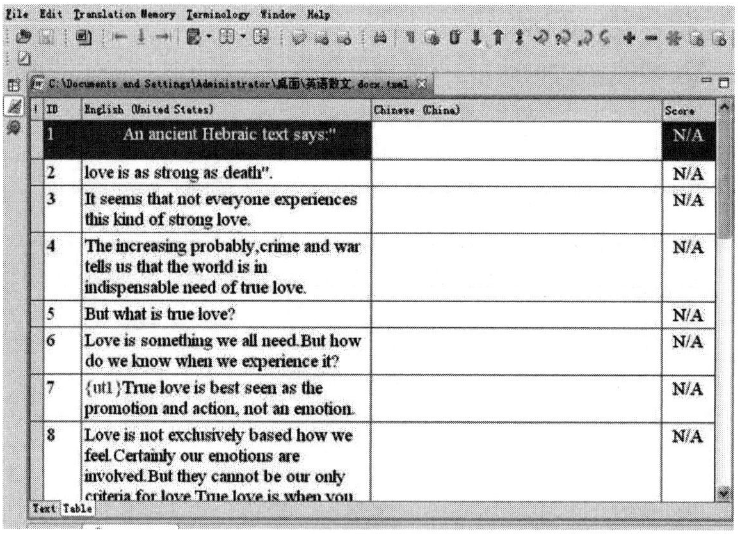

图 10-3　Wordfast 经典版句子切分后的纵列显示

10.2.4 雅信 CAT

"雅信办公辅助翻译系统"以"雅信 CATS"技术核心为基础，采用翻译记忆（Translation Memory，TM）和灵活的人机交互技术，可以大幅提高翻译效率、节约翻译成本、保证译文质量、简化项目管理。系统架构的核心是雅信辅助翻译服务器，服务器通过自身配置的大型关系数据库实现对海量语料资源的存储、管理、调度、规范，通过互联网平台环境实现用户辅助翻译应用。

"雅信办公辅助翻译系统"依托现代网络技术和数据库技术，实现翻译语料资源信息的共享和翻译术语的高度统一；采用先进的网络技术使系统可以基于局域网和互联网多种网络环境下的部署和应用。系统具有以下特点：

系统基于网络：系统充分发挥现代网络技术优势，实现翻译资源信息实时共享、翻译成果实时共享。进行翻译工作时，所有工作人员连接到公共服务器，使用共同的术语库和语料库资源，实现资源共享，同时所有译员的翻译成果都将存储到公共服务器，以便其他译员使用和参考。

系统基于大型数据库：采用大型关系数据库技术，对术语库和语料库进行集中管理，方便使用时进行快速检索和查询。同时，利用大型数据库的海量数据存储特点，满足翻译中日益增长的数据存储要求；另外，还可以充分利用数据库的备份管理功能等优势。

自带系统词库：相比于国外的 TM 系统，雅信最特别的地方，是系统自带了多语种的词库，其中英中、中英词库含 1100 多万条（包含 78 个专业）的海量词汇，其他语种也有相当数量的词汇，基本能满足日常工作需要。对于这一点，不同的人在做不同的项目的时候，会有不同的评价。一般而言，对于打字速度偏慢的人来说，做英汉翻译的时候，雅信自带的词典会提供较大帮助。但是，雅信提供的词典并非专门针对翻译而编辑的，在翻译过程中有时会形成干扰，降低翻译工作效率。另外，对于汉英翻译，雅信也会遇到汉语切分、分词的难题。众所周知，汉语篇章如何合理切分为词和词组，一直是计算机自动处理汉语的难题。在做汉英翻译的时候，由于分词不准确，雅信提供的参考词汇也就缺乏参考价值。解决办法就是禁用系统词库。雅信也的确提供了这样的选项，禁用系统词库后，雅信就像 Trados 和 Déjà Vu X 等系统一样，完全依赖用户建立的专门词库工作。

实现审核与翻译同步：译员在进行翻译的过程中，已翻译的部分会自动提交并进入审核流程，实现审核人员对译文进行同步审核，而无需等到全部的翻译任务完成、提交后再审核，从而提高了翻译效率和项目进度。

实现翻译项目规范化管理：对所有翻译项目进行规范化管理，所有翻译项目在系统里都有记录，对要翻译的项目文档进行集中管理，译员在翻译时从翻译服务器下载，翻译完成后提交到服务器。由于对翻译文档进行流程化、科学化管理，从而规范项目的整体流程，提高翻译项目管理效率，降低管理成本。

低版本"雅信 CAT"的操作界面采用横向线性的"单句模式"（见图 10-4）。在这种模式下，译者只能按原文的顺序依次组织译文句子。

图 10-4　雅信 CAT 的横向线性操作界面

升级到"雅信 CATS"后，操作界面改为了纵向并行的"对照模式（见图 10-5）"，与国外流行翻译软件的操作界面类似。采用这种模式后，译者可以并行处理原文的句子。

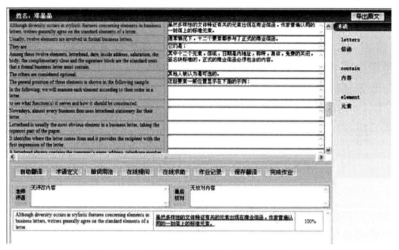

图 10-5　雅信 CATS 的纵向并列操作界面

10.3　翻译软件的差异性分析

计算机辅助翻译技术是应用计算机软件最大限度地实现翻译流程的自动化，可以提高人工翻译的效率，保证人工翻译的质量，并能够管理翻译流程。计算机辅助翻译的核心技术是翻译记忆（TM）技术，目前国内外主流翻译软件都是基于这一技术构建的。尽管翻译软件的核心技术都是相同的，但在具体的技术实现上也有一些差异之处。

10.3.1　功能模块及资源构成

计算机辅助翻译软件一般包括翻译记忆系统、术语管理工具、对齐工具和项目管理工具等。

（1）翻译记忆系统

翻译记忆库是翻译软件的核心模块。翻译记忆技术利用对齐工具将相关源语文本和目标语文本材料，按照句子或段落进行分割，然后将这些切分单位存入翻译记忆库。译者在将一篇英语文本翻译成汉语时，翻译记忆系统将通过人工智能搜索及对比技术，根据用户所设定的匹配值（一般系统默认设置为 75%）自动搜索英汉翻译记忆库中的词汇、短语和句子，若搜索到的内容与要翻译的内容一致，则达到完全匹配，译者可以根据语境决定是否直接使用；若搜索结果并非完全一致，则构成模糊匹配，译者可进一步决定是否要接受或进行修改后再使用该翻译单位。这种匹配功能可以使译者最大限度地利用已有的翻译材料，减少重复的翻译工作。此外，译者在使用软件进行翻译时，也可将自己正在翻译的文本存入翻译记忆库，供以后的翻译任务使用。

（2）术语管理工具

术语管理工具用于创建、维护和管理术语库（Term Bank，简称 TB）的工具。译者可将特定行业里的专业术语储存到其中，在之后的翻译中提取使用，同时在翻译过程中也可不断更新术语库。术语管理工具与翻译记忆系统的运行机制相似。二者最主要的区别是术语库中存储的是词汇或短语，而翻译记忆库中存储的是句子或段落。翻译记忆系统与术语管理工具的整合使用可进行预翻译，能大大提高翻译速度，同时还能够确保译文术语的一致性，从而保证翻译质量。翻译记忆技术与术语工具在翻译软件的各种功能中居于首要地位。

（3）对齐工具

翻译软件只有随着翻译记忆库里的内容不断增加，才能发挥越来越大的作用。换句话说，翻译记忆库中存储的内容越多，则翻译的可重复使用率就越高，因而使用翻译软件的译者就可以不断提高自己的翻译效率。翻译记忆库有两种扩充方法：①将自己翻译好的译语文本与原语文本存入翻译记忆库；②将收集好的各领域的原语文本及其对应的译语文本导入翻译记忆库。在采用第②种方法导入时，可导入的双语文件的制作就需要利用 CAT 软件的对齐工具。使用者使用对齐工具，将原文与译文以句子为单位对齐后才能导入翻译记忆库，使其成为翻译记忆库的翻译单元。

（4）项目管理工具

面对繁重的翻译任务，特别是大型翻译项目时，由于翻译时间有限，规范化的翻译项目管理流程对提高翻译效率至关重要。项目管理工具可以对翻译项目文件进行导入、分析（字数统计）、预翻译（确定翻译重复率和项目的专业领域）、质量检查（语法和拼写检查）以及导出。

（5）系统词典

翻译软件本身带有的词典，在系统启动之初，可以起到词库的作用，对翻译过程起到较大的辅助作用。系统词典可以看作软件本身带有的语料资源。国外的几款翻译软件都没有系统词典，系统启动之初，词库是空的，完全依赖翻译过程中的积累或者人工导入。国内几款翻译软件都带有系统词库，这是国产软件的最大亮点。

10.3.2　翻译过程分析

利用翻译软件进行翻译的过程大概可以分为三个阶段：环境配置与参数设置、翻译过程和数据导出。

环境配置与参数设置主要包括语言设置、语料库和词库设置以及翻译匹配设置等。

翻译过程也就是在软件的辅助下，利用记忆库进行翻译的过程。目前的软件都提供人工翻译和自动翻译两种模式。由于自动翻译的效果不佳，翻译过程以计算机辅助的人工翻译为主。在翻译过程中，当译员创建翻译记忆库后，记忆库就能自动分析比较原文和译文，以单个的句子为单位进行一对一的翻译。在调整和修正之后，记忆库工具将自动生成一个标准的翻译记忆库文件，全部翻译任务都可以通过这一程序工具进行检索，从而高效地建立起翻译记忆库，而且记忆库在以后的使用中还可以不断得到更新和改进。

翻译完成以后，通过软件导出翻译数据，生成最终的翻译稿件。

10.3.3　其他功能分析

除了翻译记忆系统这一核心模块外，各种软件的对齐工具、术语管理工具和项目管理工具的配置情况有所不同。有的是软件自身带有的，有的是作为插件配置的。

（1）对齐工具

SDL Trados Studio 从 2009 版开始不再跟 Word 进行集成，但 2009 版"对齐"（Align）

功能却不能使用，因此使用这个版本的时候需要借用 2007 版进行 Multiterm 的 "对齐"（Align）。SDL Trados Studio 2011 改进了 "对齐"（Align）功能，SDL Trados Studio 2014 的 "对齐"（Align）功能和文件兼容性更强了。

Déjà Vu X 带有对齐工具，可以直接使用，但是对齐效果并不理想。

Wordfast Classic 6.0 本身不带对齐工具，如果需要使用对齐功能，必须安装免费的 PlusTool 工具。该工具作为 Word 的插件，可进行对齐处理，但是这个工具只能在 Word 2003 及其以前的版本中运行。Wordfast professional 2.1.8 中也没有对齐工具，后来的版本中带了 Wordfast Aligner，但没有整合到界面中，需要单独启动。Wordfast Anywhere 1.5.0 则使用自带的测试阶段的模块进行对齐，使用者可免费上传待对齐的文档，该模块会通过智能推断进行对齐处理，然后将对齐结果发送到用户的注册邮箱中。

雅信 CAT 本身没有对齐工具，需要安装单独的 CAM 模块来实现对齐。

（2）术语管理工具

Déjà Vu X 的术语管理工具极具特色，它是分级的，包括术语库（Terminology）和项目词典（Lexicon）两个层级。项目词典与当前进行的翻译项目紧密相关，更具针对性。在实际翻译过程中，Déjà Vu X 会首先搜寻项目词典，然后再搜寻术语库，最后才搜寻翻译记忆库。这种分层式的术语搜索查询和管理体系更适应翻译的实际情况。

Wordfast 经典版和专业版都是通过 "Terminology" 菜单进行术语管理，在线版则通过 "Glossary Panel" 添加术语，并无特殊之处。

雅信 CAT 是通过 "库维护" 选项卡来实现术语库的管理。"库维护" 不仅可以添加单条术语，还可以批量添加术语词条。点击 "库维护" 下的 "批量添加" 菜单，通过 "批量定义" 界面，可将术语批量地定义和添加。

（3）项目管理工具

SDL Trados Studio 通过创建项目后导入待翻译的文件，利用 "项目" 界面下 "批任务" 下拉菜单中的 "分析文件" 选项卡进行分析，确定翻译的工作量和重复率，并利用已有的翻译记忆库及术语库来对项目进行 "翻译字数计算" 和 "预翻译"，翻译项目完成后可利用 "工具" 栏下拉菜单中的 "拼写检查" 和 "验证" 功能，对译文进行拼写、语法及术语一致性的检查，之后便可导出翻译好的文件。

使用 Déjà Vu X 完成一个新的翻译任务时，必须要先创建一个翻译项目文件夹（里面包括项目文件、翻译记忆库文件和术语库文件），然后才能将待翻译文件导入机辅翻译工具中，之后所有的翻译项目管理活动结果都可以保存在该项目文件夹中。Déjà Vu X 的字数统计、预翻译和质量检查功能与 SDL Trados Studio 相似，但是其 "分析" 菜单不仅可以计算出重复率，还可显示模糊匹配的情况，有利于译者更好地预测翻译进度。

Wordfast 专业版必须安装项目管理器（Project Manager，简称 PM）插件，才能实现完整的项目管理功能。经典版和网络版的质量保证功能也都需要点击软件中的相关图标进行有关的参数设置。

雅信 CAT 的项目管理属于单独的功能模块，由项目管理员运用雅信的有关软件完成。

10.3.4 主流翻译软件的差异性

国内翻译软件与国外翻译软件的主要差异体现在初始翻译资源的配置、翻译流程的设置和与其他软件的依存关系。

（1）初始翻译资源的配置

国外主流翻译软件都不带记忆库数据，语料库和术语库都是空白的。而国产翻译软件则带有数量庞大的电子词典，作为系统术语库提供使用，大大提高了软件的实用性。

雅信 CAT 系统自带多语种的词库，其中英中、中英词库含 1200 多万条（包含 78 个专业）的海量词汇，其他语种也有相当数量的词汇，基本能满足日常工作需要。

永利 CAT 系统包含英中词库 700 万条，其中包含航空专业词库 30 余万条，包括《英汉航空词典》《空军航空装备词典》等；包含俄中词库 20 余万条，包括《俄汉航空缩略语词典》《汉俄航空词典》等。

（2）翻译流程的设置

目前版本的 SDL Trados、Déjà Vu X 和 Wordfast 软件在翻译过程中采用的都是纵向列表的"对照模式"，这种模式有利于并列处理，软件可以将匹配的句子自动列在表格的右侧，减轻了翻译人员的工作量，提高了翻译效率。这种界面简洁高效，条理清晰，对审稿、校稿尤其方便。

雅信 CAT 采用的是横向的"单句模式"，这种模式可以预览原文、译文和进行自动的取词翻译，鼠标点击即可输入译文，减少击键次数。升级到"雅信 CATS"后，操作界面改为了纵向并行的"对照模式"。

（3）软件的独立性

CAT 软件在操作界面上基本上可以分为三种：无独立界面，作为插件完全附属于 Word 软件；半独立界面，与 Word 整合协同使用；完全独立界面，即完全在软件自己的独立界面中完成翻译任务。

SDL Trados Studio 2007 以前的版本需要与 Word 配合使用。从 2009 版开始将 Workbench 和 Word 整合到同一个界面中，也开始使用完全独立的翻译界面，克服了以前版本的界面给翻译活动所造成的一些不便。

Wordfast 经典版的界面属于第一种，它没有独立界面，软件主体就是一个插件，完全基于 Word 的宏功能运行，译员的翻译活动全部在 Word 中完成，软件的启动运行非常便捷，是 CAT 软件中最具特色的一种。专业版和在线版都采取了独立的翻译界面，即第三种类型的翻译界面。

DéjàVu X 的操作界面属于第三种，它的各个版本一直以来都不依赖于 Word 软件。所有的翻译活动都是在自己的独立界面中完成的，原文和译文工作区以及各功能区的大小都能根据用户的需要进行调整。

雅信 CAT 严格地说是属于第二种类型，它与 Word 协同工作，界面布局与其他三种软件也不太一致，共有四个部分，即原文区、译文区、参考例句区和 Word 窗体（占据屏幕一半左右的面积），在这种界面中操作起来比较直观，可以方便地在译文区与界面中同步完成翻译。

10.3.5　翻译软件差异性原因分析

从上面的分析可以看出，国内外翻译软件都是基于"翻译记忆"（TM）技术而建立的，基本功能大致相同，只是在一些技术细节上存在差异。分析出现这些差异的原因，有利于我们更好地理解翻译软件的设计思想，更好地发挥翻译软件的辅助作用。

（1）平台与资源的关系

翻译平台只是个记忆工具，平台要发挥作用，必须依赖于记忆库等翻译资源。

国外翻译软件都专注于翻译平台的构建，并不提供初始的翻译资源。这可能与软件面向的市场有关。由于欧洲是一个多语言地区，机器翻译和计算机辅助翻译在欧洲的应用比较广泛。机器翻译在印欧语系的语言之间进行，比如英语、法语、德语、西班牙语、意大利语等，相对来说比较容易，其翻译主要应用基于规则的机器翻译系统，由于语言之间相似性多，设计一个转换系统相对来说较容易。计算机辅助翻译在欧洲的应用同样存在这方面的便利。而正是由于语言种类比较多，作为商业的软件公司来讲，词库的建设工作量繁重，而且对于用户来说，并没有针对性。因此，国外的翻译软件只注重于翻译平台的构建，同时提供便捷的数据导入功能。

国内的主流翻译软件的最大特色就是提供了丰富的初始数据。国内市场的翻译需求以英汉之间的翻译为主，国内翻译软件的翻译功能也以英-汉和汉-英双向翻译为主。由于这种市场的针对性，软件公司可以构建具体领域的专业词典，提高翻译软件的实用性。

（2）纵向并行"对照模式"与横向线性"单句模式"的优劣

国外翻译软件的翻译界面都采用了纵向并行的"对照模式"，而国内翻译软件的界面较多采用横向线性的"单句模式"，其内在的原因是什么？究竟孰优孰劣？

这个问题依然可以从翻译软件的使用范围来考察。

国外的翻译软件广泛适用于多语言的欧洲地区。欧洲地区的语言属于印欧语系，印欧语系下又分多个语族，如英语、德语、荷兰语同属日耳曼语族，法语、意大利语、西班牙语、葡萄牙语同属罗曼语族。同语系的语言存在较多的相似性，同义语族的语言相似性就更多了。对于相似度较高的语言，翻译软件可以给出准确性较高的自动翻译结果。在这种情况下，采用纵向并行的"对照模式"，翻译效率较高。

语言形态学将语言分为综合性语言和分析性语言。汉语是纯粹的分析性语言，没有词形变化，词序是重要的语法手段。词和词的结合比较自由，句子结构复杂严密、简练经济。英语的主要特点表现为综合、分析并用。与汉语相比，英语的词形变化相对较多。汉语和英语属于不同的语系，又表现出不同的形态。英汉之间的翻译，翻译软件给出准确翻译的概率不高，使用翻译软件的时候，句子的组织以译员为主。在这种情况下，采用横向线性"单句模式"，具有一定的优势，所以国内的翻译软件最初都采用这种翻译操作模式。但是，包括"雅信CAT"在内的国内翻译软件在升级改版后，都改用了纵向并行的"对照模式"。

10.4 计算机辅助翻译的理论基础和技术优势

以"翻译记忆"（TM）为核心的计算机辅助翻译技术在翻译实践中得到了广泛的应用，并取得了良好的效果。计算机辅助翻译技术的成功不仅仅依赖于计算机技术和信息技术的发展，也是因为计算机辅助翻译的思想具有合理的逻辑学和语言学基础。与传统的人工翻译相比，以数据存储技术和信息检索技术为基础的计算机辅助翻译软件具有明显的技术优势。

10.4.1　计算机辅助翻译的理论基础

翻译是一种语言转换活动，人在翻译过程需要理解和遵循各种语言规则。基于规则的机器翻译方法从本质上来讲就是企图利用计算机来模拟人工翻译的思维过程，但是，由于语言的复杂性和规则的多样性，基于规则的机器翻译方法的发展遇到了很多困难，这种机器翻译方法想要获得进一步的发展，必须依赖于人工智能的发展。目前，以"翻译记忆"（TM）为核心的计算机辅助翻译得到了广泛的使用。任何客观现象的背后都有其内在的规律；任何成功实践的背后都有其可靠的理论。计算机辅助翻译获得成功应用的理论依据是什么？我们可以从翻译软件的逻辑学基础、语言学理论基础和信息技术基础等三个方面来考察。

（1）逻辑学基础

计算机辅助翻译软件所采用的"翻译记忆"（TM）可划归基于实例的机器翻译的方法范畴。"翻译记忆"实际上遵循一种十分朴素的"孩童学话"式的逻辑：你怎么说，我就怎么学。所有的翻译都是基于逐步建立的、或者批量导入的翻译实例。任何超出实例的句子的翻译，都要依赖于人来"教"。信息技术的发展赋予了软件庞大的记忆功能，它的记忆功能远远超出了"孩童"的大脑，记忆牢靠，永不出错。正是这种朴素的逻辑和强大的记忆能力使得计算机辅助翻译获得了很好的使用效果。

（2）语言学基础

奈达的翻译理论是一种受到广泛接收和普遍应用的经典翻译理论，它强调不同语言之间的可译性和翻译信息论：不同语言符号之间存在可转换性——可译性；两种语言只是在形式上有所不同，而在意义上相通；只是需通过翻译改变原文内容的表达形式而已；不同语言、不同文化之间的交流可以找到彼此对等的表达词语来进行交际。

奈达将翻译过程分为 4 个步骤：分析、转语、重组和检验。分析就是要将一个完整的句子分割成尽可能独立的单元，并理解其基本的含义；转语就是将一种语言符号转换成另外一种语言符号；重组可以看作是利用另外一种语言符号表达原文信息的过程；检验就是衡量两种语言符号表达的信息内容是否相同，是否达到翻译的目的。

计算机辅助翻译软件的具体操作过程与奈达对翻译过程的划分有很多相似之处。以国产的雅信 CAT 软件为例，在翻译过程中，软件首先根据词库对句子进行切分，将句子分割成独立的单元，并自动给出建议的转换结果，翻译人员可以调整并校准软件给出的转换结果，并通过点击鼠标，利用句子单元的转换结果，人工组句，获得最后的翻译结果。在翻译过程中，计算机替代人完成了部分翻译工作，比如专业术语的记忆和转化等，提高了翻译效率。

（3）信息技术基础

信息技术的最大优势在于信息的存储和检索。利用计算机辅助翻译软件进行翻译的过程，就是信息存储与检索的过程。翻译软件会利用庞大的记忆功能"学会"每一句翻译过的话，并"记住"每一个用过的术语。在此后的翻译过程中，遇到相同的句子或术语，软件就会立即"想起"这些句子和术语。信息技术在一定程度上取代了人的记忆功能。就目前的信息技术来讲，可存储的信息量是巨大的，有能力存储记忆人们翻译过的每一句话，而信息检索的效率也是很高的，可以瞬间从记忆库中调取记忆的内容。从理论上来讲，信息技术的存储能力是无限的，而任何语言的常见的句子类型和词汇是有限的。随着时间的推移和翻译软件记忆库的积累，实现自动翻译的几率会越来越高。目前市面上存在的语言自动翻译机器正是基于这一思想实现的。

10.4.2 计算机辅助翻译的技术优势

目前的计算机辅助翻译的智能化水平不高，加之翻译本身是一个复杂的过程，因此计算机辅助翻译技术只是为译者提供帮助，并不能取代人工翻译，在翻译过程中起主体作用的仍然是译者。但是，计算机辅助翻译技术使得译者可以把简单的机械劳动交给计算机，而把精力集中于更需要能动性与创造性的工作中，可以大大提高翻译效率。计算机辅助翻译技术的优势主要表现在以下几个方面。

（1）重复利用已有的翻译成果

在计算机辅助翻译环境下，对于翻译过程中重复出现的内容，翻译记忆系统会自动识别并插入译文区，节省了重复输入和语言组织的时间。特别是在科技翻译过程中，例如，各种技术说明书、操作手册，存在着大量相同的或者相似的句子，CAT 工具能把用户翻译的原文句子和译文自动记忆到数据库中。在翻译过程中，CAT 软件通过搜索引擎，自动查找记忆库，对需要翻译的内容进行快速分析、对比，保证相同的句子不要重复翻译；如果发现与记忆库中例句相似的句子，将根据与原文的匹配情况，系统自动给出翻译建议，译者可选择自动匹配替换，直接得到翻译结果，提高翻译效率。[115]

（2）提高翻译质量

影响译文质量的一个关键因素是术语统一的问题。如果术语表中总词条在几十个之内，由人工来校对，还是可能保证的，但是如果客户提供的术语表高达数千条，很难依靠人工进行术语校对。CAT 软件在加载术语库之后，可以在翻译过程中，保持术语在同一篇文章或同一个项目中的一致性。[116]

借助 CAT 技术，可在很大程度上实现翻译质量检查的自动化。在翻译过程中，系统会自动进行拼写检查、语法检查、数字、单位、日期、缩略语、标签以及多种格式检查等。利用自动化校对工具，如 SDL QA Checker、QA Distiller 等工具，可在很短时间内完成大型项目的自动化检查。[116]

（3）简化译文格式处理

在传统翻译模式下，对于文档中的分栏、文本框、页眉、页脚、脚注等复杂格式编辑，以及 INDD、FM、PDF、HTML 等各种文件格式的转换，需要耗去译者大量的时间。借助 CAT 软件，译者主要关注、翻译的是文字内容，基本上不涉及格式的处理。例如，利用 SDL Trados Studio 处理 PPT 文件，原文中的文字被自动提取出来，大段文字被分割成一目了然的短句，以翻译单元的形式并然有序地排列在原文区。在译文区输入对应的汉语翻译时，SDL Trados 会自动保持与原文相同的字体和字号，对于特殊格式的文字，原文中会出现紫色的标签，翻译时只需要按顺序将标签插入译文中对应的位置即可。在翻译过程中，SDL Trados Studio 还可智能处理如时间、数字、网址、单位等非译元素，译员无需手动输入，减少了劳动量。诸如 SDL Passolo、Alchemy Catalyst 等本地化工具，会自动解析软件程序中的可译元素，保留非译元素，译者在翻译过程中，只需翻译可译元素，不会破坏源程序，不用进行重新编译。翻译完成之后可直接导出原文格式的文件，省去了文档格式转换的麻烦，减少了译者的非生产性工作时间。[116]

（4）方便翻译项目协作

较大的项目通常需要很多译者协作，而且同一文档中还会有很多重复的内容，不同译者很难做到翻译的结果完全一致，同一译者前后的翻译也很有可能出现差别。科技、法律、金融等含有大量专有名词的文本对术语及文风等方面的一致性要求极为严格，风格和术语的不一致将导致译文返稿，项目失败。[116]

翻译记忆库和术语库可以存储在网络服务器上，系统对断句规则、翻译记忆、术语库以及双语文档进行协同处理，实现实时更新。参与项目的译员可以借助计算机辅助翻译工具，共享翻译记忆库和术语库。当项目组中的成员遇到已有翻译结果的材料时，就可以参照其他成员的翻译成果。当译员翻译完一个片段之后，审校可在后台进行校对，或者译者和审校及时沟通，确保译文的质量，极大地提升了翻译效率。[117]

（5）辅助翻译项目管理

项目管理是多语翻译和多语软件本地化项目的关键因素。在非计算机辅助翻译环境中，要处理字数分析和报价、重复率计算、工作量统计、文档合并拆分、流程管理与进度控制等多项任务，需要耗费大量的时间。借助 SDL Trados 等 CAT 工具，可快速实现项目分析、重复率计算、文件切分、资源分配、项目打包、工作流程控制等功能，可优化工作流程，提高翻译项目的管理效率。[116]

10.5　计算机辅助翻译的工作重点和发展方向

随着信息技术的发展，计算机辅助翻译软件也在不断地完善，一些计算机辅助翻译软件在实际的翻译实践中取得了良好的效果。但是，对计算机辅助翻译技术的普及和认识尚需提高；如何利用计算机辅助翻译技术优化翻译流程、提高翻译效率和质量，也需要做进一步的研究。

10.5.1　计算机辅助翻译的工作重点

在现有的商用计算机辅助翻译软件的使用过程中，要充分发挥这些软件的辅助作用，需要对软件的设计理念有充分的了解，需要做必要的准备工作，还需要对传统的翻译流程进行调整优化，使人与计算机的融合达到最佳状态。

（1）词库建设

词库是计算机辅助翻译软件进行信息转换的基础和依据。现有的商用计算机辅助翻译软件分为两类：有的不带词库，需要用户在使用前自建词库，或在翻译过程中积累词库；有的带有词库，但这些词库很多都是对一些词典进行电子化处理后直接导入的，专业性和针对性都有一定的局限性。要提高计算机辅助翻译软件进行信息转换的准确性，用户最好提前建立具有针对性的专业词库。词库与词典的区别在于：词典中的词条可能会对应于多个释义；词库中的词条应该是一对一的对应关系。用户可以投入人力建立适合自己专业特点的词库，尽快提高计算机辅助翻译软件的使用效果。建设专业词库对于提高软件的使用效果作用明显，结合项目的技术资料翻译，同步整理专业词库，可以以较少的投入，获得良好的效果。[118]

（2）语料库积累

在翻译过程中，计算机辅助翻译软件随时对语料库进行检索，以前翻译过的相同的或者类似的句子，软件会显示之前的翻译供译者选择。由于自然语言的灵活性，在不同的翻译项目中，相同的句子出现的概率比较低。只是在同一批技术资料中，特别是像技术手册这样一类技术资料，相同或者相似的句子出现的概率较高，积累的语料库能够发挥一定的作用。在计算机辅助翻译软件的使用过程中，它会自动记忆并积累语料库。[118]

（3）语言组织与校对

计算机辅助翻译软件的自身特性决定了它仍无法取代人工翻译，在翻译过程中，发挥主体作用的仍是译者。语言的组织与校对工作是由译者完成的。在前期准备阶段，译者要针对不同的翻译任务选择对应的记忆库。在翻译过程中，译者要根据软件提供的预翻译结果做出恰当的选择，调整语言结构，给出符合原文语意和译入语表达习惯的译文。当材料中出现记忆库没有储备的内容，或者记忆库虽然有相关内容但并不一定完全适用于新的译文时，就需要译者发挥主观能动性进行创造性的翻译活动。在译后编辑阶段，译者要对译文进行仔细的编辑修改，从更宏观的视角统一译文风格。[117]

10.5.2 计算机辅助翻译的发展趋势

当前主流的计算机辅助翻译软件采用的技术都相对简单，自动化水平不高。计算机辅助翻译技术的发展目标应该是不断提高翻译过程的自动化水平，进一步减少人的手工操作和重复劳动。从主流的计算机辅助翻译软件的应用实践来看，计算机辅助翻译的发展趋势主要表现为：

（1）CAT软件本身的优化与完善

目前的计算机辅助翻译软件尽管大大减轻了译者的劳动强度、提高了翻译效率，但是在术语提取、检索匹配和审校查错等方面仍有提高的余地。

在译前进行术语提取，导入术语库，对于术语统一可以起到事半功倍的作用。目前的软件对于单个词的术语提取效率较高，然而多词术语的提取效果不佳，技术有待完善。[119]

在翻译过程中，软件检索记忆库，寻找合适的译文。TM检索的结果有2种，即完全匹配和模糊匹配。在重复率高的技术文档的翻译过程中，出现完全匹配的句子的概率较高，而在其他类型的翻译项目中，很难找到完全相同的内容。目前应用的计算机辅助翻译工具的模糊匹配的效果确实不佳。计算机辅助翻译技术发展的关键是要提高模糊匹配检索的效率，提供尽可能准确的参考译文。为了提高模糊检索的准确率，可以结合一些语言模型，比如N元模型等，并可以引入人工智能，增加语义分析功能。[119]

目前应用的计算机辅助翻译软件带有简单的审校组件，这些审校工具能够自动查找一些简单明显的文字错误，保证译文不出漏译等大错，保持用语的一致性，但无法检查译文词语搭配是否恰当、语言表达是否符合目的语读者的阅读习惯等。未来可以利用搭配词典语句库，配合目的语语料库，验证从译文中提取的搭配和表达方式在目的语中是否存在，提高审校查错效果。[119]

（2）"CAT+MT+PE"模式的应用

信息化时代促进了机器翻译的快速发展，机器翻译在商业翻译中广泛应用。机器翻译的主要优势体现在其批量翻译速度上，最大的不足之处是不能很好地理解自然语言，所以高质量的翻译仍需要人来主导。作为机器翻译的必要补充，译后编辑（Post-Editing）是提高机器翻译质量的重要途径。越来越多的CAT开发商开始整合CAT与MT，建立了"CAT+MT+PE"模式（即"计算机辅助翻译+机器翻译+译后编辑"），如SDL Trados、Wordfast Pro、Wordbee和"雪人"等工具已将Google、Bing等MT引擎内置于CAT系统当中。当翻译记忆库中没有匹配的时候，翻译记忆系统会自动调用内置的机器翻译引擎，翻译引擎快速提供备选译文，译者再根据初始译文进行编辑和加工，修改确认之后的内容可及时进入翻译记忆库，供后续循环使用。[120]

（3）CAT 与云技术的结合

云计算技术应用于现代翻译技术，形成了一个新的概念——云翻译（Cloud Translation）。翻译技术云平台是基于语料库系统和翻译的云存储，各种语料库资源、各种存储介质及服务器共同储存在云端，实现翻译资源共享，形成一个相互促进的翻译生态系统。云平台通常是将项目、人员、语料等进行模块化管理，每个模块都有相应的权限控制；云平台依托云计算模式，所有数据存储在云端数据中心，用户可随时随地登录平台访问数据，无需担心内存太小或数据丢失等问题；云平台适合团队协作，可实现客户、项目经理、语言服务商之间的跨地区、跨时区交流。[121]

（4）CAT 与人工智能的结合

随着人工智能（Artificial Intelligence，简称 AI）技术的发展，AI 技术在各行各业中的影响力逐步提高。AI 技术与翻译技术的结合已经对翻译行业产生了巨大的影响，诸如 Google 翻译、阿里翻译、百度翻译等 AI 行业巨头推出的翻译平台，翻译过程高效，翻译结果准确，其中，Google 公司提供的机器翻译已经将汉译英的正确率和专业化程度提升到了新的高度。[122]

目前，利用 AI 技术的翻译系统主要基于循环神经网络和卷积神经网络。循环神经网络及其重要变型、卷积神经网络等具有不同拓扑结构的人工仿生网络在自然语言处理上均具有突出效果。在基于卷积神经网络的翻译系统中，诸如词汇、短语、句子等自然语言的基本组成单位均采用连续空间来表示，其中的人工神经网络则用于实现由原文至译文的直接映射，而无需经过依存分析、规则抽取、词语对齐等基于统计的机器翻译才涉及的处理过程。在实际语句转换过程中，原文语言序列的输入由编码器读入并以一定维度的语义向量作为输出，再由解码器对其进行解码，进而输出目标语言序列，即翻译后的结果。[123]采用 AI 技术的翻译系统具有深度学习能力，不但可以完成将单词向另一种语言的翻译，同时也可以实现对前文的回顾，对句子进行深入理解，同时结合上下文对每一个指代进行理解。[124]

10.6 小结

利用机器代替人的翻译，方便不同文化背景之间的信息交流，一直是人们的一个梦想。在探索机器翻译的过程中，人们设想了多种方法，主要包括基于规则的机器翻译方法、基于统计的机器翻译方法和基于实例的机器翻译方法。基于规则的机器翻译方法企图模仿人工的翻译过程，由于人类语言的复杂性和思维过程的逻辑性，这种机器翻译方法的发展遇到了困难。基于统计的机器翻译方法目前在网络空间得到一定程度的使用，但是效果并不理想。在这种情况下，与机器翻译密切相关而又有所不同的计算机辅助翻译技术却得到了广泛的使用，并取得了良好的效果。目前的计算机辅助翻译软件实际上是采用基于实例的机器翻译的设计思想。国内外主流翻译软件在功能设置上基本相同，只是在翻译过程的细节设计上有所不同。国外翻译软件都专注于翻译平台的构建，并不提供初始的翻译资源，翻译界面都采用了纵向并行的"对照模式"；国内的主流翻译软件的最大特色就是提供了丰富的初始数据，界面较多采用横向线性的"单句模式"。计算机辅助翻译软件的成功使用，具有其逻辑学、语言学方面的理论基础，并且获得了信息技术的有力支撑。计算机辅助翻译软件为科技翻译行业的发展提供了方便实用的信息化工具。我们应该充分开发、优化计算机辅助翻译软件的功能，同时利用信息技术建立各类专业词库，逐步建立科技翻译行业的信息化基础设施，这对于促进科技翻译行业的工程化、网络化、智能化发展具有重要的意义。

参考文献

[1] 杨丹．从中国传统译论史看翻译理论与实践的关系 [J]．语言艺术与体育研究，2017 (5)：361-363.

[2] 华满元．支谦的翻译思想及其现代阐释述 [J]．外国语文研究，2015 (4)：41-48.

[3] 李地．中国翻译理论回顾与展望 [J]．山东电大学报，2008 (4)：54-55.

[4] 蒋童．中国传统翻译理论历史分期研究 [D]．西安：陕西师范大学，2000.

[5] 姜燕．中国特色翻译理论研究 [J]．兰州文理学院学报 (社会科学版)，2018 (5)：116-120.

[6] 王秉钦．文化翻译学：文化翻译理论与实践 (第二版) [M]．天津：南开大学出版社，2007.

[7] 吕俊，侯向群．翻译学：一个建构主义的视角 [M]．上海：上海外语教育出版社，2006.

[8] 谢天振．译介学导论 [M]．北京：北京大学出版社，2007.

[9] 潘文国．译文三合：义体气——文章学视角下的翻译研究 [J]．吉林师范大学学报：人文社会科学版，2014 (6)：93-101.

[10] 孙昱．小议中国翻译理论研究的特色 [J]．英语广场，2015 (1)：26-28.

[11] 邓景春．中西语文学译学范式历时对比研究 [J]．重庆文理学院学报 (社会科学版)，2017 (11)：65-68.

[12] 史菊萍．西方翻译理论流派之语文学派简介 [J]．科技信息，2009 (35)：303-304.

[13] 马冬梅．语言学流派翻译研究的发展历程回顾 [J]．甘肃农业，2006 (9)：242-243.

[14] 马海侠．浅析功能学派翻译理论的实用性研究 [J]．中国校外教育，2013 (10)：63.

[15] 刘颖．浅析文化学派翻译理论对中国的影响 [J]．论坛集萃，2013 (4)：286.

[16] 高博．科学翻译学的学科建构之路——李亚舒的《科学翻译学探索》述评 [J]．外语与翻译，2018 (4)：90-92.

[17] 黄忠廉，孙秋花．李亚舒科学翻译思想源流考 [J]．当代外语研究，2016 (11)：9-12.

[18] 尹铁超．翻译理论的类别与翻译实践相关性研究 [J]．外语学刊，2012 (3)：109-112.

[19] 汪美芳．翻译研究中的"文化转向"再思考 [J]．英语广场，2019 (1)：40-41.

[20] 谢天振．当代国外翻译理论导读 [M]．天津：南开大学出版社，2008.

[21] 杨大亮，张志强．翻译本质再认识 [J]．上海科技翻译，2001 (3)：7-10.

[22] 尹蕊．翻译研究本体的回归——从本体论之倒退论说起 [J]．理论界，2011 (12)：119-122.

[23] 赵彦春，吕丽荣．翻译学本质叩问——文化派对归结论的误读 [J]．外语研究，2016 (3)：64-67.

[24] 赵彦春．翻译学归结论 [M]．上海：上海外语教育出版社，2005.

[25] 吕俊．论翻译研究的本体回归——对翻译研究"文化转向"的反思 [J]．外国语，2004 (4)：53-59.

[26] 王克非．关于翻译本质的认识 [J]．外语与外语教学 (大连外国语学院学报)，1997 (4)：47-50.

[27] 黄培清．解构主义视角下原文与译文的关系 [J]．包头职业技术学院学报，2010 (3)：27-29.

[28] 肖坤学．识解重构：认知语言学视角下的译文表达 [J]．外语研究，2013 (4)：81-87.

[29] 曹旸．浅析解构主义翻译理论对原文与译文关系的阐释 [J]．文学教育，2012 (11)：086-088.

[30] 李慧坤．由源文到译文——简述汉斯·费尔梅的"翻译目的论"[J]．2003 (12)：113-114.

[31] 仲伟合，周静．译者的极限与底线——试论译者主体性与译者的天职 [J]．外语与外语教学，2006 (7)：43.

[32] 阎小玲．浅析目的论视角下的译者主体性 [J]．柳州师专学报，2012 (8)：45-47.

[33] 王颖频．动态顺应：译者主体性的发挥与制约 [J]．上海翻译，2015 (4)：76-79.

[34] 戎林海．翻译与文化背景知识 [J]．外语教学 (西安外国语学院学报)，1990 (1)：47-52.

[35] 王嘉忻．英语翻译与文化背景的关联性探究 [J]．海外英语，2013 (6)：128-129.

[36] 贾正传，张柏然．辩证系统视野中的翻译本质和特性 [J]．外语研究，2007 (4)：90-93.

［37］刘云虹，许钧．如何把握翻译的丰富性、复杂性与创造性？——关于翻译本质的对谈［J］．中国外语，2016（1）：96-100.

［38］黄忠廉，方仪力．基于翻译本质的理论翻译学构建［J］．中国翻译，2017（4）：5-10.

［39］李治．纽马克、赖斯的文本分类及翻译方法论的比较分析［J］．未来与发展，2010（10）：106-109.

［40］黄河．科技语言与文学语言的指称关系比较［J］．昆明理工大学学报，1996（4）：63-65.

［41］周作新，周慧君，周世慧．规范科技语言提高期刊质量［J］．中国医学期刊研究，1998（1）：21-25.

［42］邵箭．编著译校手册［M］．北京：航空工业出版社，2015：6.

［43］文传源等．现代飞行控制［M］．北京：北京航空航天大学出版社，2004.

［44］卢青，周军，周敏．考虑禁飞区的高超声速飞行器再入制导［J］．西北工业大学学报，2017（10）：749-753.

［45］高逦，孙鹏，矫丽颖，王逸帆．高超声速飞行器机翼颤振主动控制系统［J］．西北工业大学学报，2017（10）：793-796.

［46］李渊恒．采用系统工程方法的飞行机组操作手册编写与控制浅谈［J］．科技创新导报，2017（17）：176-178.

［47］黎志卓，李飞．飞机维护手册语言的规范使用和理解［J］．中国民用航空，2014（4）：81-82.

［48］韩琴．科技英语特点及其翻译［J］．中国科技翻译，2007（9）：5-9.

［49］李健民．从科技翻译的角度探讨术语学建设［J］．中国科技术语，2008（3）：16-21.

［50］冯志伟．术语学中的概念系统与知识本体［EB/OL］．（2011-01-22）［2017-02-18］．http：//blog.sina.com.cn/s/blog_72d083c70100nyy7.html.

［51］郑述谱．专业术语与专业名称［N］．中国社会科学院院报，2006-01-05.

［52］梁爱林．术语管理的意义和作用——以微软公司术语管理策略为例［J］．中国科技术语，2012（5）：10-14.

［53］龚益．术语、术语学和术语标准化［EB/OL］．（2011-05-15)[2017-03-26].http://blog.sina.com.cn/s/blog_6d51f6da0100ruwx.html.

［54］王华树．浅议实践中的术语管理［J］．中国科技术语，2013（2）：11-14.

［55］伊玲．英语科技新词特点及翻译刍议［J］．西北农林科技大学学报（社会科学版），2001（7）：84-87.

［56］许云峰．新概念的表达与新词汇的翻译［J］．中国科技翻译，1996（2）：11-14.

［57］张文英．英语科技新词翻译的本质研究［J］．中国科技翻译，2009（8）：1-4.

［58］戴炜栋，何兆熊．新编简明英语语言学教程．上海：上海外语教育出版社，2003：73.

［59］张易凡，许明武．科技新词文化特征分析及翻译策略研究［J］．中国翻译，2012（5）：105-108.

［60］伍峰，何庆机．应用文体翻译：理论与实践［M］．浙江：浙江大学出版社，2008：177-179.

［61］文军，李培甲．航空航天英语术语翻译研究［J］．广东外语外贸大学学报，2011（5）：27-31.

［62］刘立香．翻译过程研究综述［J］．集美大学学报（哲学社会科学版）.2007,10（4）：51-54.

［63］李芳．翻译过程研究综述［J］．湖南财经高等专科学校学报.2008,24（112）：156-158.

［64］黄琼英．翻译过程的研究［J］．曲靖师范学院学报.2003,22（5）：71-74.

［65］连淑能．英汉对比研究［M］．北京：高等教育出版社，1993.

［66］贾玉新．跨文化交际学［M］．上海：上海外语教育出版社，1997.

［67］詹朋朋．英汉翻译的思维切换模式［J］．天津外国语学院学报.2000（3）：23-26.

［68］司显柱．对近二十年中国译学界对翻译单位命题研究的述评［J］．外语学刊.2001（1）：96-101.

［69］朱庆、史永红．思维方式差异与科技英语翻译过程中的转换［J］．教育时空.2008（5）：166.

［70］毛正砍．科技英语翻译方法［M］．北京：教育科学出版社，1997.

［71］李红革．立体思维的根据与规律［J］．求索，2009（4）：104-105.

［72］苏越．立体思维是人类思维发展的必然［J］．中国人民大学学报，1987，1（5）：75-82.

［73］谷菁．论索绪尔语言符号能指的线性结构［J］．海外英语，2013（2）：220-222.

［74］周红炜．学科视域下的网络信息粒度表达研究［J］．惠州学院学报（社会科学版），2017，2（1）：101-105.

［75］谢碧清．中文句式改写算法研究［D］．西安：西北大学，2013.

［76］郑冰寒，谭慧敏．英译汉过程中翻译单位的实证研究［J］．外语教学与研究（外国语文双月刊），2007，3（2）：145-154.

［77］胡云飞．语境还原与语言转换中表达的多样性［J］．宜春师专学报，1999，12（6）：46-50.

［78］张楠．英汉语序对比研究［J］．山东理工大学学报（社会科学版），2005，11（6）：77-79.

［79］尹春晨．英汉翻译中的词性转换［J］．外语教学与研究，2016（57）：85-86.

［80］毛荣贵．翻译美学［M］．上海：上海交通大学出版社，2005：129-139.

［81］陶艳春．英语词汇特点及翻译［J］．辽宁教育行政学院学报，2014（4）：87-90.

［82］毛荣贵．翻译美学［M］．上海：上海交通大学出版社，2005：144-153.

［83］吴叔尉，胡晓．科技英语词汇特点及其汉译［J］．琼州学院学报，2010（12）：149-150.

［84］张剑屏．英汉民族思维差异及英语句式开头多样性探讨［J］．成都大学学报（教育科学版），2017（11）：36-39.

［85］徐海波．汉英机器翻译的时态处理问题解析［J］．现代计算机，2014（6）：3-6.

［86］冯广艺．论语言表达者对民族文化心理的适应（下）［J］．湖北师范学院学报（哲学社会科学），1998（1）：73-77.

［87］李如龙．汉语词汇衍生的方式及其流变［J］．河北师范大学学报（哲学社会科学版），2002（9）：68-76.

［88］高婉瑜．谈对偶与排比［J］．修辞学习，2008（5）：58-60.

［89］吴军．壮文势，广文义——浅谈审美的排比与排比的审美［J］．岳阳职工高等专科学校学报，2002（1）：45-46.

［90］杨典．浅析现代汉语语法特点［J］．长春教育学院学报，2015（11）：17-19.

［91］胡菊兰．论中英思维模式与英汉语不同的句式特点［J］．河南大学学报（社会科学版），2004（11）：73-76.

［92］金靓．从翻译美学视角看外宣翻译审美再现的三个原则［J］．兰州教育学院学报，2015（2）：139-140.

［93］张蒙，董海琳．翻译美学与科技英语翻译［J］．河北联合大学学报（社会科学版），2013（7）：106-107.

［94］陈映芝．翻译美学理论与研究动态［J］．China Science& Technology Overview，2015（1）：197.

［95］田玲．翻译美学视野下科技英语翻译的美学取向［J］．安徽农业科学，2010，38（35）：20505-20506，20508.

［96］刘兵，郎慧英．从美学角度看汉英科技翻译中的语言转换［J］．晋中学院学报，2009（8）：107-110.

［97］冯传强．现代汉语词汇构造特点与对外汉语词汇教学［J］．胜利油田师范专科学校学报，2005（12）：11-12.

［98］蔡颖．科技汉译英管见［J］．中国科技翻译，1994（3）：26-29.

［99］郭晓阳．四言成语格式的起源、审美及转义简析［J］．吉林省教育学院学报，2011（7）：121-123.

［100］李丹．浅析科技英语的语言特点与翻译［J］．长春教育学院学报，2010（12）：34-35.

［101］李庆明．英语科技文体的语言特征［J］．西安理工大学学报，2002（3）：315-319.

［102］石红梅．科技翻译与汉语译者思维模式探究［J］．西北成人教育学报，2013（2）：83-85.

［103］张彦昌，陈林华，朱柏良．英语常用同义词辨析、搭配、用法［M］．吉林：吉林人民出版

社，1985.

[104] 刘连芳. 科技英语中的语法衔接及翻译 [J]. 吉林广播电视大学学报，2009 (5)：98-100.

[105] 韦孟芬. 浅析科技英语翻译的词义选择 [J]. 中国科技翻译，2015 (2)：1-3.

[106] 谭森. 大数据下的术语汉译搜索技巧 [J]. 英语广场，2016 (10)：23-24.

[107] 张耀华. 论科技翻译与可伺利用的网络资源的关系 [J]. 长安大学学报 (社会科学版)，2002 (9)：72-74.

[108] 张道真. 实用英语语法 [M]. 北京：商务印书馆，1980.

[109] 房玉清. 实用汉语语法 [M]. 北京：北京语言学院出版社，1992.

[110] Pasquale M. Sforza. Commercial Airplane Design Principles [M]，Oxford：Elsevier，2014.

[111] 邵艳秋. 机器翻译相关术语简介 [J]. 术语标准化与信息技术，2010 (1)：25-27.

[112] 陈韵，张鹏华，任利华. 机器翻译研究述评 [J]. 价值工程，2013 (1)：174-176.

[113] 王文峰，刘鸣洋. 机器翻译市场需求调研报告 [EB/OL] (2008-07-05) [2016-03-06]. https：//blog. csdn. net/wwfking2008/article/details/2614344.

[114] 朱玉彬，陈晓倩. 国内外四种常见计算机辅助翻译软件比较研究 [J]. 外语电化教学，2013 (1)：69-75.

[115] 张燕清，金鑫. 计算机辅助翻译：翻译者的新技术 [J]. 技术与创新管理，2009 (11)：810-812.

[116] 王华树. 信息化时代的计算机辅助翻译技术研究 [J]. 外文研究，2014 (9)：92-97.

[117] 张宇浩，彭庆华. 浅析计算机辅助翻译中的译者主体性 [J]. 长春工业大学学报 (高教研究版)，2014 (3)：142-144.

[118] 许云峰. 基于信息技术的计算机辅助翻译理论与实践 [J]. 航空科学技术，2014，25 (06)：54-57.

[119] 靳光洒. 计算机辅助翻译技术的现状与发展趋势论析 [J]. 沈阳工程学院学报 (自然科学版)，2010，6 (3)：264-267.

[120] 丁皓. 计算机辅助翻译的现状和发展前景 [J]. 兰州教育学院学报，2017 (4)：151-152.

[121] 闫欣，陈瑞哲，张井. 翻译技术云平台的发展现状与趋势 [J]. 中国科技翻译，2019 (2)：22-25.

[122] 贺丽媛. 人工智能在机器翻译领域的应用 [J]. 无线互联科技，2019 (3)：147-148.

[123] 高明虎，于志强. 神经机器翻译综述 [J]. 云南民族大学学报 (自然科学版)，2019 (1)：72-76.

[124] 郭锋. 浅谈 AI 翻译发展的机遇与挑战 [J]. 计算机技术，2017 (8)：18.

后　记

写一点关于科技翻译的文字的设想始于 2006 年。2006 年 7 月，我有幸参加了由中国译协科技翻译委员会、中科院科技译协和新疆科学院在乌鲁木齐联合主办的"第十二届全国科技翻译研讨会"。在这次会议上，聆听了许多科技翻译界的前辈和来自高校的学者关于中国科技翻译发展的真知灼见和广泛论述，提升了自己对于科技翻译理论的认识，我的论文《翻译过程中的思维转换与信息重构》所阐述的观点得到了专家的认可，获得了二等奖。作为一名来自企业的翻译工作者，在这样的全国性会议上获奖，进一步激发了我学习和探讨科技翻译的兴趣。

我 1985 年从学校毕业，进入当时的航空工业部第六〇三所，学习工科专业的我，机缘巧合地从事了科技翻译与情报研究工作。从 1985 年到 2006 年，从事科技翻译工作正好 20 年。这 20 年的时间大概可以分为两个阶段：前 10 年主要以科技翻译为主，后 10 年主要是基于科技翻译的情报研究，这 20 年的工作都与科技翻译直接相关或密切相关。在工作的过程中，我学习了一些翻译理论知识，结合具体的翻译实践，在 1996 年 02 期的《中国科技翻译》上发表了论文《新概念的表达与新词汇的翻译》，这是我在翻译理论方面的第一次探索。

2006 年的参会经历使我萌发了在翻译实践中学习翻译理论、总结翻译经验的想法。在从事科技翻译工作 20 年以后，我的工作重点也面临着一次重要的转型。从 2006 年起，我开始进行科技专著的译校工作，先后参与了 10 多部航空技术图书、共计 500 多万字的翻译和校对工作。这样难得的翻译实践，给我提供了总结翻译经验、探索翻译理论的极好机会，我的头脑里逐步形成了编写《英汉航空科技翻译》的构想。

2012 年年初，我初步列出了《英汉航空科技翻译》的框架目录，内容涉及科技翻译的发展历史、典型翻译理论的发展、翻译手段和技术的演变、对翻译过程和翻译过程所涉及的要素的研究、翻译过程中的信息结构与重组、翻译项目的组织和翻译效果的评价等，希望能够把翻译实践与翻译理论紧密地结合起来。在此后的几年时间里，对框架目录做了多达 8 次的修改和调整，并根据框架目录的内容安排，撰写了多篇论文，例如，《科技翻译的行业现状和未来发展》《国际化科研环境中术语管理的必要性和实施策略》《再论科技新词的翻译策略》，参加了行业内部的科技信息与翻译学术交流会。

到 2015 年，我从事科技翻译工作年满 30 年，同时也意味着我的工作生涯进入另一个 10 年。在工作生涯的最后 10 年里，希望能够对自己以前的工作进行系统的回顾和总结。也正是从 2015 年开始，《英汉航空科技翻译》内容的编写进入关键时期。为了了解国内科技翻译理论的最新发展，我参加了 2015 年 5 月在上海举办的"第十六届全国科技翻译研讨会"和 2017 年 10 月在广州举办的"第十七届全国科技翻译研讨会"。这些学习的机会都对本书的撰写提供了很好的启发。从 2015 年初到 2019 年 6 月，我完成了本书主要内容的编写。

　　本书的编写占用了我几年的业余时间，因此，要感谢我的妻子薛红梅女士默默的奉献，是她一直以来承担了所有的家务劳动，使我能够做一些我喜欢的事儿，也使得我内心的想法能够付诸实现。本书的初稿成形后，航空工业出版社副总编刘宁提出了很多宝贵的修改建议，经过修改的书稿在结构上更加紧凑、在逻辑上更加顺畅，在此对刘宁副总编的指导与帮助表示衷心的感谢。

　　如果说我最初进入科技翻译行业是一种偶然，那么，对于科技翻译的认识从懵懂到略懂、对于文字转换这种"游戏"的乐趣，就是驱使我继续探索科技翻译的必然因素。30多年的科技翻译实践使我有了探索科技翻译理论与实践相结合的奢望，但是，回过头来看，这本书更多的是对其他专家学者的观点与思想的汇总，只是或多或少地加入了自己对于科技翻译工作的体会与感悟。编写本书的目的，一方面是对自己30多年科技翻译实践的总结，另一方面也使自己的经验能够对从事科技翻译工作的新人有所帮助，使他们能够尽快地熟悉和适应科技翻译工作。从本书编写的结果来看，基本上实现了自己当初的设想，至于本书所能达到的效果，还要留待读者去评判。

编者

2020 年 6 月 3 日